产教融合物联网专业"十三五"规划教材

物联网嵌入式程序设计

主　编　寻桂莲

副主编　卞孝丽　贾正松　胡　钢
　　　　杨　燕　陈　梅　林晓鹏

参　编　张继辉　李　巍　苏清城
　　　　骆旭坤　刘鹏鹏　季云峰
　　　　孙光明

U0398126

机械工业出版社

本书以物联网嵌入式程序开发基础知识为出发点,旨在让读者更清楚地了解物联网嵌入式程序开发的原理和各种与其相关的技术。

本书深入讲解了 ARM 嵌入式应用程序开发的基本原理及 ARM Linux 下的 Makefile 编写、交叉编译、进程开发、线程开发、网络编程,并使用相关技术搭建起物联网嵌入式开发应用平台,完整地体现了物联网嵌入式程序开发的体系和整体结构。

本书分为两个部分:ARM 基础与开发环境搭建和 Linux 下的嵌入式应用开发。共有 11 个单元,分别讲解了:ARM 背景知识、ARM 开发环境搭建、ARM 基础功能实现、Linux 的基本操作、Linux 下编译系统、Linux 文件 I/O 编程、进程控制开发、进程间通信、多线程编程、网络编程、应用开发。

本书采用理论与实践相结合的方法,将无线传感器网络技术运用于实践中,为物联网的学习奠定了基础。本书适用面广,可作为物联网工程、电子信息工程、自动化、计算机科学与技术等专业的教材。

本书配有电子课件及源代码,选用本书作为教材的教师可登录机械工业出版社教育服务网(www.cmpedu.com)免费注册后下载或联系编辑(010-88379194)索取。

图书在版编目(CIP)数据

物联网嵌入式程序设计/寻桂莲主编. —北京:机械工业出版社,2019.8

产教融合物联网专业"十三五"规划教材

ISBN 978-7-111-63140-8

Ⅰ. ①物… Ⅱ. ①寻… Ⅲ. ①互联网络—应用—程序设计—高等学校—教材 ②智能技术—应用—程序设计—高等学校—教材 Ⅳ. ①TP393.4 ②TP18

中国版本图书馆CIP数据核字(2019)第132375号

机械工业出版社(北京市百万庄大街22号 邮政编码100037)

策划编辑:梁 伟   责任编辑:梁 伟 李绍坤
版式设计:鞠 杨   责任校对:马立婷
封面设计:鞠 杨   责任印制:孙 炜

河北宝昌佳彩印刷有限公司印刷

2019年8月第1版第1次印刷

184mm×260mm · 17.25印张 · 404千字

0 001—3 000册

标准书号:ISBN 978-7-111-63140-8

定价:47.00元

电话服务   网络服务

客服电话:010-88361066   机 工 官 网:www.cmpbook.com

　　　　 010-88379833   机 工 官 博:weibo.com/cmp1952

　　　　 010-68326294   金 书 网:www.golden-book.com

封底无防伪标均为盗版   机工教育服务网:www.cmpedu.com

产教融合物联网专业"十三五"规划教材编写委员会

顾　问：桂小林（西安交通大学）

　　　　石冰（山东大学）

　　　　陆培民（福州大学）

　　　　马开颜（北京教育科学研究院）

　　　　王健（工业和信息化职业教育教学指导委员会）

　　　　毕丛福（山东信息职业技术学院）

　　　　张进（重庆工程职业技术学院）

主　任：陈继欣

副主任：程远东　李宏达　刘德强　汪贤武　杨　燕

　　　　陈　良　蔡建军　顾晓燕　梁　伟　邓　立

委　员：杜　红　卞孝丽　蔡　杰　曹建春　曹旻罡　曾　春　陈国钦　陈颖峰

　　　　陈　勇　陈振宇　褚建立　邓春红　冯福生　付兴宏　高立斌　顾兆旭

　　　　顾正飞　管胜波　郝军涛　贺小辉　胡　钢　季云峰　贾正松　姜东洋

　　　　匡　泰　赖其涛　李彩玲　李　畅　李　超　李京文　李　菁　李瑞兴

　　　　李小俊　李寅虎　廖金智　林晓鹏　刘洪坡　刘　娟　刘连钢　刘少坤

　　　　刘永立　刘占伟　陆海空　骆旭坤　吕恩胜　马文静　娜日苏　潘　君

　　　　朴仁淑　瞿立新　任宗伟　施明登　舒　松　宋海兰　苏李果　孙光明

　　　　汤宇娇　田　华　王爱红　王　超　王　川　王发荣　王　辉　王慧博

　　　　王克朝　王　磊　王立新　王亚东　王　洋　温锦辉　翁代云　吴　伟

　　　　武凤翔　夏　昕　谢继勇　谢忠敏　徐钢涛　徐华军　徐明亮　徐　欣

　　　　旭　日　薛文龙　严铮晖　严志嘉　杨　凡　杨　晶　杨清山　姚　进

　　　　叶炼炼　袁凯峰　张成叔　张汉林　张　伟　张文静　张晓东　张艳鹏

　　　　赵　恒　朱晓敏　邹承俊

参与编写学校：

　　　　安徽财贸职业学院　　　　　　　安徽机电职业技术学院

　　　　安徽职业技术学院　　　　　　　巴音郭楞职业技术学院

包头职业技术学院	北京财贸职业学院
北京农业职业学院	常州轻工职业技术学院
常州信息职业技术学院	成都农业科技职业学院
承德石油高等专科学校	大连职业技术学院
福建师范大学福清分校	甘肃有色冶金职业技术学院
广安职业技术学院	贵州电子科技职业学院
贵州电子信息职业技术学院	贵州交通职业技术学院
贵州水利电力职业学院	哈尔滨商业大学
哈尔滨学院	汉中职业技术学院
河北工业职业技术学院	河北机电职业技术学院
河北交通职业技术学院	河北软件职业技术学院
河南工业职业技术学院	河南机电职业学院
河南经贸职业学院	河南水利与环境职业学院
河南应用职业学院	黑龙江工程学院
黑龙江科技大学	呼和浩特职业学院
湖北国土资源职业技术学院	湖北科技职业学院
黄河水利职业技术学院	江苏经贸职业技术学院
江苏信息职业技术学院	江西工业贸易职业技术学院
江西旅游商贸职业学院	黎明职业大学
辽宁机电职业技术学院	辽宁轻工职业学院
辽阳职业技术学院	辽源职业技术学院
临汾职业技术学院	闽江师范高等专科学校
闽西职业技术学院	南京信息职业技术学院
南通市职业大学	内蒙古电子信息职业技术学院
内蒙古商贸职业技术学院	盘锦职业技术学院
厦门城市职业学院	厦门海洋职业技术学院
山东交通职业技术学院	山东信息职业技术学院
上海城建职业学院	上海电子信息职业技术学院
山西职业技术学院	绍兴职业技术学院
深圳职业技术学院	四川信息职业技术学院
绥化学院	塔里木大学
天津渤海职业技术学院	乌鲁木齐职业大学

无锡城市职业技术学院　　　　　　无锡商业职业技术学院

无锡职业技术学院　　　　　　　　武汉交通职业学院

武汉职业技术学院　　　　　　　　西安职业技术学院

新疆农业职业技术学院　　　　　　邢台职业技术学院

许昌职业技术学院　　　　　　　　长春汽车工业高等专科学校

长春职业技术学院　　　　　　　　长江职业学院

浙江安防职业技术学院　　　　　　浙江育英职业技术学院

郑州财税金融职业学院　　　　　　郑州铁路职业技术学院

郑州信息科技职业学院　　　　　　重庆城市管理职业学院

重庆电子工程职业学院　　　　　　重庆工程职业技术学院

重庆工商职业学院　　　　　　　　重庆商务职业学院

遵义职业技术学院

▶ PREFACE

物联网被看成继计算机、互联网与移动通信之后的又一次信息产业浪潮，将成为未来带动中国经济发展的生力军。2009年，在美国总统奥巴马与工商业领袖举办的圆桌会议上，IBM首席执行官首次提出了"智慧地球"(Smart Earth)的构想，同年，欧盟发布了物联网研究战略路线图(Internet of Things Strategic Research Roadmap)。在我国，物联网同样得到了高度重视，在2010年"两会"期间物联网已经被写入政府工作报告，确立为国家战略性新兴产业之一。在2016年国务院印发的《"十三五"国家信息化规划》中特别提出要加快信息化和生态文明建设深度融合，利用新一代信息技术，促进产业链接循环化。推进物联网感知设施规划布局，发展物联网开环应用；实施物联网重大应用示范工程，推进物联网应用区域试点，建立城市级物联网接入管理与数据汇聚平台，深化物联网在城市基础设施、生产经营等环节中的应用。

本书编者总结了多年的物联网专业教学和指导学生参加竞赛的经验，精心选择物联网方面典型的应用开发项目展开分析，根据需求设计工作任务，按照工作任务所需的知识和技能对内容进行重构，使应用开发项目、任务、内容浑然一体，体现了"教、学、做"一体化教学的特色。全书内容以应用开发项目为主线，以ARM嵌入式开发知识和技能为支点，深入浅出地阐述了物联网嵌入式项目开发的过程和方法，使读者能够快速奠定物联网嵌入式开发的编程基础。本书内容包括：ARM基础与开发环境搭建和Linux下的嵌入式应用开发两大部分。ARM基础与开发环境搭建部分重点介绍ARM处理器开发环境的安装与设置、裸机程序的开发等。Linux下的嵌入式应用开发部分从Linux的安装过程、基本操作命令讲起，为Linux初学者快速入门提供了保证；嵌入式Linux编译系统以及嵌入式Linux I/O与文件系统的开发、进程控制开发、进程间通信开发、网络应用开发、与物联网相关的实际应用开发等为读者深入理解、应用物联网嵌入式开发的基本技能指明了实践方向；丰富的实验内容使读者能够边学边用，更快更好地领会物联网嵌入式程序开发知识并掌握开发技能。

本书的特点如下：

1）理论与实践相结合。将ARM的技术融入若干个任务之中，通过任务

驱动的方式，让读者在动手实践的过程中自然地理解嵌入式程序开发相关的知识点。

2）技术剖析深入浅出。本书寓知识、技能学习于开发实践中，对任务进行了细致的分解，按照由易到难的顺序展开训练，让读者在完成任务的同时，通过必要的反思学习，达到"知其然，也知其所以然"的效果。

本书由寻桂莲担任主编，卞孝丽、贾正松、胡钢、杨燕、陈梅和林晓鹏担任副主编，张继辉、李巍、苏清城、骆旭坤、刘鹏鹏、李云峰和孙光明参加编写。

本书得到了北京新大陆时代教育科技有限公司相关人员的大力帮助和支持，在此表示感谢。

由于编者水平有限，书中难免有不妥之处，恳请广大读者提出批评和建议，以便进一步完善。

编　者

▶ CONTENTS

目录

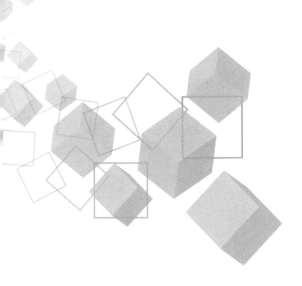

第一部分

ARM基础与开发环境搭建

第一单元

ARM背景知识

目　标

- ➤ 了解ARM处理器的概念与特点
- ➤ 了解ARM920T的特点及其内核结构
- ➤ 了解S3C2451处理器的特性及其结构
- ➤ 了解NEWLab平台及ARM核心板资源

单元简介

　　本单元主要介绍了ARM基础背景知识，包括ARM处理器的概念与特点、ARM920T内核和S3C2451处理器的特点及其结构。

任务一　ARM处理器

一、ARM介绍

嵌入式处理器种类繁多，有ARM、MIPS、PPC等多种。ARM处理器的文档丰富，各种嵌入式软件大多（往往首选）支持ARM处理器，使用ARM开发板来学习嵌入式开发是一个好的选择。

ARM（Advanced RISC Machines）既可以认为是一个公司，也可以认为是一类处理器，还可以认为是一种技术。作为公司，它是微处理器行业的一家知名企业，设计了大量高性能、廉价、耗能低的RISC（Reduced Instruction Set Computer，精简指令集计算机）处理器及软件，适用于多个领域，比如嵌入式控制、消费/教育类多媒体、DSP和移动式应用等。

ARM体系结构是面向低预算市场设计的一款RISC微处理器。20世纪90年代，ARM 32位嵌入式RISC处理器扩展到世界范围，处于低功耗、低成本和高性能的嵌入式系统应用领域的领先地位。ARM当前主要应用于消费类电子领域。到目前为止，基于ARM技术的微处理器应用约占据了32位嵌入式处理器90%以上的市场份额。

ARM处理器的特点是：

- 小体积、低功耗、低成本、高性能。
- 支持Thumb（16位）/ARM（32位）双指令集，能很好地兼容8位/16位器件。
- 大量使用寄存器，指令执行速度更快。
- 大多数数据操作都在寄存器中完成。
- 寻址方式灵活简单，执行效率高。
- 指令长度固定。

二、ARM处理器的工作模式及其寄存器介绍

ARM处理器的工作模式有7种，见表1-1。

表1-1　ARM处理器的工作模式

工作模式	说　明
用户模式（usr）	正常的程序执行模式
快速中断模式（fiq）	支持高速数据传输或通道处理
外部中断模式（irq）	用于通常的中断处理
管理模式（svc）	操作系统的保护模式
数据访问终止模式（abt）	用于虚拟存储以及存储保护
系统模式（sys）	支持操作系统的特殊用户模式（运行操作系统任务）
未定义指令终止模式（und）	支持硬件协处理器的软件仿真

除了用户模式外，其余6种模式都属于特权模式。特权模式中除了系统模式以外的其余5种模式称为异常模式。大部分程序都运行在用户模式下，进入特权模式是为了处理中断、异常或者访问被保护的系统资源。

选择ARM处理器作为嵌入式处理器的原因之一是ARM芯片具有大量的寄存器。由于ARM芯片采用RISC体系结构，其指令长度固定、格式规整、基本寻址方式简单。ARM处理器大量使用寄存器，数据处理指令只对寄存器进行操作，只有加载/存储指令可以访问存储器，以提高指令的执行效率。

ARM处理器共有37个寄存器（见图1-1），被分为若干个组。这些寄存器包括：

- 31个通用寄存器，包括程序计数器（PC指针），均为32位的寄存器。
- 6个状态寄存器，用以识别CPU的工作状态及程序的运行状态，均为32位。

System & User	FIQ	Supervisor	Abort	IRQ	Undefined
R0	R0	R0	R0	R0	R0
R1	R1	R1	R1	R1	R1
R2	R2	R2	R2	R2	R2
R3	R3	R3	R3	R3	R3
R4	R4	R4	R4	R4	R4
R5	R5	R5	R5	R5	R5
R6	R6	R6	R6	R6	R6
R7	R7	R7	R7	R7	R7
R8	R8_fiq	R8	R8	R8	R8
R9	R9_fiq	R9	R9	R9	R9
R10	R10_fiq	R10	R10	R10	R10
R11	R11_fiq	R11	R11	R11	R11
R12	R12_fiq	R12	R12	R12	R12
R13	R13_fiq	R13_svc	R13_abt	R13_irq	R13_und
R14	R14_fiq	R14_svc	R14_abt	R14_irq	R14_und
R15（PC）	R15（PC）	R15（PC）	R15（PC）	R15（PC）	R15（PC）

ARM State Program Status Registers

CPSR	CPSR	CPSR	CPSR	CPSR	CPSR
	SPSR_fiq	SPSR_svc	SPSR_abt	SPSR_irq	SPSR_und

图1-1　ARM处理器的寄存器

注：▨表明用户或系统模式使用的正常寄存器已经被异常模式指定的另一个寄存器取代。

（1）通用寄存器

通用寄存器包括未备份寄存器、备份寄存器和程序计数器。

1）未备份寄存器：未备份寄存器包括R0～R7。这些寄存器在所有的处理器模式下指的都是同一个物理寄存器。

2）备份寄存器：备份寄存器包括R8～R14。其中R8～R12分别对应两个不同的物理寄存器。当使用用户模式时，这些寄存器记为R8_usr～R12_usr；而使用快速中断模式时，这些寄存器记为R8_fiq～R12_fiq，这使得中断处理非常简单。例如，仅仅使用R8～R14寄存器时，FIQ处理程序可以不必执行保存和恢复中断现场的指令，从而使中断处理非常迅速。

备份寄存器R13和R14分别对应6个不同的物理寄存器。其中1个是用户模式和系统模式使用的，其他5个寄存器分别对应5种处理器模式。其中R13常用来作为栈指针，而R14用来作为连接寄存器。

3）程序计数器R15：R15作为系统的程序计数器使用。

（2）状态寄存器

CPSR（当前程序状态寄存器）可以在任何处理器模式下被访问。每一种处理器模式下都有一个专用的物理状态寄存器，即SPSR（备份程序状态寄存器），当特定的异常中断发生时，这个寄存器用来存放CPSR的内容。异常中断结束之后，使用SPSR来恢复CPSR。

（3）异常

所谓异常就是正常的用户程序被暂时中止，处理器就进入异常模式。例如，响应一个来自外设的中断，或者当前程序非法访问内存地址都会进入相应异常模式。当多个异常中断同时发生时，按照各个异常中断的优先级选择最高优先级的异常中断。ARM处理器的异常有复位、中断请求、软件中断、数据访问中止等，见表1-2。

表1-2　异常中断表

异常中断类型	异常中断模式	向量地址	优先级（1最高）
复位	管理模式	0×00000000	1
未定义指令	未定义模式	0×00000004	6
软件中断（SWI）	管理模式	0×00000008	6
指令预取终止	终止模式	0×0000000C	5
数据访问终止	终止模式	0×00000010	2
保留		0×00000014	保留
外部中断请求IRQ	IRQ模式	0×00000018	4
快速中断请求FIQ	FIQ模式	0×0000001C	3

任务二　ARM920T内核

ARM微处理器目前包括下面几个系列，其他厂商基于ARM体系结构的处理器除了具有ARM体系结构的共同特点以外，每一个系列的ARM微处理器都有各自的特点和应用领域。

—ARM7系列

—ARM9系列

—ARM9E系列

—ARM10E系列

—ARM11系列

—Cortex系列

—SecurCore系列

—StrongARM系列

—Xcale系列

其中，ARM7、ARM9、ARM9E和ARM10为4个通用处理器系列，每一个系列提供一套相对独特的性能来满足不同应用领域的需求。SecurCore系列专门为安全要求较高的应用而设计。下面详细了解一下ARM9系列。ARM9系列微处理器包含ARM920T、ARM922T和带有高速缓存处理器宏单元ARM940T 3种类型，以适用于不同的应用场合。

ARM920T是一种比较常见的ARM9处理器内核，其结构如图1-2所示，它是基于ARM9TDMI哈佛结构，具有5条流水线的处理器核。ARM920T有指令高缓存器，数据高速缓存器、MMU、TLB、写缓冲器等模块。ARM920T是在ARM9TDMI的基础上分别增加了16KB的指令和数据缓存、数据和指令存储管理单元、写缓冲器及协处理器CP15，各单元之间通过AMBA（Advanced Microcontroller Bus Architecture）总线同总线主控单元相连。基于ARM920T内核且应用比较广泛的有Samsung公司生产的S3C2410和S3C2440。

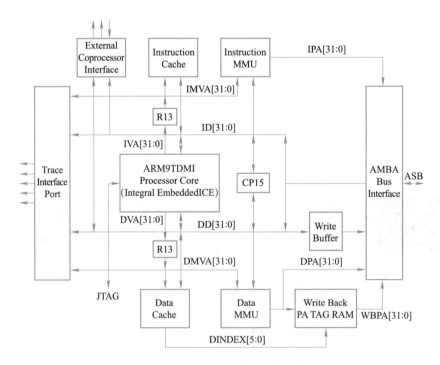

图1-2 ARM920T处理器内核结构

ARM920T微处理器的内核编程模式，与该内核支持的数据类型、存储器格式、处理器工作状态、处理器工作模式和各模式下的寄存器组的访问权限等有关。

在ARM920T处理器中，无论是指令，还是数据都有3种地址类型：VA（Virtual Address）、PA（Physical Address）和MVA（Modified Virtual Address）。VA也

就是通常说的虚拟地址或逻辑地址，是通过CP15按照PT（Page Table）转换后的地址。PA则是对应与AMBA的地址，对应存储器的地址也就是物理地址。MVA是对应于Cache和TLB中的转换地址，从虚拟地址VA到物理地址PA需要经过修正虚拟地址MVA。

ARM9系列微处理器主要应用于无线设备、仪器仪表、安全系统、机顶盒、高端打印机、数字照相机和数字摄像机等。

任务三　　S3C2451处理器

S3C2451处理器包含了ARM926EJ内核，同时基于ARM核增加了丰富的外围资源。该处理器产自Samsung公司，为了降低系统成本，提高性能和降低功率，S3C2451芯片采用60nm低功耗CMOS工艺。

S3C2451处理器升级到了ARM926EJ核心，增强了二维图形加速器，降低了功耗，加入了嵌入式内部ROM/RAM用于安全引导和低功耗的音频解码。此外，外设和功能升级也提高了性能和灵活性。其内核特性是：

- 32/16位RISC架构（ARMv5TEJ）。
- 32位ARM指令集，用于实现最高的性能和灵活性。
- 16位Thumb指令集，用于提高代码密度。
- DSP指令扩展与单周期MAC运算。
- ARM Jazelle技术。
- 支持包括Symbian OS、Windows CE和Linux在内的多种操作系统的MMU。
- 容量灵活可变的指令和数据缓存。
- 带有等待状态支持的指令和数据TCM接口。
- 用于实时调试的EmbeddedICE-RT逻辑。
- 符合行业标准的AMBA总线AHB接口。
- ETM接口，通过ETM9提供实时跟踪功能。
- 可选的MOVE协处理器，提供视频编码功能。

S3C2451X的处理器结构如图1-3所示。

除了ARM296EJ内核以外，S3C2451比较重要的片内外围模块功能包括：

- 外部内存控制器（DDR2控制和片选逻辑）。
- LCD接口。
- 4个UART通道，2个SPI通道。
- 8个DMA通道。
- 2个I^2C通道，2个I^2S通道。

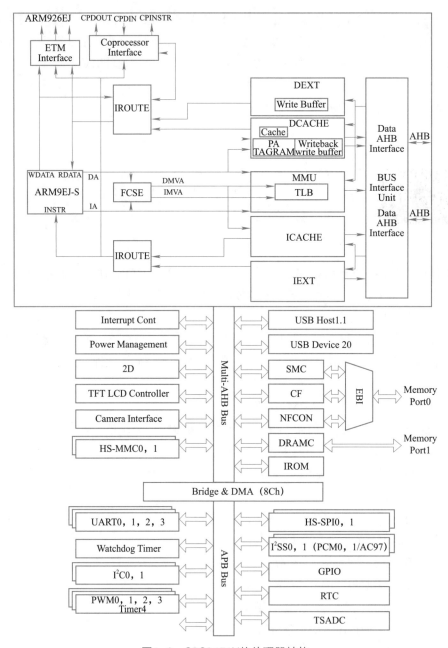

图1-3　S3C2451X的处理器结构

- SD主接口版本2.0和多媒体卡协议版本4.2兼容。
- 4个PWM定时器和一个内部定时器。
- 174个可编程的I/O口，24个外部中断源。
- 电源控制器，支持Normal、Slow、Idle及Power-off等4种模式。
- 10通道12 bit ADC和触摸屏接口。
- 带日历功能的实时时钟。
- 带PLL的片上时钟发生器。

- 有等待状态支持的指令和数据TCM接口。
- 系统总线仲裁器。

任务四　NEWLab实验箱与ARM核心模块

一、NEWLab实验箱简介

NEWLab实验箱是一款面向物联网、电子信息及计算机专业的教学实验设备。可应用于相关课程的原理展示、动手实验及综合实训。NEWLab是一个由硬件设备、软件平台和教学资源库3部分组成的完整教学实验体系。

1. NEWLab平台简介

NEWLab实验平台（见图1-4）由实验平台、实验模块、实验软件、I NEWLab云平台、实验开发工具、电子实训指导书等6个模块组成。可完成单片机技术、ARM嵌入式系统、RFID技术、二维码技术、无线通信技术、传感器技术、数据采集、无线传感器网络、物联网应用程序开发、智能终端开发、电路设计等诸多课程的实验实训。

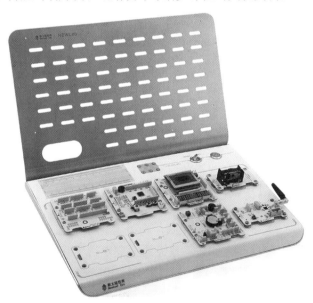

图1-4　NEWLab实验平台

NEWLab根据对课程的分析将每一个知识点制作成相应的实验模块，通过对相应实验模块的实验和教学就能完成知识点的学习。在掌握好单个知识点的学习之后，还可以使用多个模块练习知识点的综合运用。

NEWLab实验模块由传感器实验系列、嵌入式开发系列、ARM开发系列、无线通信实验系列、自动识别实验系列组成，如图1-5所示。

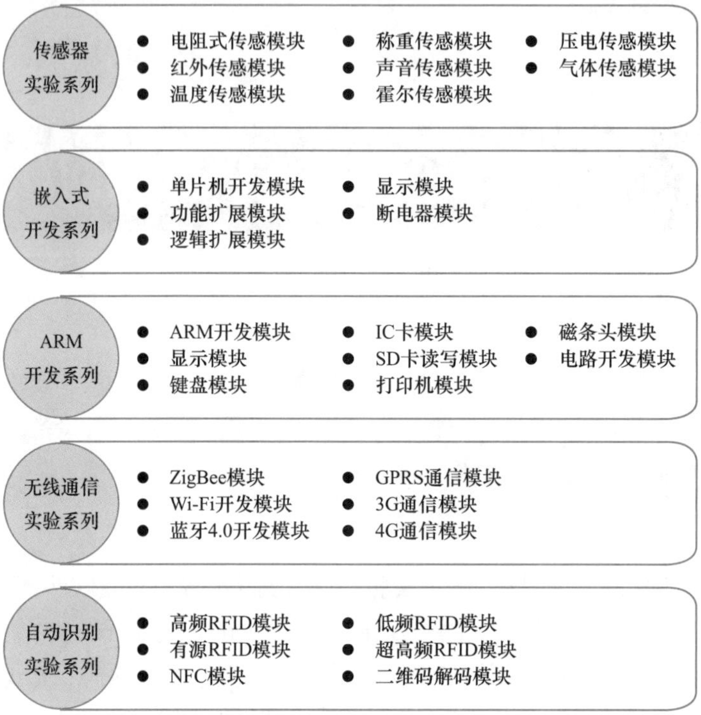

| 传感器实验系列 | ● 电阻式传感模块 ● 红外传感模块 ● 温度传感模块 | ● 称重传感模块 ● 声音传感模块 ● 霍尔传感模块 | ● 压电传感模块 ● 气体传感模块 |

图1-5　NEWLab实验模块

2. NEWLab硬件平台

NEWLab实验平台具备8个通用实验模块插槽，支持单个实验模块实验或最多8个实验模块联动实验。平台内集成通信、供电、测量等功能，为实验提供环境保障和支撑。实验平台还内置了一块标准尺寸的面包板及独立电源，用于电路搭建实验。各部分接口如图1-6所示，功能如下：

1）电源开关：这个电源开关自带电源指示灯，当接通时电源指示灯会亮起来。

2）通信模式开关：支持"自动"模式和"通信"模式两种，有需要使用串口传输数据的使用通信模式，其他的可使用自动模式。一般情况下，传感器的实验使用自动模式（其实就是使用485通信），嵌入式的实验使用通信模式（其实就是使用232通信）。

3）电源输出接口：能提供3个电压等级的独立电源，可以为外部设备供电，分别为DC3.3V 1000mA、DC5V 1000mA、DC12V 1000mA。

4）面包板：为电子电路的无焊接实验设计。由于各种电子元器件可根据需要随意插入或拔出，免去了焊接，节省了电路的组装时间，而且元器件可以重复使用，适合电子电路的组装、调试和训练。

5）磁性模块接口：底板与模块的连接方式采用磁性吸合方式，拆装方便。

6）通信模块接口：为各类实验模块提供串口通信通道，同时也提供了3.3V的电源，该接口的原理图如图1-7所示。

7）电源线接口：接DC12V的电源适配器。

8）串行接口和USB接口：通过串口线与计算机或者物联网基础开发实验箱相连，或者通过USB转串口线与计算机的USB接口相连；下载程序可以使用串口线，或USB转串口线（需要安装CH340或FT232R的驱动程序），也可以使用单片机开发模块上的miniUSB接口（需要安装CP2102的驱动程序）。

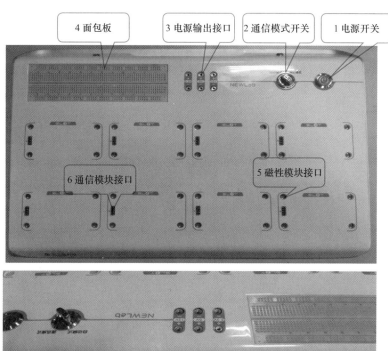

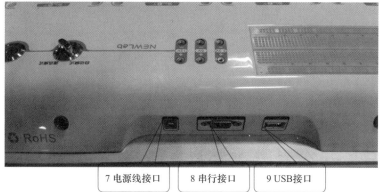

图1-6　NEWLab平台的接口

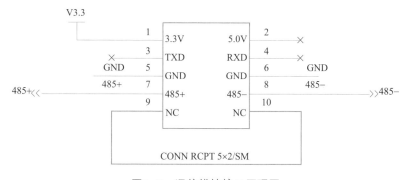

图1-7　通信模块接口原理图

二、ARM核心模块介绍

ARM核心模块采用S3C2451作为CPU，配有64MB的SDRAM、1GB nand flash。外部接口丰富，包含USB、miniUSB、RJ-45通信接口，JTAG调试接口、液晶屏、触摸屏、键盘接口，并将SDIO、SPI、I²C、UART、SD/TF、GPIO等接口引出，方便与外部模块进行连接，各个接口定义如图1-8所示。

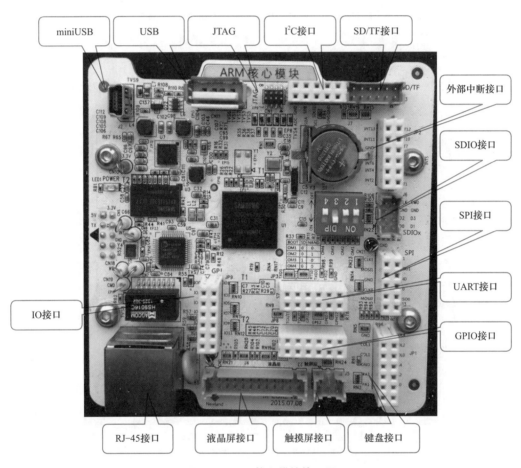

图1-8　ARM核心模块接口图

第二单元

ARM开发环境搭建

目 标

➤ 了解和掌握开发工具的安装及其使用方法
➤ 了解和掌握Ubuntu虚拟机的安装
➤ 掌握交叉编译环境和NFS服务器的搭建

单元简介

本单元主要介绍了ARM开发环境搭建所需的开发工具、虚拟机的安装，展示了虚拟机交叉环境和NFS服务器的搭建，实现了Hello World程序的编译。

任务一　开发工具的安装和使用

在嵌入式开发中，经常用到一些工具软件进行文件、程序的下载和调试，比如通过串口或者网口，实现主机和开发板连接，就可以进行程序的下载、系统操作、程序执行等功能。常用的工具有SecureCRT、FTP等，下面分别予以介绍。

一、SecureCRT软件

这是一款功能强大的软件，通过它可以实现主机与开发板的串口连接，如果选择其内置的SSH或Telnet协议，还可以实现主机与开发板的网络连接，在嵌入式开发中使用比较广泛，也非常方便，下面就其安装使用进行介绍。

（1）安装SecureCRT软件

从官方网站下载SecureCRT，软件有30天的免费试用期。下载完成后，启动SecureCRT安装包，运行scrt712-x86.exe，出现安装界面，如图2-1所示，单击"Next"按钮安装即可。

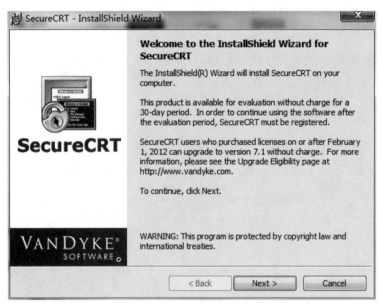

图2-1　SecureCRT安装界面

（2）SecureCRT的使用

SecureCRT支持多种协议，如SSH2、SSH1、Telnet、Serial等。可以用它来连接Linux服务器，作为一个远程控制台进行各种操作，也可以用它来连接串口，操作目标板。

串口的配置使用：

启动SecureCRT后，选择"File"→"Connect"命令，出现如图2-2所示对话框。

单击"New Session"按钮，开始建立新的连接。在随后出现的对话框中选择传输协议"Serial"，即要通过串口与开发板进行连接，如图2-3所示。

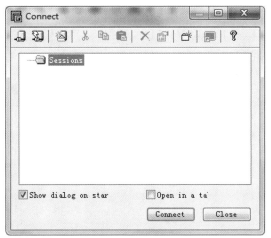

图2-2 Connect对话框

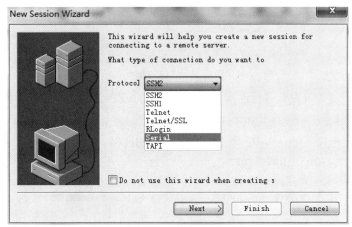

图2-3 选择"Serial"传输协议

单击"Next"按钮，选择串口1（COM1），设置波特率（Baud rate）为115 200、数据位（Data bits）为8、不使用校验位（Parity）、停止位（Stop bits）为1、不使用控制流（Flow Control）。

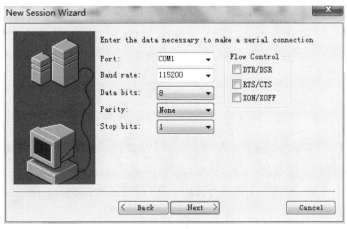

图2-4 设置

设置完成后，可以看到如图2-5所示的对话框，单击"Connect"按钮即可启动连接。如果开发板已通过串口线连接到主机的COM1口，并打开开发板电源供电，此时就应该看到开发板的启动信息输出到连接界面。

图2-5　连接界面

如果要通过网口和开发板进行连接，可以选择SSH或Telnet服务，具体操作如下：

单击菜单"File"→"Connect"命令，单击"New Session"按钮，打开一个新的连接对话框。也可以选择"Quick Connect"建立新的连接，在随后出现的对话框中选择传输协议：SSH2或者Telnet，如图2-6所示。

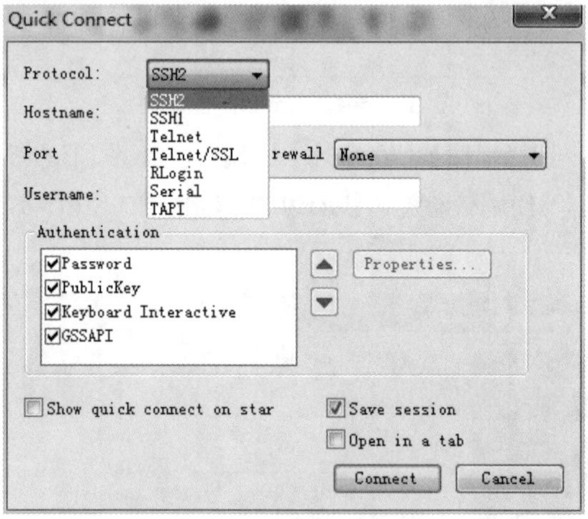

图2-6　快速连接界面

输入服务器IP（Hostname），端口（Port）为22，用户名（Username），如图2-7所示。此处连接虚拟机，IP为10.137.2.112，用户名为su。虚拟机的安装见任务二。

注：与虚拟机相连的时候要注意是否开启了SSH2服务，命令如下：

#ps -e|grep ssh

上述命令用来查看是否开启SSH服务，如果没有则使用下面的命令进行开启：

#apt-get install openssh-server

协议选择Telnet的时候，只要输入服务器IP（Hostname）即可。

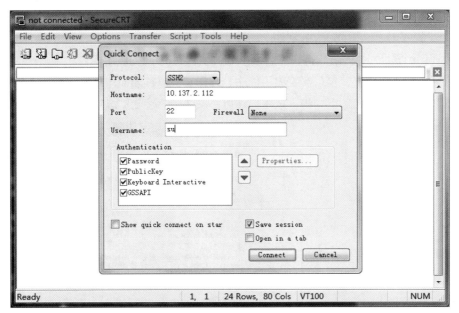

图2-7　快速连接设置

设置完成后单击"Connect"按钮输入密码（此密码是虚拟机的密码），连接后如图2-8所示。

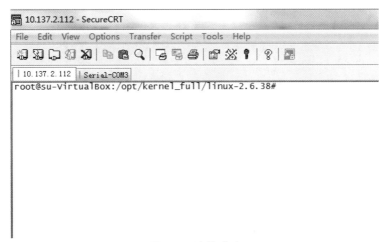

图2-8　连接成功

这样就可以通过SSH服务登录到开发板。

二、FTP服务器

FTP服务器（File Transfer Protocol Server）是在互联网上提供文件存储和访问服务的计算机，它们依照FTP协议提供服务。FTP（File Transfer Protocol，文件传输协议）顾名思义就是专门用来传输文件的协议。简单地说，支持FTP的服务器就是FTP服务器。其软件种类需要安装的有Server-U、VsETP、Wing FTP Server等，不需要安装的有TFTP32、FTPserver、Quick Easy FTP Server等。现在给大家介绍一下Wing FTP Server的安装和使用方法。

（1）安装Wing FTP Server软件

下载Wing FTP Server软件，在官网下载的软件有30天的试用期。

下载完成后，双击安装包，安装应用程序。选择安装语言为简体中文，如图2-9所示。

在安装向导界面单击"下一步"按钮，许可协议选择"接受"选项，如图2-10所示。

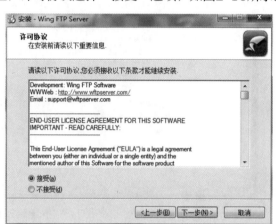

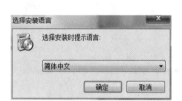

图2-9　选择安装语言界面　　　　　　　　　　图2-10　许可协议

单击"下一步"按钮，选择目标路径，默认在C:\Program Files(x86)\Wing FTP Server，需要修改则单击"浏览"按钮，如图2-11所示。

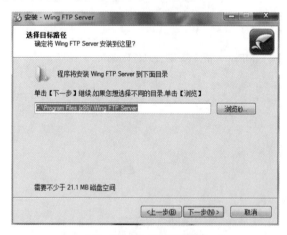

图2-11　选择目标路径

单击"下一步"按钮，选择启动菜单目录，如图2-12所示。

单击"下一步"按钮，设置远程管理端口，默认为"5466"，如图2-13所示。

单击"下一步"按钮，管理员账户设置，输入管理员用户名、密码，如图2-14所示。此处设置管理员用户名为"newlab"。

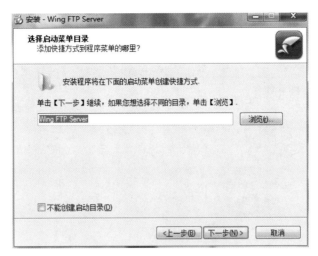

图2-12　选择启动菜单目录

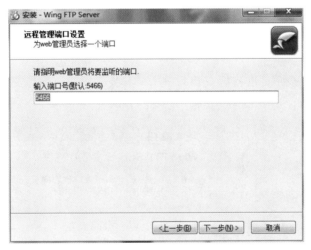

图2-13　远程管理端口设置

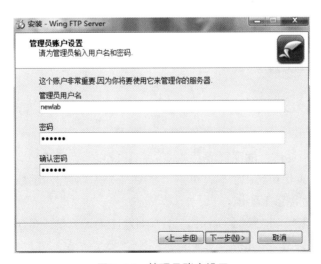

图2-14　管理员账户设置

单击"下一步"按钮，选择附加任务，默认全选，可根据自己的需求进行选择，如图2-15所示。

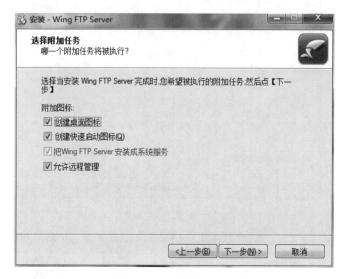

图2-15　选择附加任务

单击"下一步"按钮，准备好安装，单击"安装"按钮。等待安装完成，安装完成之后，单击"完成"按钮，退出安装对话框，如图2-16所示。

图2-16　安装完成

（2）Wing FTP Server的配置

管理员登录：输入用户名和密码，单击"登录"按钮，弹出对话框，创建一个新的域，单击"确定"按钮。如图2-17所示。

输入域名，绑定IP。此处域名为newlab，绑定IP为计算机IP:10.137.2.188，如图2-18所示。

弹出创建用户对话框，单击"确定"按钮。在添加用户对话框中输入用户名和密码，选择主目录，如图2-19所示。此处选择匿名，不需要输入密码，主目录是F盘。

设置完成后，单击"确定"按钮，出现客户端界面，如图2-20所示。

图2-17 创建域

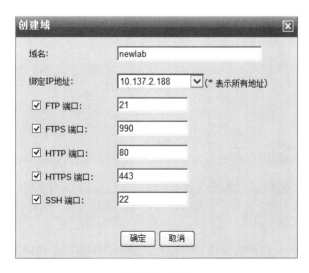

图2-18 设置

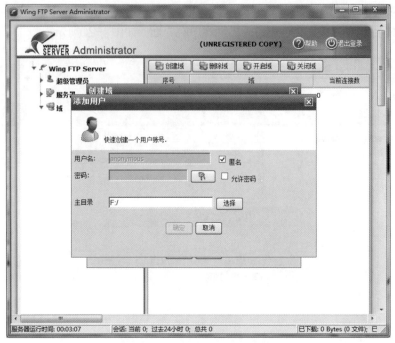

图2-19　添加用户

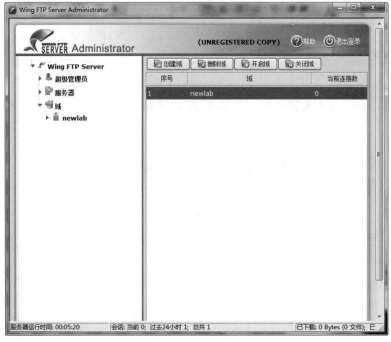

图2-20　客户端界面

（3）测试

Wing FTP Server软件安装设置完成后，使用FTP客户端用刚创建的用户账号进行测试，出现目录列表就说明成功了。打开计算机，在顶部输入绑定的IP，就会出现主目录里面的内容，如图2-21所示。

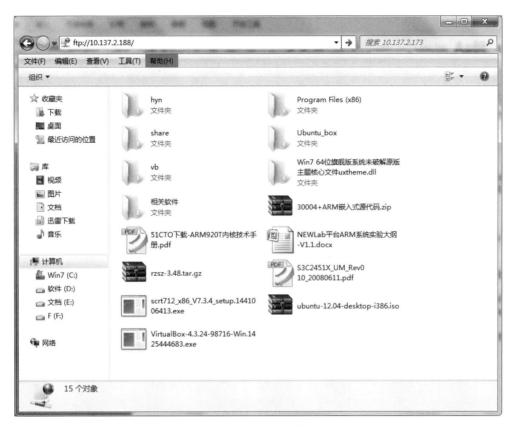

图2-21　目录列表

三、相关下载命令

一般来说，Linux服务器大多是通过SSH客户端进行远程的登录和管理的，使用SSH登录Linux主机以后，如何快速地和本地机器进行文件的交互，也就是上传和下载文件到服务器和本地？

与SSH有关的两个命令可以提供很方便的操作：

sz：将选定的文件发送（send）到本地机器。

rz：运行该命令会弹出一个文件选择窗口，从本地选择文件上传到服务器（receive）。

sz，rz便是Linux/UNIX同Windows进行ZModem文件传输的命令行工具。

Windows主机端需要支持ZModem的Telnet/SSH客户端（比如SecureCRT）。

运行命令rz，即接收文件，SecureCRT会弹出文件选择对话框，选好文件之后关闭对话框，文件就会上传到当前目录。

由于NEWLab开发板里面没有sz、rz命令，所以可以通过FTP把sz、rz命令下载到开发板上。通过串口线连接计算机和NEWLab开发板。用SecureCRT软件的串口连接方式连接NEWLab开发板（注意：此处NEWLab开发板的IP应该和计算机的IP在同一个网段，假设此时计算机IP为10.137.2.112）。设置NEWLab开发板的IP用ifconfig命令。当连接好计算机和NEWLab开发板后，先查看网络IP，再设置NEWLab开发板的IP地址。具体命令如下：

◆ #ifconfig（查看网络）

◆ #ifconfig eth1 10.137.2.188（设置虚拟机IP与计算机在同一网段）

◆ #ping 10.137.2.112（检查计算机和NEWLab开发板有没有接通）

打开Wing FTP Server并登录，将sz、rz命令文件和Wing FTP Server软件放在同一位置。在SecureCRT软件连接上NEWLab开发板后，使用ftpget命令下载sz、rz命令文件到NEWLab到开发板上，赋予可执行权限并执行。执行后rz命令才可以使用。本次实验NEWLab开发板IP地址为10.137.2.188。打开CRT软件连接好开发板，使用ftpget命令下载sz、rz命令文件。ftpget命令格式为ftpget主机IP文件名，如图2-22所示。

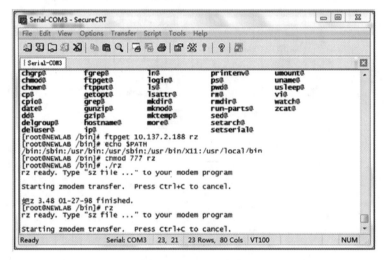

图2-22 ftpget命令

任务二　虚拟机的安装

一、下载VirtualBox

在官方网站下载VirtualBox-4.3.24。

下载完成后，单击"打开"按钮，运行文件，如图2-23所示。

出现"Oracle VM VirtualBox 4.3.24 Setup"界面，如图2-24所示。

单击"Next"按钮，默认存储路径，如图2-25所示。

单击"Next"按钮，出现如图2-26所示界面。

单击"Next"按钮，出现如图2-27所示界面。

单击"Yes"按钮，出现如图2-28所示界面。

图2-23　打开已下载好的文件

图2-24　运行初始界面

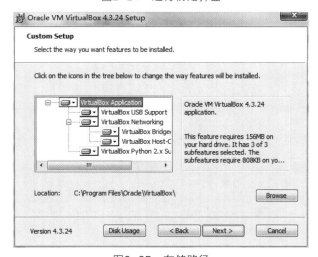

图2-25　存储路径

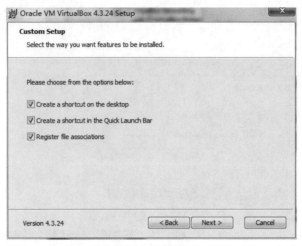

图2-26 安装界面1

图2-27 安装界面2

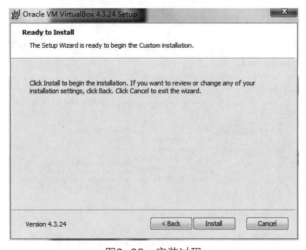

图2-28 安装过程

单击"Install"按钮，出现如图2-29所示界面，等待完成。

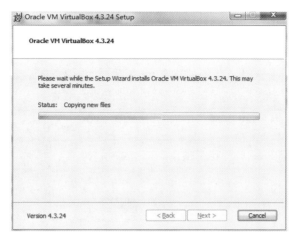

图2-29　安装进度

完成后单击"Next"按钮，出现如图2-30所示界面。

图2-30　安装完成

单击"Finish"按钮后，VirtualBox安装完成，打开后，出现如图2-31所示的初始界面。

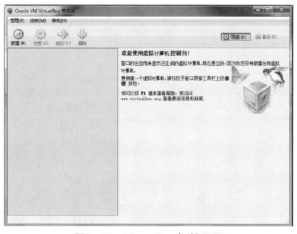

图2-31　VirtualBox初始界面

二、下载Ubuntu

在官方网站下载Ubuntu。

选择ubuntu-12.04.5-desktop-i386.iso下载，如图2-32所示。

图2-32　下载Ubuntu

三、创建虚拟机

打开VirtualBox单击"新建"命令，出现新建虚拟机的界面，如图2-33所示。

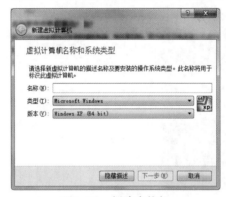

图2-33　新建虚拟机

输入新建虚拟机的名称为Ubuntu，选择类型Linux，版本Ubuntu（32bit），如图2-34所示。

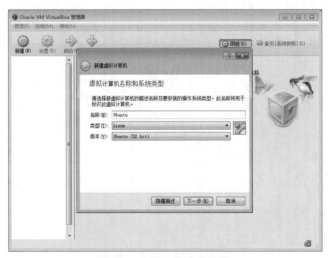

图2-34　设置新建虚拟机

单击"下一步"按钮，设置内存。内存大小默认为512MB，如图2-35所示。

单击"下一步"按钮，创建硬盘。默认现在创建新的虚拟硬盘，如图2-36所示。

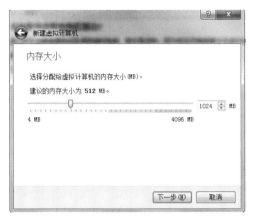

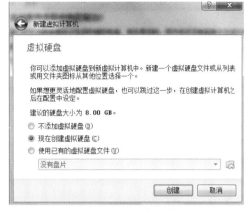

图2-35　内存大小　　　　　　　　　　　　图2-36　创建硬盘

单击"创建"按钮，选择虚拟硬盘文件类型。默认虚拟硬盘文件类型为VDI（VirtualBox磁盘映像），如图2-37所示。

单击"下一步"按钮，存储在物理硬盘上，默认动态分配，如图2-38所示。

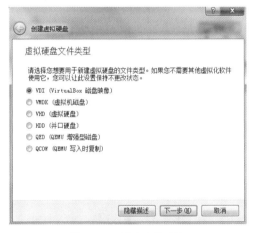

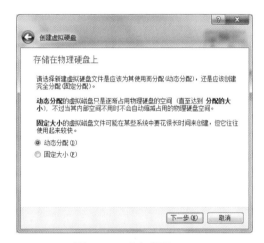

图2-37　创建虚拟硬盘　　　　　　　　　　图2-38　动态分配

单击"下一步"按钮，文件位置和大小，选择虚拟硬盘存放路径、设置虚拟硬盘大小。路径默认存放在C:/→Administrator→VirtualBox VMs→Ubuntu，由于文件较大，可以根据自己的实际情况选择存储位置，这里设置存储位置为F盘，新建一个Ubuntu_box，虚拟硬盘大小默认8GB，如图2-39和图2-40所示。

单击"创建"按钮，虚拟硬盘创建成功。跳转到Oracle VM VirtualBox管理器界面，如图2-41所示。

单击"启动"按钮，选择启动盘，浏览选择ubuntu-12.04-desktop-i386所在的位置，如图2-42所示。

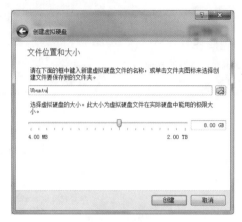

图2-39 文件位置和大小

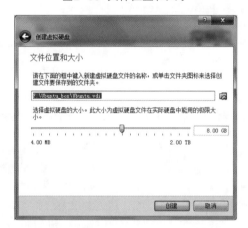

图2-40 路径选择

图2-41 VirtualBox管理器界面

图2-42　浏览选择所在位置

单击"启动"按钮，出现欢迎界面，语言选择栏拖动到最后，选择"中文（简体）"，如图2-43所示。

图2-43　语言选择

单击"安装Ubuntu"按钮，跳转到准备安装Ubuntu界面，如图2-44所示。

图2-44　准备安装

单击"继续"按钮，选择安装类型，默认清除整个磁盘并安装Ubuntu，如图2-45所示。

图2-45　清除整个磁盘并安装Ubuntu1

单击"继续"按钮，清除整个磁盘并安装Ubuntu，如图2-46所示。

图2-46　清除整个磁盘并安装Ubuntu2

单击"现在安装"按钮，跳转到安装界面，等待文件复制完成再设置时区为"Beijing"。

单击"继续"按钮，设置键盘布局，选择"汉语"，如图2-47所示。

图2-47　设置键盘布局

单击"继续"按钮，设置用户名和密码，如图2-48所示。

图2-48　设置用户名和密码

单击"继续"按钮，等待安装。安装完成，单击"现在重启"按钮，如图2-49所示。

图2-49　准备重启

跳转到登录界面，输入密码登录，进入Ubuntu界面，如图2-50所示。

图2-50　Ubuntu界面

更新软件，由于Ubuntu自带vi编辑会有乱码，所以现在安装vim，按<Ctrl+Alt+t>组合键跳出终端界面，输入sudo su，输入密码，进入home目录，如图2-51所示。

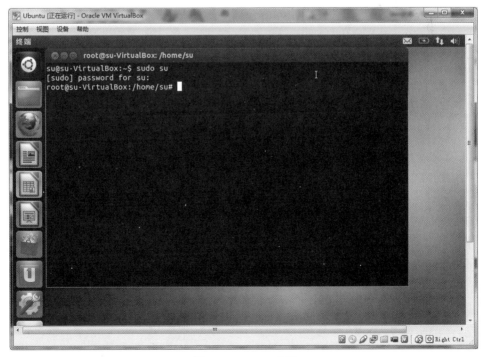

图2-51　home目录

输入命令# apt – get install vim-gtk，输入y，按<Enter>键，出现如图2-52所示的界面，至此虚拟机安装完成。

图2-52　虚拟机安装完成

任务三　交叉编译环境搭建

一、交叉编译的概念

在一种计算机环境中运行的编译程序，能编译出在另外一种环境下运行的代码，就称这种编译器支持交叉编译。简单地说，就是在一个平台上生成另一个平台上的可执行代码，这种工具就是交叉编译器（Cross Compiler）。交叉编译需要在主机平台上安装对应的交叉编译工具链（Cross Compilation Tool Chain），然后用这个交叉编译工具链编译源代码，最终生成可在目标平台上运行的代码。

二、建立ARM的交叉编译开发环境

（1）实验环境

交叉编译工具：arm-2010q1-202-arm-none-linux-gnueabi-i686-pc-linux-gnu.tar。

编译平台：Ubuntu12.04。

（2）实验步骤

1）设置共享文件夹：在计算机下新建share文件夹，这里将文件夹新建在H盘下，把交叉

编译工具arm-2010q1-202-arm-none-linux-gnueabi-i686-pc-linux-gnu.tar放在该目录下。打开VirtualBox,单击"设置"按钮,设置窗口右侧共享文件夹,在共享文件夹列表下单击右键,添加共享文件夹,选择共享文件夹路径,设置共享文件夹名称,如图2-53所示。

图2-53　选择路径

2)在Ubuntu界面安装增强功能:单击Ubuntu界面顶部的"设备"下拉菜单,选择"安装增强功能"命令,如图2-54所示。进入root到/media/VBOXADDITIONS_4.3.24_9876目录下执行VBoxLinuxAddtions.run,具体命令如下:

```
$sudo su root
```
输入密码:
```
#cd /media/VBOXADDTIONS_4.3.24_9876
#./VBoxLinuxAddtions.run
```

图2-54　安装增强功能

3）使用mount命令挂载：创建/mnt/shared，用mount命令将其挂载到vboxfs下的share文件夹。挂载完成后会在/mnt/shared目录下查找到交叉编译工具，在usr/local下新建arm目录，将交叉编译工具解压到该目录下。具体命令如下：

```
#mkdir /mnt/shared
#cd /mnt/shared
#ls
#mount –t vboxfs share /mnt/shared
#ls
arm–2010q1–202–arm–none–linux–gnueabi–i686–pc–linux–gnu.tar
#cd /usr/local
#mkdir arm
#cd /mnt/shared
#cp ./arm–2010q1–202–arm–none–linux–gnueabi–i686–pc–linux–gnu.tar.bz2/usr/local/arm
#tarjxvf arm–2010q1–202–arm–none–linux–gnueabi–i686–pc–linux–gnu.tar.bz2
```

（注：挂载的两个共享文件夹最好不用相同的名字。）

假如不想每次都手动挂载，可以在/etc/fstab中添加以下文字：

```
share /mnt/shared vboxfs rw, gid=100, uid=1000–auto 0 0
```

保存退出后，就可以实现永久挂载了。

4）配置系统环境变量：解压成功后，进入/etc/bash.bashrc修改PATH环境变量，把交叉编译工具链接的路径添加进去。

```
#cd /etc
#vi bash.bashrc
```

按i进入插入模式，在最后一行添加export PATH=/usr/local/arm/arm-2010q1/bin:$PATH,保存文件，输入命令#source bash.bashrc环境变量就添加成功了。

5）检测是否安装成功。

使用命令：$arm-linux-gcc-v会出现版本号，如图2-55所示。

```
Thread model: posix
gcc version 4.4.1 (Sourcery G++ Lite 2010q1-202)
```

图2-55　检测是否安装成功

三、Hello World程序编译

编写一个hello.c文件，执行后输出"hello world！"，如图2-56所示。
hello.c文件如下：

```
#include<stdio.h>

int main()
{
    printf("hello world!\n");
    return 0;
}
```

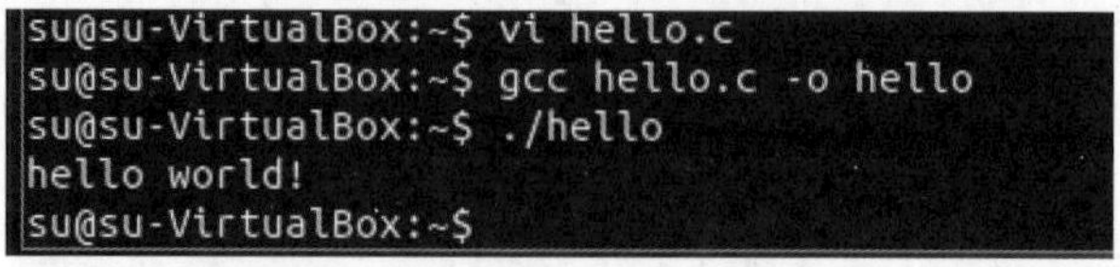

```
su@su-VirtualBox:~$ vi hello.c
su@su-VirtualBox:~$ gcc hello.c -o hello
su@su-VirtualBox:~$ ./hello
hello world!
su@su-VirtualBox:~$
```

图2-56　执行

在/mnt/shared下编写hello.c文件，使用arm-linux-gcc命令编译hello.c文件并重命

名为myhello（见图2-57），具体指令如下：

```
#vi hello.c
#arm-linux-gcc -o myhello hello.c
```

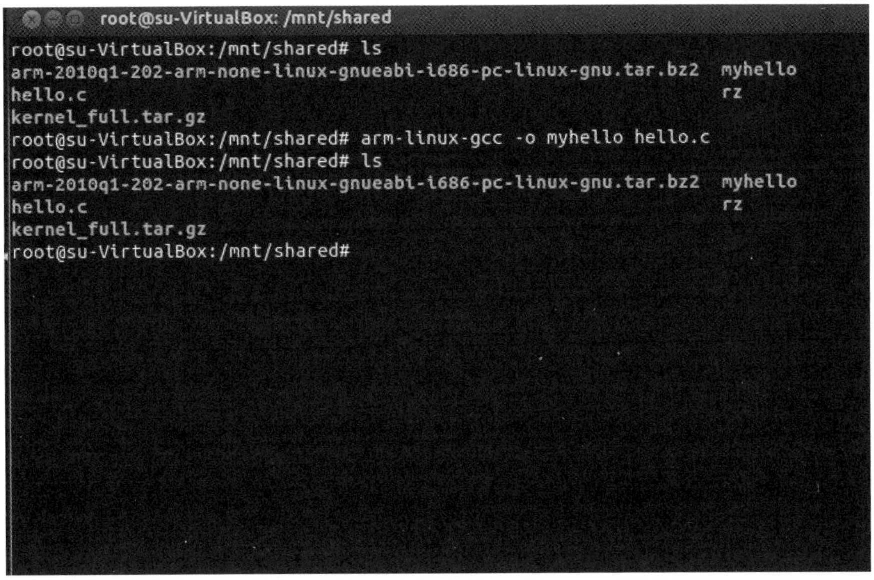

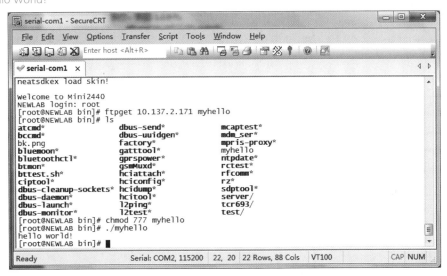

图2-57　编写hello.c

使用SecureCRT7.1软件，用FTP将myhello文件下载到开发板上，赋予可执行权限，并执行。执行后输出"hello world!"。本次实验IP地址为：10.137.2.171，如图2-58所示。

```
#ftpget 10.137.2.171 myhello
#chmod 777 myhello
#./myhello
hello world!
```

图2-58　执行

注：FTP用户目录放在共享文件夹H:\share下。

至此，交叉编译环境搭建完成。

任务四　NFS服务器搭建

一、NFS简介

NFS（Network FileSystem，网络文件系统），它的最大功能就是可以通过网络让不同的机器，不同的操作系统彼此共享文件（sharefiles）——可以通过NFS挂载远程主机的目录，访问该目录就像访问本地目录一样，所以也可以简单地将它看成一个文件服务器（FileServer）。

NFS分服务器和客户机，当使用远端文件时只要用mount命令就可把远端NFS服务器上的文件系统挂载在本地文件系统之下，操作远程文件与操作本地文件没有不同。NFS服务器所共享文件或目录记录在/etc/exports文件中。

NFS允许系统将其目录和文件共享给网络上的其他系统。通过NFS，用户和应用程序可以访问远程系统上的文件，就像它们是本地文件一样。NFS的优点如下：

1）本地工作站可以使用更少的磁盘空间，因为常用数据可以保存在一台机器上，网络上的其他机器可以访问它。

2）不需要为用户在每台网络机器上放一个用户目录，因为用户目录可以在NFS服务器上设置并使其在整个网络上可用。

3）存储设备如软盘、光驱及USB设备可以被网络上其他机器使用，这可以减少网络上移动设备的数量。

嵌入式Linux开发中，会经常使用NFS，目标系统通常作为NFS客户机使用，Linux主机作为NFS服务器。在目标系统上通过NFS，将服务器的NFS共享目录挂载到本地，可以直接运行服务器上的文件。调试系统驱动模块以及应用程序，NFS都是十分必要的，并且Linux还支持NFS根文件系统，能直接从远程NFS root启动系统，这对嵌入式Linux根文件系统裁剪和集成也是十分有必要的。

其实，NFS运行在SUN的RPC（Remote Procedure Call，远程过程调用）基础上，RPC定义了一种与系统无关的方法来实现进程间通信，由此，NFS Server也可以看成是RPC Server。正因为NFS是一个RPC服务程序，所以在使用它之前，先要映射好端口——通过portmap设定。比如，某个NFSClient发起NFS服务请求时，它需要先得到一个端口（port），所以它先通过portmap得到portnumber（不仅是NFS，所有的RPC服务程序启动之前，都需要先设定好portmap）。

二、NFS安装

（1）安装NFS服务器端软件

使用apt-get命令安装NFS服务器端软件，如图2-59所示，安装后提示时输入y，按<Enter>键。安装完nfs-kernel-server后，系统会自动安装好portmap（端口映射器）。所以没必要自己安装portmap。

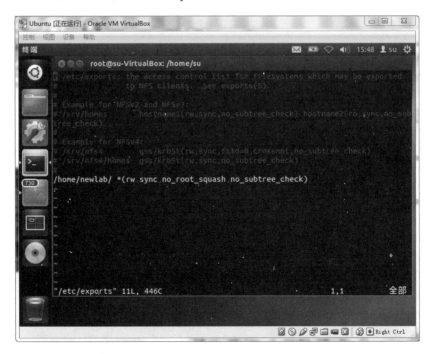

图2-59　安装NFS服务器端

（2）设置共享文件夹

设置nfs-server目录。进入/etc/exports文件添加以下语句：

/home/newlab/　*(rw, sync, no_root_squash, no_subtree_check)，如图2-60所示，保存退出。

$sudo vim /etc/exports

这个设置的共享目录是/home/newlab，允许所有客户机访问，读写，所有数据在请求写入时共享，root用户具有根目录的完全管理权限，不检查父目录权限。

说明，使用开发板与虚拟机安装的客户系统进行挂载时，需要将虚拟网卡设置为桥接网卡模式（见图2-61），混杂模式为全部允许，并建议使用静态IP地址。如果在使用中需要增加新的NFS共享目录，直接修改/etc/exports文件即可。

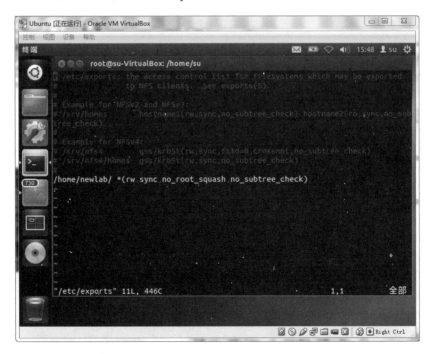

图2-60　设置nfs-server目录

图2-61　虚拟网卡设置

连接开发板，设置开发板IP为10.137.2.110，虚拟机IP为10.137.2.88，Windows IP为10.137.2.173，在虚拟机内ping开发板和Windows的IP，能ping通之后开启虚拟机的 NFS服务（见图2-62）。在home目录下新建文件夹newlab，启动开发板，在开发板的/mnt 目录下新建nfs文件夹，用mount命令挂载虚拟机和开发板（见图2-63）。具体命令如下：

Ubuntu界面：

```
#ifconfig eth0 10.137.2.88
#ping 10.137.2.110
#ping 10.137.2.173
#service nfs-kernel-server start
#mkdir /home/newlab
```

CRT界面：

```
#cd /mnt
#mkdir nfs
#mount -t nfs -o nolock 10.137.2.88:/home/newlab /mnt/nfs
```

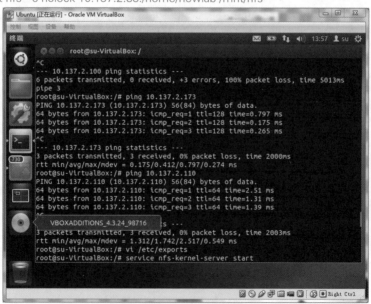

图2-62　开启NFS服务

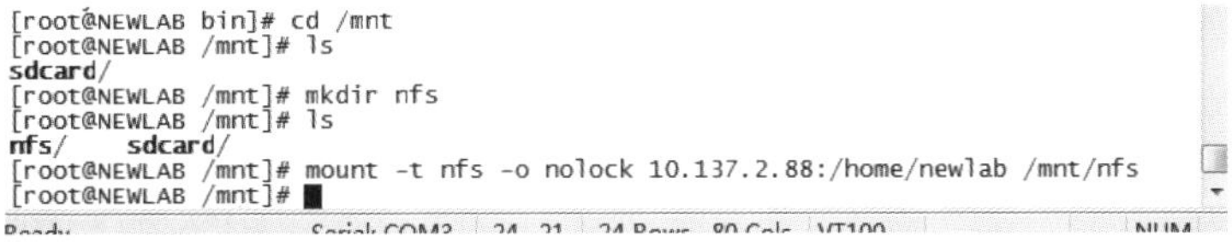

```
[root@NEWLAB bin]# cd /mnt
[root@NEWLAB /mnt]# ls
sdcard/
[root@NEWLAB /mnt]# mkdir nfs
[root@NEWLAB /mnt]# ls
nfs/    sdcard/
[root@NEWLAB /mnt]# mount -t nfs -o nolock 10.137.2.88:/home/newlab /mnt/nfs
[root@NEWLAB /mnt]#
Ready            Serial COM3   24, 21   24 Rows, 80 Cols VT100             NUM
```

图2-63　挂载

三、测试是否挂载成功

启动开发板，进入系统，在开发板的NFS下新建abc文件后，在虚拟机的/home/ newlab目录下也有abc文件，挂载成功，如图2-64所示。

图2-64　测试

至此NFS服务器搭建完成。

第三单元

ARM基础功能实现

目　标

➤ 了解NEWLab开发板基础功能实现
➤ 了解并掌握GPIO接口、UART接口的使用
➤ 了解并掌握中断和RTC读写时间的设计

单元简介

　　本单元主要是介绍开发板的基础功能实现。实验内容有GPIO接口实验、UART接口实验、中断实验、RTC读写时间实验和按键实验。单元里简单介绍了各种功能实现所涉及的寄存器和模块，还有其主要程序、下载方式和实验现象。

一、GPIO接口概述

通用输入/输出接口（General Purpose Input Output，GPIO），也叫总线扩展器，通俗地说，就是一些引脚，可以通过GPIO接口输出高低电平或者通过它们读入引脚的状态——高电平还是低电平。人们利用工业标准I2C、SMBus或SPI接口简化了I/O口的扩展。当微控制器或芯片组没有足够的I/O端口，或当系统需要采用远端串行通信或控制时，GPIO产品能够提供额外的控制和监视功能。GPIO驱动可写成通用的，便于单板setup代码将这些管脚配置数据传递给驱动。

GPIO接口的优点：低功耗，GPIO具有更低的功率损耗（大约1μA）；集成IIC从机接口，GPIO内置IIC从机接口，即使在待机模式下也能够全速工作；小封装，GPIO器件提供最小的封装尺寸—3mm×3mm QFN；低成本，不用为没有使用的功能买单；快速上市，不需要编写额外的代码、文档，不需要任何维护工作；灵活的灯光控制，内置多路高分辨率的PWM输出；可预先确定响应时间，缩短或确定外部事件与中断之间的响应时间；更好的灯光效果，匹配的电流输出确保均匀的显示亮度；布线简单，仅需使用2条就可以组成IIC总线或3条组成SPI总线。

S3C2451X的GPIO接口有以下12组。

Port A（GPA）：27个输出接口。

Port B（GPB）：11个输入/输出接口。

Port C（GPC）：16个输入/输出接口。

Port D（GPD）：16个输入/输出接口。

Port E（GPE）：16个输入/输出接口。

Port F（GPF）：8个输入/输出接口。

Port G（GPG）：16个输入/输出接口。

Port H（GPH）：15个输入/输出接口。

Port J（GPJ）：16个输入/输出接口。

Port K（GPK）：16个输入/输出接口。

Port L（GPL）：15个输入/输出接口。

Port M（GPM）：2个输入接口。

二、GPIO接口的使用方法

S3C2451X中有3种寄存器，分别为控制寄存器GPxCON、数据寄存器GPxDAT、上拉电阻寄存器GPxDUP。GPxCON用于选择引脚功能；GPxDAT用于读/写引脚数据；GPxDUP用于确定是否使用内部上拉电阻。

对GPIO接口的控制过程如下：首先通过数据寄存器引到芯片外部，然后通过控制寄存器设置信号的流通方向，在实际应用中，除了这两个标准寄存器必须具备外，还提供上拉电阻寄存器，可以设置IO的输出模式是高阻，还是带上拉的电平输出，或者不带上拉的电平输出。

（1）控制寄存器GPxCON（GPACON～GPMCON）

S3C2451X中，大多数端口为复用引脚，因此要决定每个引脚选择哪项功能。如果在掉电模式中GPF0～GPF7和GPG0～GPG7用于唤醒信号，这些端口必须配置为输入模式。

GPxCON中的x代表从A到M的12组GPIO接口中的任何一个，且GPxCON中每两位控制一根引脚：00表示输入，01表示输出，10表示特殊功能，11保留不用。A组GPIO接口的GPACON比较特殊，GPACON中每位对应一根引脚，当某位设置为0时，相应引脚为输出引脚。反之，相应引脚为地址线或用于地址控制，此时，GPADAT无用。

（2）数据寄存器GPxDAT（GPADAT～GPMDAT）

当端口配置为输出端口，可以写入数据到GPxDAT的相应位；当端口配置为输入端口，可以从GPxDAT的相应位读取数据。

当引脚被设为输入时，读此寄存器可以得到对应引脚接口的电平状态是高电平还是低电平；当引脚被设为输出时，写此寄存器的相应位即可令此引脚接口输出高电平或低电平。

（3）上拉电阻寄存器GPxDUP（GPBDUP～GPMDUP）

上拉电阻寄存器控制每个端口组的使能/禁止上拉电阻。当相应位为0时，使能引脚的上拉电阻。当相应位为1时，禁止上拉电阻。如果使能了上拉电阻，那么上拉电阻与引脚的功能设置无关（输入、输出、DATAn、EINTn等等）。

（4）功能选择寄存器GPxSEL

有的GPIO口具有复用功能，如GPB、GPE和GPJ。当这些端口需要用到第二功能时，需要通过设置GPxSEL来选择。当作为普通IO口时，该寄存器对应的位设为0，当要作为第二功能时，寄存器对应的位要设为1。

三、GPIO接口主要文件及函数说明

实验内容：通过配置IO口，点亮IO口所连接的LED灯。本实验中LED灯连接的是GPE4口，高电平点亮。

实验主要代码如下。

main.c文件：

```
void delay(volatile int count)
{
    volatile int i = count;
    while(i--);
}

int main()
{
    //设置寄存器地址
    volatile unsigned long *gpecon = (volatile unsigned long *)0x56000040;
    volatile unsigned long *gpedat = (volatile unsigned long *)0x56000044;
    volatile unsigned long *gpeudp = (volatile unsigned long *)0x56000048;
    volatile unsigned long *gpesel = (volatile unsigned long *)0x5600004c;
    //配置GPE4引脚
```

```
*gpecon |= (1<<(4*2));              //设置为输出模式
*gpeudp &= ~(3<<(4*2));             //禁止上下拉
*gpesel &= ~(1<<4);                 //选择作为普通IO口功能

while (1)
{
    // LED亮
    *gpedat |= (1<<4);
    delay(0x200000);

    // LED灭
    *gpedat &= ~(1<<4);
    delay(0x200000);
}
    return 0;
}
```

四、程序的编译

将配套的源文件复制到虚拟机（前面单元已经制作好）中，输入"make"命令进行编译，编译成功后生成可执行程序led.bin（所有程序源文件中已经有写好的makefile了，可以直接使用）。具体操作如下：

将裸机程序复制到虚拟机的共享文件夹中。在Ubuntu共享文件夹中，将裸机程序复制到newlab目录。

#cp –r NoOS /opt/newlab

进入/opt/newlab/NoOS下，查看裸机程序是否复制进来，并输入"make"命令生成.bin和.o等文件，如图3-1所示。

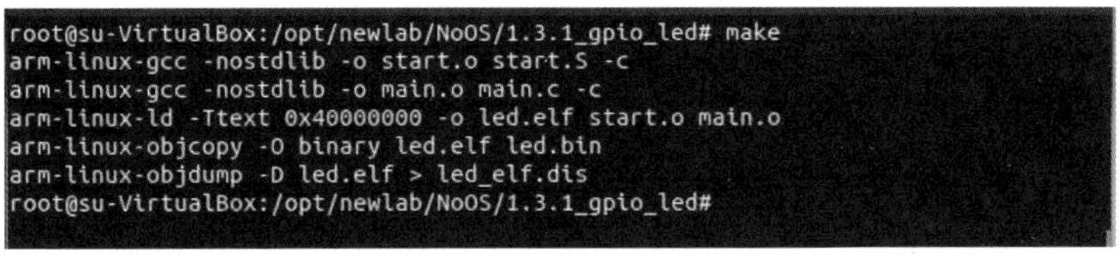

```
root@su-VirtualBox:/opt/newlab/NoOS/1.3.1_gpio_led# make
arm-linux-gcc -nostdlib -o start.o start.S -c
arm-linux-gcc -nostdlib -o main.o main.c -c
arm-linux-ld -Ttext 0x40000000 -o led.elf start.o main.o
arm-linux-objcopy -O binary led.elf led.bin
arm-linux-objdump -D led.elf > led_elf.dis
root@su-VirtualBox:/opt/newlab/NoOS/1.3.1_gpio_led#
```

图3-1　将裸机程序复制到虚拟机的共享文件夹中

编译成功后，将程序led.bin放到JLink.exe的运行目录下。后续用到jlink下载时，都要把bin文件放到jlink目录下。

五、程序的下载方法

程序下载有两种方法，分别是通过jlink下载和通过SD卡下载，下面分别介绍这两种方法（推荐使用SD卡下载。当程序有使用中断时，jlink可能会发生错误）。

（1）通过jlink下载程序到S3C2451内部SRAM

注：jlink运行时跳帽1不用盖上，后续有用到jlink时，跳帽1也都是不用盖上的。

1）启动板子，停在boot（板子上电前，先将NEWLab串口与计算机连接好，并打开secureCRT串口工具，打开相应的COM口。然后板子上电，3s内在secureCRT上按任意键，即可进入boot）。

2）在j-link处输入r命令，如图3-2所示。

3）加载测试程序，如图3-3所示（程序运行结果，参考下文）。

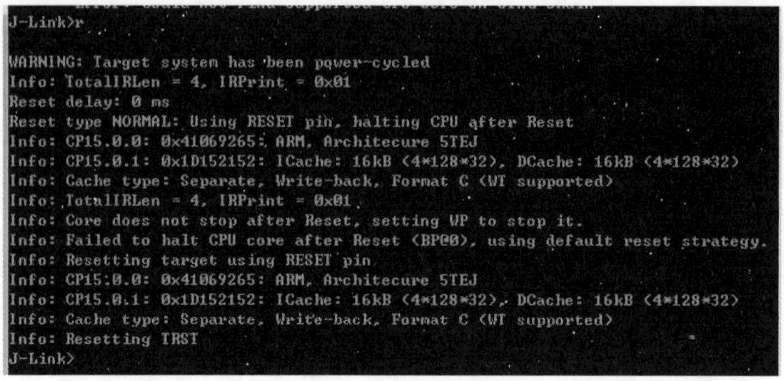

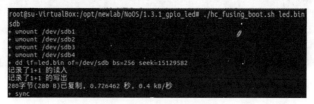

```
J-Link>r

WARNING: Target system has been power-cycled
Info: TotalIRLen = 4, IRPrint = 0x01
Reset delay: 0 ms
Reset type NORMAL: Using RESET pin, halting CPU after Reset
Info: CP15.0.0: 0x41069265: ARM, Architecure 5TEJ
Info: CP15.0.1: 0x1D152152: ICache: 16kB (4*128*32), DCache: 16kB (4*128*32)
Info: Cache type: Separate, Write-back, Format C (WT supported)
Info: TotalIRLen = 4, IRPrint = 0x01
Info: Core does not stop after Reset, setting WP to stop it.
Info: Failed to halt CPU core after Reset (BP@0), using default reset strategy.
Info: Resetting target using RESET pin
Info: CP15.0.0: 0x41069265: ARM, Architecure 5TEJ
Info: CP15.0.1: 0x1D152152: ICache: 16kB (4*128*32), DCache: 16kB (4*128*32)
Info: Cache type: Separate, Write-back, Format C (WT supported)
Info: Resetting TRST
J-Link>
```

图3-2　r命令

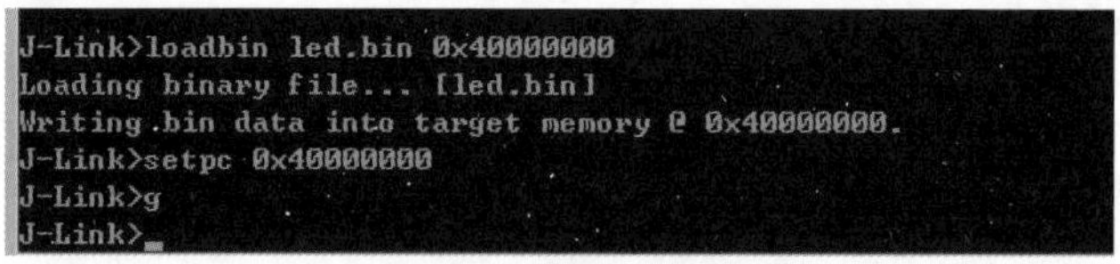

```
J-Link>loadbin led.bin 0x40000000
Loading binary file... [led.bin]
Writing bin data into target memory @ 0x40000000.
J-Link>setpc 0x40000000
J-Link>g
J-Link>_
```

图3-3　加载测试程序

（2）通过SD卡下载

注：用SD卡下载程序运行时需要将跳帽1盖上，后续有用到SD烧写时，跳帽1也都是要盖上的。

将SD卡连接到Ubuntu虚拟机中，进入/opt/newlab/NoOS目录下，输入命令. /hc_fusing_boot. sh led. bin sdb。烧写程序到SD卡中，如图3-4所示。

```
root@su-VirtualBox:/opt/newlab/NoOS/1.3.1_gpio_led# ./hc_fusing_boot.sh led.bin
sdb
+ umount /dev/sdb1
+ umount /dev/sdb2
+ umount /dev/sdb3
+ umount /dev/sdb4
+ dd if=led.bin of=/dev/sdb bs=256 seek=15129582
记录了1+1 的读入
记录了1+1 的写出
280字节(280 B)已复制, 0.726462 秒, 0.4 kB/秒
+ sync
```

图3-4　烧写程序到SD卡

在/mnt下新建NoOS目录，将SD卡挂载到该目录下。并在该目录下新建文件Script。

```
#mkdir NoOS
#mount –t /dev/sdb1 /mnt/NoOS
#touch Script
```

在Script文件下写入如下脚本：

```
#!/bin/bash

DEV_NAME=$2
INPUT_BIN=$1

if [ $# –ne 2 ]; then
        echo "should input devname and binname"
        exit
fi

BLOCK_CNT=`cat /sys/block/${DEV_NAME}/size`
if [ ${BLOCK_CNT} –le 0 ]; then
        echo "Error: NO media found in card reader."
        exit 1
```

```
fi

if [ ${BLOCK_CNT} −gt 32000000 ]; then
        echo "Error: Block device size (${BLOCK_CNT}) is too large"
        exit 1
fi

let FIRMWARE_POSITON=${BLOCK_CNT}−16−2−1024
set −x
umount /dev/${DEV_NAME}1 2>/dev/null
umount /dev/${DEV_NAME}2 2>/dev/null
umount /dev/${DEV_NAME}3 2>/dev/null
umount /dev/${DEV_NAME}4 2>/dev/null

dd if=${INPUT_BIN} of=/dev/${DEV_

NAME} bs=512 seek=${FIRMWARE_POSITON}
sync
```

将led. bin文件复制到SD卡所在的可移动磁盘中。完成后将SD卡退出。

启动开发板，进入boot擦除nandflash，以免受到影响，如图3-5所示。

```
NEWLAB # nand erase

NAND erase: device 0 whole chip
Skipping bad block at  0x06000000
Erasing at 0x7fe0000 -- 100% complete.
OK
NEWLAB # reset
reset...
```

图3-5　擦除nandflash

运行程序时，将ARM核心板上红色拨码开关的(OM3)拨到ON处，其余拨到ON相反处。把核心板与SD卡的排线连接上。核心板上的SDB与SD卡上的SDB用杜邦线连接上。核心板的GPE4接到SD卡的SDLED上。将制作好的SD卡插入SD模块的卡槽，在SD模块上有两个跳帽，用短路帽或杜邦线接上跳帽1和跳帽2，连线图如图3-6所示，插入SD卡，然后上电。静待几秒，程序开始运行。程序运行时SD卡模块的LED305会持续闪烁。如图3-7所示，SD卡模块右侧绿灯会持续闪烁，每隔一秒闪一次。

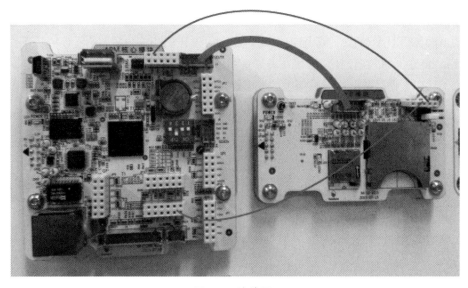

图3-6　连线图1

图3-7　连线图2

任务二　　UART接口实验

一、UART接口概述

S3C2451的通用异步收发器（UART）配有4个独立异步串行I/O（SIO）端口，每个都可以基于中断或基于DMA模式操作。换句话说，UART可以通过产生中断或DMA请求来进行CPU和UART之间的数据传输。UART通过使用系统时钟可以支持最高3Mbit/s的比特率。每个UART通道包含两个64字节的FIFO给发送和接收。

S3C2451的UART包括了可编程波特率，红外（IR）发送/接收，插入1个或2个停止位，5位、6位、7位或8位的数据宽度以及奇偶校验。

每个UART包含一个波特率发生器、发送器、接收器和一个控制单元。波特率发生器可以由PCLK、EXTUARTCLK或者EPLL时钟驱动。发送器和接收器包含了64字节FIFO和数据移位器。将数据写入到FIFO接着在发送前复制到发送移位器中。随后将在发送数据引脚（TxDn）移出数据。与此同时从接收数据引脚（RxDn）移入收到的数据，接着从移位器复制到FIFO。其特性是：

1）基于DMA或基于中断操作的RxD0、TxD0、RxD1、TxD1、RxD2、TxD2、RxD3和TxD3。

2）UART通道0、1、2和3带IrDA 1.0和64字节FIFO。

3）UART通道0、1和2支持带nRTS0、nCTS0、nRTS1、nCTS1、nRTS2和nCTS2信号自动流控制。

4）支持高速操作高达3Mbit/s

二、UART接口的使用方法

对于S3C2451，使用UART之前，需要设置波特率、传输格式（多少个数据位、是否使用校验位、奇校验或偶校验、多少个停止位、是否使用流量控制）、选择所涉及的管脚为UART功能、选择UART通道的工作模式为中断模式或DMA模式。设置好之后，往相关寄存器写入数据即可发送，读取相关寄存器即可接收到数据。通过查询状态寄存器或设置中断来获知数据是否发送完毕、是否接收到数据。

（1）UART通道管脚设为UART功能

UART通道0中，GPH0、GPH1分别用于TxD0、RxD0，使用UART通道0时，先设置GPHCON寄存器，将GPH0、GPH1引脚的功能设为TxD0、RxD0。

（2）UBRDIVn和UDIVSLOTn寄存器：设置波特率

S3C2451UART的时钟源有3种选择：PCLK、EXTUARTCLK（外部UART时钟）、EPLL，UART波特率由UBRDIVn和UDIVSLOTn两个寄存器决定。

$$DIV\_VAL=UBRDIVn+（Num\ of\ 1's）/16$$
$$=（SRCCLK）/（波特率×16））-1$$

SRCCLK：PCLK、EXTUARTCLK（外部UART时钟）、EPLL。

举例：假设UART的时钟由PCLK（66MHz）提供，要产生115200bit/s的波特率，就应该这样设计：

$$DIV\_VAL=（66MHz/(115200×16)）-1=34.8=UBRDIVn+（Num\ of\ 1's）/16，$$

由上式可得整数部分34存放在寄存器UBRDIVn中，小数部分0.8由（num of 1's）/16产生。即：（Num of 1's）/16=0.8

$$Num\ of\ 1's=0.8*16=12.8=12$$

通过查表3-1可以知道，当Num of 1's=12时，UDIVSLOTn=0xDDDD；最后通过软件分别给UBRDIVn和UDIVSLOTn两个寄存器赋上上面所求的值，就能间接设置波特率为115 200。

表3-1　UDIVSLOTn寄存器的取值

Floating point part	Num of 1's	UDIVSLOTn	Floating point part	Num of 1's	UDIVSLOTn
0	0	0x0000	0.5	8	0x5555
0.0625	1	0x0080	0.5625	9	0xD555
0.125	2	0x0808	0.625	10	0xD5D5
0.1875	3	0x0888	0.6875	11	0xDDD5
0.25	4	0x2222	0.75	12	0xDDDD
0.3125	5	0x4924	0.8125	13	0xDFDD
0.375	6	0x4A52	0.875	14	0xDFDF
0.4375	7	0x54AA	0.9375	15	0xFFDF

（3）UART线路控制寄存器（ULCONn）：设置传输格式

有4个UART线路控制寄存器，在UART模块中包含了ULCON0、ULCON1、ULCON2和ULCON3。ULCONn寄存器格式见表3-2。

表3-2　ULCONn寄存器格式

名称	位	说明	初始状态
保留	[7]	—	0
红外模式	[6]	决定是否使用红外模式 0=普通模式操作；1=红外Tx/Rx模式	0
奇偶校验模式	[5:3]	指定在UART发送和接收操作期间奇偶校验产生和检查的类型 0xx=无奇偶校验；100=奇校验；101=偶校验；110=固定/检查奇偶校验为1；111=固定/检查奇偶校验为0	000
停止位数	[2]	指定用于结束帧信号的停止位的个数 0=每帧1个停止位；1=每帧2个停止位	0
字长度	[1:0]	指出每帧用于发送或接收的数据位的个数 00=5位；01=6位；10=7位；11=8位	00

（4）UART控制寄存器（UCONn）

UCONn寄存器用于选择UART时钟源、设置UART中断方式等。有4个UART控制寄存器，在UART模块中包含了UCON0、UCON1、UCON2和UCON3。S3C2451 UART有3个时钟源PCLK、EXTUARTCLK、divided EPLL clock。UCONn寄存器格式见表3-3。

表3-3　UCONn寄存器格式

名称	位	说明	初始状态
时钟选择	[11:10]	选择PCLK、EXTUARTCLK（外部UART时钟）、divided EPLL clock作为UART的时钟源 DIV_VAL=（SRCCLK）/（波特率×16））−1 SRCCLK按如下被选择 00=PCLK；10=PCLK；01=EXTUARTCLK 11=divided EPLL clock	0
Tx 中断类型	[9]	中断请求类型 0=脉冲（非FIFO模式中Tx缓冲器一变为空或FIFO模式中达到Tx FIFO触发水平就请求中断）	0
Rx中断类型	[8]	中断请求类型 0=脉冲（非FIFO模式中Rx缓冲器接收到数据或FIFO模式中达到Rx FIFO触发水平则立刻请求中断）	0
Rx超时使能	[7]	当使能了UART FIFO使能/禁止Rx超时中断。该中断是一个接收中断 0=禁止；1=使能	0
Rx错误状态中断使能	[6]	异常时允许UART产生中断，如接收操作期间的断点、帧错误、奇偶错误或溢出错误 0=不产生接收错误状态中断 1=产生接收错误状态中断	0
环回模式	[5]	设置环回模式为1使得UART进入环回模式。此模式只用于测试 0=正常操作；1=环回模式	0
发出断点信号	[4]	设置此位使得UART在单帧期间发出一个断点信号。此位在发出断点信号后将自动清零 0=正常传输；1=发出断点信号	0
传输模式	[3:2]	确认哪些功能目前能够编写Tx数据到UART传输缓存寄存器 00=不使能 01=中断请求或轮询模式 10=DMA请求（请求信号0） 11=DMA请求（请求信号1）	00

（续）

名称	位	说明	初始状态
接收模式	[1:0]	确认哪些功能目前能够从UART接收缓存寄存器读数据 00=不使能 01=中断请求或轮询模式 10=DMA请求（请求信号0） 11=DMA请求（请求信号1）	00

（5）UFCONn寄存器，UFSTATn寄存器

UFCONn寄存器用于设置是否使用FIFO，设置各FIFO的触发阈值，可以通过调协UFCONn寄存器来复位各个FIFO。读取UFSTAT n寄存器可以知道各个FIFO是否已满，其中有多少数据。如果不使用FIFO，可以认为FIFO的深度为1，如果使用FIFO，S3C2440的FIFO深度为64。

三、UART接口实验程序

```
uart.c
#define UART3_DATA_LEN                3
#define UART3_STOP_LEN                0
#define UART3_PARITY                  0
#define UART3_CLK_SEL                 0
#define UART3_TX_MODE                 1
#define UART3_RX_MODE                 1

#define ULCON3               ( *((volatile unsigned long *)0x5000C000) )
#define UCON3                ( *((volatile unsigned long *)0x5000C004) )
#define UFCON3               ( *((volatile unsigned long *)0x5000C008) )
#define UTRSTAT3             ( *((volatile unsigned long *)0x5000C010) )
#define UFSTAT3              ( *((volatile unsigned long *)0x5000C018) )
#define UTXH3                ( *((volatile unsigned char *)0x5000C020) )
#define URXH3                ( *((volatile unsigned char *)0x5000C024) )
#define UBRDIV3              ( *((volatile unsigned short *)0x5000C028) )
#define UDIVSLOT3            ( *((volatile unsigned short *)0x5000C02C) )
#define TXD_MOD              2
#define RXD_MOD              2
#define GPHCON               ( *((volatile unsigned long *)0x56000070 ) )

//初始化 uart3
void uart_init(void)
{
    //配置引脚
    GPHCON |= (TXD_MOD << 12) | (RXD_MOD << 14);
    //设置数据格式，数据位：8，无校验，停止位：1。
    ULCON3 |= ((UART3_PARITY << 3) | (UART3_STOP_LEN << 2) | (UART3_ DATA_ LEN));
    //设置串口3发送，接收
    //启用 RX/TX
    UCON3 |= ((UART3_CLK_SEL << 10) | (UART3_TX_MODE << 2) | UART3_ RX_ MODE);
    //串口3 FIFO 启用
    UFCON3 |= 0x01;
    //流控制(UART 3不支持AFC函数)
    //UMCON3 = 0;
    //设置波特率 = 115200 bit/s
    // DIV_VAL = (PCLK / (bps x 16 ) ) – 1 = (66625000/(115200x16))–1 = 35.146
    // DIV_VAL = 35.08 = UBRDIVn + (num of 1's in UDIVSLOTn)/16
    UBRDIV3 = 35;
    UDIVSLOT3 = 0x2;
}
//接收字符
unsigned char getchar(void)
```

```
    {
        //如果RX FIFO空，等待
        while ((UFSTAT3 & 0x7f) == 0);
        //读取串口3数据
        return URXH3;
    }
    //发送字符
    void putchar(unsigned char c)
    {
        //如果TX FIFO满，等待
        while (UFSTAT3 & (1<<14));
        //写串口3数据
        UTXH3 = c;
    }
    //发送字符串
    void puts(const char *ptr)
    {
        char c;
        while ((c = *ptr++) != '\0') {
            putchar(c);
        }
        putchar('\r');
        putchar('\n');
    }
```

main.c程序功能：接收串口收到的数据，并将其发送回去。代码如下：

```
#include "uart.h"
#include "clock.h"

int main()
{
    char c;

    init_led_gpio();
    init_sysclk();
    led_blink(3);
    //调用 uart3初始化
    uart_init();
    puts("hello …");
    while (1) {
        c = getchar();
        putchar(c);

    }
    return 0;
}
```

四、SD卡程序下载执行

将uart.bin文件复制烧写到SD卡上，步骤与实验一GPIO接口实验烧写led.bin类似，此处不再赘述。复制到SD卡上成功，如图3-8所示。

```
root@spring-virtual-machine:/mnt/hgfs/43-ARM嵌入式开发/实验指导书全部程序/newlab
/NoOs/1.3.2_uart# ./hc_fusing_boot.sh uart.bin sdb
+ umount /dev/sdb1
+ umount /dev/sdb2
+ umount /dev/sdb3
+ umount /dev/sdb4
+ dd if=/dev/zero of=/dev/sdb bs=512 count=16 seek=15129582
16+0 records in
16+0 records out
8192 bytes (8.2 kB) copied, 0.00949207 s, 863 kB/s
+ dd if=uart.bin of=/dev/sdb bs=512 seek=15129582
2+1 records in
2+1 records out
1104 bytes (1.1 kB) copied, 0.000364789 s, 3.0 MB/s
+ sync
root@spring-virtual-machine:/mnt/hgfs/43-ARM嵌入式开发/实验指导书全部程序/newlab
/NoOs/1.3.2_uart#
```

图3-8　uart.bin文件复制烧写到SD卡

连接好线路后就可以上电了，核心板模块与SD卡模块的接线与实验一相同。上电后程序自动运行，可观察到运行后串口会输出信息"hello…"，如图3-9所示。

图3-9　输出信息"hello…"

在PC机桌面新建123.txt文档，并在文档中输入信息，例如，Hi boy!。在打开的SecureCRT串口工具栏中，选择"Transfer"→"Send ASCII"命令，将桌面的123.txt文档发送到串口，可观察到串口输出123.txt内的内容，如图3-10～图3-12所示。

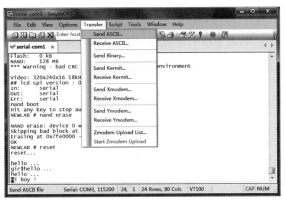

图3-10　选择"Transfer"→"Send ASCII"选项

图3-11　选择文件

图3-12　输出结果

一、中断概述

S3C2451中的中断控制器接受来自59个中断源的请求。提供这些中断源的是内部外设，如DMA控制器、UART、IIC等。在这些中断源中，UARTn、AC97和EINTn中断对于控制器而言是"或"关系。整体上中断处理过程如图3-13所示。

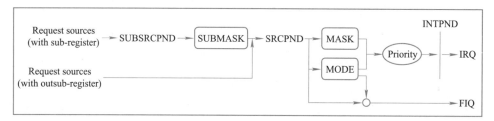

图3-13　中断控制器

当从内部外设和外部中断请求引脚收到多个中断请求时，中断控制器在仲裁步骤后请求ARM926EJ内核的FIQ或IRQ。仲裁步骤是由硬件优先级逻辑决定并且写入结果中，帮助用户通告是各种中断源的哪个中断发生了并将结果保存到中断挂起寄存器中。

S3C2451内部的中断源分为两组，分别为1组和2组，而且1组的优先级比2组的优先级要高。实际上，中断控制是由两个中断控制一起的。ARM296EJ的nIRQ和另一个中断控制是"与"的关系。nFIQ也是这样子，如图3-14所示。

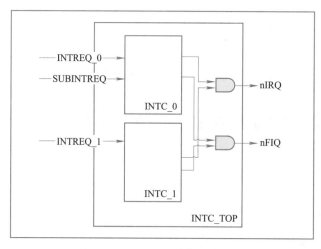

图3-14　S3C2451内部的中断源

（1）中断控制器操作

程序状态寄存器（PSR）的F位和I位。

如果ARM296EJ CPU中的PSR的F位被置位为1，CPU不会接受来自中断控制器的快速中断请求（FIQ）。同样的如果PSR的I位被置位为1，CPU不会接受来自中断控制器的中断请求（IRQ）。因此，中断控制器可以通过清除PSR的F位和I位并置位为0，并且设置INTMSK的相应位为0来接收中断。

（2）中断模式

ARM296EJ有两种中断模式的类型：FIQ和IRQ。所有中断源在请求中断的时候决定使用哪种类型。

（3）中断挂起寄存器

S3C2451有两个中断挂起寄存器：源挂起寄存器（SRCPND）和中断挂起寄存器（INTPND）。这些挂起寄存器表明一个中断请求是否为挂起。当中断源请求服务中断，SRCPND寄存器的相应位被置位为1，并且同时在仲裁步骤后INTPND寄存器仅有1位自动置位为1。如果屏蔽了中断，则SRCPND寄存器的相应位被置位为1。这样并不会引起INTPND寄存器的位的改变。当INTPND寄存器的挂起位被置位，每当I标志或者F标志被设置为0中断服务程序将开始。SRCPND和INTPND寄存器可以被读取和写入，因此服务程序必须首先通过写1到SRCPND寄存器的相应位来清除挂起状态并且通过相同方法来清除INTPND寄存器中挂起状态。

（4）中断屏蔽寄存器

此寄存器表明如果中断相应的屏蔽位被置为1则禁止该中断。如果某个INTMSK的中断屏蔽位为0，将正常中断服务。如果INTMSK的中断屏蔽位为1并且产生了中断，将置位源挂起。

（5）中断源

中断控制器支持51个中断源，见表3-4。

表3-4　中断控制器支持51个中断源

源	描述	仲裁组
NONE	保留	ARB11
NONE	保留	ARB11
NONE	保留	ARB11
NONE	保留	ARB11
NONE	保留	ARB10
NONE	保留	ARB10
NONE	保留	ARB10
NONE	保留	ARB10
NONE	保留	ARB10
NONE	保留	ARB10
NONE	保留	ARB9
NONE	保留	ARB9
NONE	保留	ARB9
NONE	保留	ARB9
NONE	保留	ARB9
NONE	保留	ARB9
NONE	保留	ARB8
NONE	保留	ARB8
NONE	保留	ARB8
NONE	保留	ARB8

（续）

源	描述	仲裁组
NONE	保留	ARB8
NONE	保留	ARB8
NONE	保留	ARB7
NONE	保留	ARB7
INT_I2S1	I2S1中断	ARB7
INT_I2S0	I2S0中断	ARB7
INT_PCM1	PCM1中断	ARB7
INT_PCM0	PCM0中断	ARB7
NONE	保留	ARB6
NONE	保留	ARB6
INT_IIC1	IIC中断	ARB6
INT_2D	2D中断	ARB6
INT_ADC	ADC EOC和触屏中断（INT_ADC_S/INT_TC）	ARB5
INT_RTC	RTC闹钟中断	ARB5
INT_SPI1	高速SPI1中断	ARB5
INT_UART0	UART0中断（ERR、RXD和TXD）	ARB5
INT_IIC0	IIC0中断	ARB4
INT_USBH	USB主机中断	ARB4
INT_USBD	USB设备中断	ARB4
INT_NAND	Nand Flash控制中断	ARB4
INT_UART1	UART1中断（ERR、RXD和TXD）	ARB4
INT_SPI0	高速SPI0中断	ARB4
INT_SDI0	高速SDMMC0中断	ARB3
INT_SDI1	高速SDMMC1中断	ARB3
INT_CFCON	CFCON中断	ARB3
INT_UART3	UART3中断（ERR、RXD和TXD）	ARB3
INT_DMA	DMA 8通道中断（DMA0～DMA7）	ARB3
INT_LCD	LCD中断（LCD帧/FIFO/i80中断）	ARB3
INT_UART2	UART2中断（ERR、RXD和TXD）	ARB2
INT_TIMER4	定时器4中断	ARB2
INT_TIMER3	定时器3中断	ARB2
INT_TIMER2	定时器2中断	ARB2
INT_TIMER1	定时器1中断	ARB2
INT_TIMER0	定时器0中断	ARB2
INT_WDT_AC97	看门狗定时器/AC97中断	ARB1
INT_TICK	RTC时钟节拍中断	ARB1
nBATT_FLT	电池故障中断	ARB1
INT_CAM	摄像头接口（INT_CAM_C、INT_CAM_P）	ARB1
ENT8_23	外部中断8至23	ARB1
ENT4_7	外部中断4至7	ARB1
ENT3	外部中断3	ARB0
ENT2	外部中断2	ARB0
ENT1	外部中断1	ARB0
ENT0	外部中断0	ARB0

（6）中断优先级发生模块

32个中断请求的优先级逻辑是基于7个交替的仲裁：6个一级仲裁和1个二级仲裁，如图3-15所示。

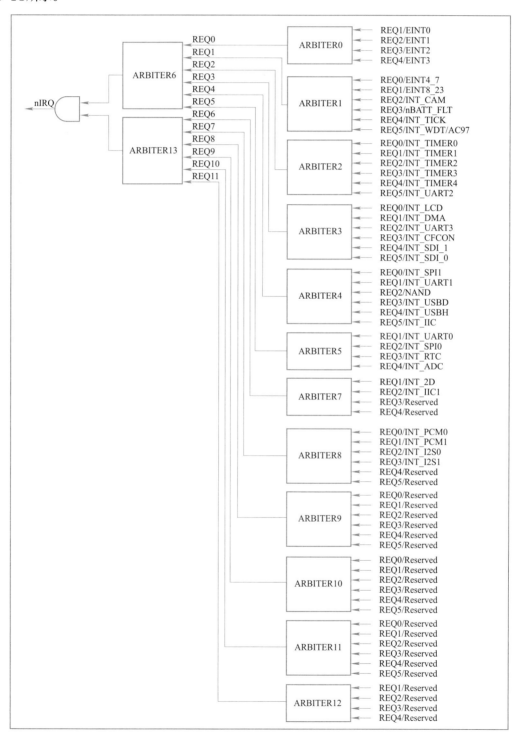

图3-15　中断请求的优先级

（7）中断控制器特殊寄存器

中断控制的控制寄存器有：源挂起寄存器、中断模式寄存器、中断屏蔽寄存器、优先级寄存器、中断挂起寄存器、中断偏移寄存器、次级源挂起寄存器和中断次级屏蔽寄存器。

所有来自中断源的中断请求首先被记录到源挂起寄存器中，基于中断模式寄存器，它们被分到两个组中，包括快速中断请求（FIQ）和中断请求（IRQ）。IRQ的多仲裁过程是基于优先级寄存器。

各种寄存器汇总见表3-5。

表3-5　寄存器汇总

寄存器	地址	R/W	描述	复位值
SRCPND1	0x4A000000	R/W	第一组的指示中断请求状态 0=中断未被请求 1=中断源声明了中断请求	0x00000000
INTMOD1	0x4A000004	R/W	第一组的中断寄存器模式 0=IRQ模式 1=FIQ模式	0x00000000
INTMSK1	0x4A000008	R/W	第一组中决定屏蔽哪个中断源，被屏蔽的中断源将不会服务 0=中断服务可用 1=屏蔽中断服务	0xFFFFFFFF
	0x4A00000C			
INTPND1	0x4A000010	R/W	第一组的指示中断请求状态 0=未请求中断 1=中断源已声明请求	0x00000000
INTOFFSET1	0x4A000014	R	第一组指示IRQ中断请求源	0x00000000
SUBSRCPND	0x4A000018	R/W	指示中断请求状态 0=未请求中断 1=中断源已声明请求	0x00000000
INTSUBMSK	0x4A00001C	R/W	决定屏蔽哪个中断源，被屏蔽的中断源将不会服务 0=中断服务可用 1=屏蔽中断服务	0xFFFFFFFF
PRIORITY_MODE1	0x4A000030	R/W	IRQ优先级模块寄存器1	0x00000000
PRIORITY_UPDATE1	0x4A000034	R/W	IRQ优先级轮换寄存器1	0x7F
SRCPND 2	0x4A000040	R/W	第二组的指示中断请求状态 0=中断未被请求 1=中断源声明了中断请求	0x00000000
INTMOD 2	0x4A000044	R/W	第二组的中断寄存器模式 0=IRQ模式 1=FIQ模式	0x00000000
INTMSK2	0x4A000048	R/W	第二组的中断决定屏蔽哪个中断源，被屏蔽的中断源将不会服务 0=中断服务可用 1=屏蔽中断服务	0xFFFFFFFF
INTPND2	0x4A000050	R/W	第二组的指示中断请求状态 0=未请求中断 1=中断源已声明请求	0x00000000
INTOFFSET2	0x4A000054	R	第二组指示IRQ中断请求源	0x00000000
PRIORITY_MODE 2	0x4A000070	R/W	IRQ优先级模块寄存器2	0x00000000
PRIORITY_UPDATE 2	0x4A000074	R/W	IRQ优先级轮换寄存器2	0x7F

（8）源挂起寄存器（SRCPND）

SRCPND寄存器由32位组成，每一位都涉及一个中断源。如果中断源产生了中断，则相应的位被设置为1并且等待中断服务。注意SRCPND寄存器的每一位都是由中断源自动置位，其不顾INTMASK寄存器的屏蔽位。另外SRCPND寄存器不受中断控制器的优先级逻辑影响。

在指定中断源的中断服务程序中，必须通过清除SRCPND寄存器的相应位来正确获得来自相同源的中断请求。如果ISR中返回并且未清除相应位，则中断控制器的操作类似于其他中断请求已经从同一个源进入了。换句话说，如果SRCPND寄存器的指定位被设置为1，其通常被认成一个有效中断请求正在等待服务。

清除相应位的时间依赖于用户的需要。如果希望收到来自相同源的其他有效请求，则应该首先清除相应位，并且接受使能中断。

可以通过写入一个数据到寄存器来清除SRCPND寄存器的指定位。其只清除那些数据中被设置为1的相应位置的SRCPND位。那些数据中被设置为0的相应位置的位保持不变。

（9）中断模式寄存器（INTMOD）

此寄存器由32位组成，其每一位都涉及一个中断源。如果某个指定位被设置为1，则在FIQ(快速中断)模式中处理相应中断，否则在IRQ模式中处理。

注意：如果中断模式在INTMOD寄存器中设置为FIQ模式，则FIQ中断将不会影响INTPND和INTOFFSET寄存器。这种情况下，这2个寄存器只对IRQ中断源有效。

（10）中断屏蔽寄存器（INTMSK）

此寄存器由32位组成，其每一位都涉及一个中断源。如果某个指定位被设置为1，则CPU不会去服务来自相应中断源（请注意：即使在这种情况下，SRCPND寄存器的相应位也设置为1）的中断请求。如果屏蔽位为0，则可以服务中断请求。

（11）中断挂起寄存器（INTPND）

中断挂起寄存器中32位的每一位都表明了相应位是否被屏蔽并且正在等待中断服务的中断请求。当INTPND寄存器在优先级逻辑后被定位了，只有1位可以设置为1并且产生中断请求IRQ给CPU。IRQ的中断服务程序可以读取此寄存器来决定服务32个中断源的哪个源。

就如SRCPND寄存器，必须在中断服务程序中清除SRCPND寄存器后清除此寄存器。可以通过写入数据到此寄存器中来清除INTPND寄存器的指定位。只会清除数据中设置为1的相应INTPND寄存器的位置。数据中设置为0的相应位的位置则保持不变。

注意：如果FIQ模式中断发生，则INTPND的相应位将不会打开，因为INTPND寄存器只对IRQ模式中断可见。

（12）中断偏移寄存器（INTOFFSET）

中断偏移寄存器中的值表明了是哪个IRQ模式的中断请求在INTPND寄存器中，此位可以通过清除SRCPND和INTPND自动清除。

注意：如果中断模式在INTMOD寄存器中设置为FIQ模式，则FIQ中断将不会影响INTOFFSET寄存器。这种情况下，该寄存器只对IRQ中断源有效。

（13）次级源挂起寄存器（SUBSRCPND）

可以通过写入一个数据到寄存器来清除SUBSRCPND寄存器的指定位。其只清除那些数据中被设置为1的相应位置的SUBSRCPND位。那些数据中被设置为0的相应位置的位保持不变。

（14）中断次级屏蔽寄存器（INTSUBMSK）

此寄存器有11位，其每一位都与一个中断源相联系。如果某个指定位被设置为1，则CPU不会去服务来自相应中断源（注意：即使在这种情况下，SRCPND寄存器的相应位也设置为1）的中断请求。如果屏蔽位为0，则可以服务中断请求。

二、中断实验主要文件及函数说明

irq.c文件中的主要函数

```c
#include "uart.h"
#include "led.h"
#define GPGCON     (*(volatile unsigned long *)0x56000060)
#define EXTINT1    (*(volatile unsigned long *)0x5600008c)
#define EXTINT2    (*(volatile unsigned long *)0x56000090)
#define EINTMASK   (*(volatile unsigned long *)0x560000a4)
#define EINTPEND   (*(volatile unsigned long *)0x560000a8)
#define SRCPND1    (*(volatile unsigned long *)0x4a000000)
#define SRCPND2    (*(volatile unsigned long *)0X4A000040)
#define INTPND1    (*(volatile unsigned long *)0X4A000010)
#define INTPND2    (*(volatile unsigned long *)0X4A000050)
#define INTMSK1    (*(volatile unsigned long *)0X4A000008)
#define INTMSK2    (*(volatile unsigned long *)0X4A000048)
#define INTOFFSET1 (*(volatile unsigned long *)0X4A000014)
#define INTOFFSET2 (*(volatile unsigned long *)0X4A000054)

void clear_interrupt(void) //清除中断标志
{
    //清除外部中断
    EINTPEND = 0xffffffff;
    //清除 group1
    SRCPND1 = 1 << INTOFFSET1;
    INTPND1 = INTPND1;
    //清除group2
    SRCPND2 = 1 << INTOFFSET2;
    INTPND2 = INTPND2;
}

int init_keypad_interrupt(void) //初始化键盘中断
{
    //设置 GPG6~GPG10 为外部中断模式
    GPGCON &= ~(0x3ff << 12);
    GPGCON |= (0x2aa << 12);

    //设置 EXTINT14 ~EXTINT18 为双边沿触发
    EXTINT1 &= ~((0x7 << 24) | (0x7 << 28));
    EXTINT1 |= ((0x7 << 24) | (0x7 << 28));
    EXTINT2 &= ~((0x7 << 0) | (0x7 << 4) | (0x7 << 8));
    EXTINT2 |= ((0x7 << 0) | (0x7 << 4) | (0x7 << 8));

    //清除 EXTINT14 ~EXTINT18
    EINTPEND = 0x1f << 14;

    //启用 EXTINT14 ~EXTINT18
    EINTMASK &= ~(0x1f << 14);
    EINTMASK = 0;

    //启用 EINT8_23
    INTMSK1 &= ~(1 << 5);
```

```
}
void irq_isr(void)                    //中断处理
{
    //判断是哪个按键发生了中断，并在串口打印信息
    if(SRCPND1 & (1 << INTOFFSET1)) {
        puts("group1 interrupt");
        led_blink(2);

    }else if(SRCPND2 & (1 << INTOFFSET2)) {
        puts("group2 interrupt");
    }else{
        puts("interrupt error");
    }

    //清除中断
    clear_interrupt();
}
```

main.c文件：

```
#include "uart.h"
#include "led.h"
#include "irq.h"
#include "keypad.h"
int main()
{
    //调用 led gpio
    init_led_gpio();
    uart_init();              //初始化uart3，波特率为115200 bit/s
    puts("hello world.....");
    init_matrix_gpio();       //调用矩阵键盘初始化
    init_keypad_interrupt();  //调用键盘中断处理初始化函数
    while (1)
    {
        ;                     //等待中断
    }
    return 0;
}
```

三、SD卡程序下载执行

将irq.bin文件复制烧写到SD卡上，步骤与实验一GPIO接口实验烧写led.bin类似，此处不再赘述。

启动实验板，马上按<Space>键，在进入正常内核前，停在uboot下。输入"nand erase"命令并按<Enter>键，擦除NEWLab实验板上的nandflash，以免受到影响。输入"reset"命令。核心板模块与SD卡模块的接线如实验一所示。按键模块与核心板模块接线如图3-16所示。

按键模块与核心板接线

键盘	JP102					
	PA0	PA1	PA2	PA3	PA4	GND

	JP101					
	GND	COL4	COL3	COL2	COL1	COL0

核心板	JP1	
	GND	COL4
	COL3	COL2
	COL1	COL0
	GND	PA4
	PA3	PA2
	PA1	PA0

图3-16　按键模块与核心板模块接线

连接好线路后就可以上电了。程序自动运行，可观察到运行后串口会输出信息"hello

world.....", 如图3-17所示。

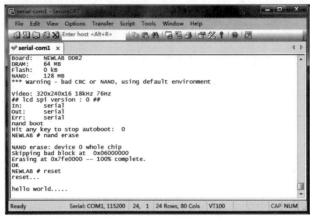

图3-17　串口输出信息

按下<Space>键, SD模块的SDLED会闪烁, 串口会输出"group1 interrupt", 如图3-18所示。

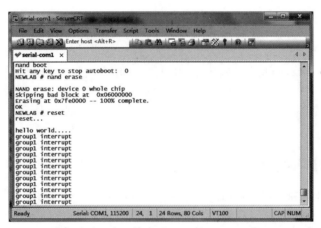

图3-18　串口输出"group1 interrupt"

任务四　　RTC读写时间

一、RTC实验概述

RTC就是实时时钟芯片, 用来在系统断电时利用各种备用的锂电池继续记录时间。S3C2451的RTC主要有如下特点:

1) 二进制编码数据 (BCD): 秒, 分钟, 小时, 日期, 日, 月和年。

2) 闰年发生器。

3) 报警功能: 报警中断或从断电模式中唤醒。

4）时钟计数功能：时钟节拍中断或从断电模式中唤醒。

5）已解决的2000年问题。

6）独立电源引脚（RTCVDD）。

7）支持毫秒标记的时间中断信息，用于RTOS内核时间标记。

S3C2451的实时时钟操作如图3-19所示。

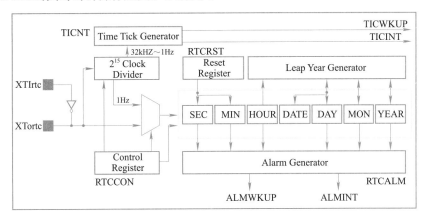

图3-19　实时时钟操作

（1）闰年发生器

闰年发生器是能够基于BCDDATE、BCDMON和BCDYEAR的数据，从28、29、30或31中决定哪个是每个月的最后日。此模块决定最后日时会考虑闰年因素。8位计数器只能够表示为2个BCD数字，因此其不能判决"00"年（最后两位数是00的年份）是否为闰年。例如，其不能判别1900和2000年。为了解决这个问题，S3C2451的RTC块硬连线2000年为闰年。1900年不是闰年而2000年是闰年。因此，S3C2451中的00两位数表示的是2000年，而不是1900年。所以，S3C2451中的RTC支持的年份是1901年到2099年。

（2）读/写寄存器

为了写RTC模块中的BCD寄存器，RTCCON寄存器的[0]位必须设置为高。为了显示秒、分、时、日期、月、日和年，CPU应该分别读取RTC模块中BCDSEC、BCDMIN、BCDHOUR、BCDDATE、BCDMON、BCDDAY和BCDYEAR寄存器中的数据。然而可能存在1s的偏差，因为读取多了个寄存器。例如，当用户从BCDYEAR到BCDMIN读取寄存器，其结果假定为2059（年）、12（月）、31（日）、23（时）、59（分）。当用户读取BCDSEC寄存器并且值的范围是1~59s，这没有问题，但是如果该值为0s。则年、月、日、时和分可能要变为2060（年）、1（月）、1（日）、0（时）、0（分），因为存在着1s的偏差。在这种情况下，如果BCDSEC为0，则用户应该重新读取BCDYEAR到BCDSEC。

（3）备用电池操作

RTC逻辑可以由备用电池操作，即使系统电源关闭了，可以由RTCVDD引脚供电给RTC模块。当关闭了电源则应该阻塞掉CPU和RTC逻辑的接口，并且备用电池只驱动振荡电路和BCD计数器来最小化功耗。

（4）闹钟功能

在省电模式、关机模式和正常模式中的指定时间，由RTC生成ALMINT（报警中断）和

ALMWKUP（闹钟叫醒）信号。在正常模式下，如果ALARM的值等于BCD寄存器的值，那么只激活闹钟叫醒信号。在省电模式和关机模式下，如果ALARM的值等于BCD寄存器的值，那么除了激活闹钟叫醒信号还激活报警中断信号。RTC闹钟寄存器(RTCALM)决定了闹钟使能、禁止状态和闹钟时间设置的条件。

（5）节拍时间中断

RTC节拍时间用于中断请求。TICNT寄存器有一个中断使能位和中断的计数值。当节拍时间中断发生时计数值达到"0"。中断周期见表3-6。

节拍时钟频率（Hz）=RTC时钟/2^n。

n：RTC节拍时间计数值（取决于RTCCON[8:4]）。

分辨率：1/节拍时钟频率。

时间范围：分辨率×2^{32}。

表3-6　中断周期

Tick counter clock source selection	Tick clock source frequency/Hz	Clock range/s	Resolution/ms
TICSel=1	32768 (2^15)	$0\sim2^{17}$	0.03
TICsel2=0，TICSel=0	16384 (2^14)	$0\sim2^{18}$	0.06
TICsel2=1，TICSel=0	8192 (2^13)	$0\sim2^{19}$	0.12
TICsel2=2，TICSel=0	4096 (2^12)	$0\sim2^{20}$	0.24
TICsel2=3，TICSel=0	2048 (2^11)	$0\sim2^{21}$	0.49
TICsel2=6，TICSel=0	1024 (2^10)	$0\sim2^{22}$	0.97
TICsel2=7，TICSel=0	512 (2^9)	$0\sim2^{23}$	1.95
TICsel2=8，TICSel=0	256 (2^8)	$0\sim2^{24}$	3.90
TICsel2=4，TICSel=0	128 (2^7)	$0\sim2^{25}$	7.81
TICsel2=9，TICSel=0	64 (2^6)	$0\sim2^{26}$	15.62
TICsel2=10，TICSel=0	32 (2^5)	$0\sim2^{27}$	31.25
TICsel2=11，TICSel=0	16 (2^4)	$0\sim2^{28}$	62.50
TICsel2=12，TICSel=0	8 (2^3)	$0\sim2^{29}$	125
TICsel2=13，TICSel=0	4 (2^2)	$0\sim2^{30}$	250
TICsel2=14，TICSel=0	2	$0\sim2^{31}$	500
TICsel2=5，TICSel=0	1	$0\sim2^{32}$	1000

注意：此RTC时间节拍可能被应用于实时操作系统（RTOS）内核时间节拍。如果时间节拍是由RTC时间节拍所产生的，RTOS与时间的功能将通常同步到实际时间。

（6）32.768kHz晶振连接实例

图3-20显示了RTC单元振荡在32.768kHz的电路。

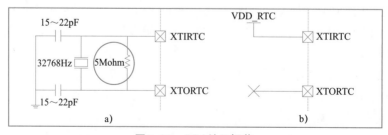

图3-20　RTC单元振荡

a）RTC Block is used　b）RTC Block is not used

二、寄存器描述

（1）内存映射

RTC寄存器汇总见表3-7。

表3-7　RTC寄存器汇总

寄存器	地址	R/W	描述	复位值
RTCCON	0x57000040	R/W	RTC控制寄存器	0x00
TICNT0	0x57000044	R/W	节拍时间寄存器0	0x0
TICNT1	0x5700004C	R/W	节拍时间寄存器1	0x0
TICNT2	0x57000048	R/W	节拍时间寄存器2	0x0
RTCALM	0x57000050	R/W	RTC闹钟控制寄存器	0x0
ALMSEC	0x57000054	R/W	闹钟秒数据寄存器	0x0
ALMMIN	0x57000058	R/W	闹钟分数据寄存器	0x00
ALMHOUR	0x5700005C	R/W	闹钟时数据寄存器	0x01
ALMDATE	0x57000060	R/W	闹钟日数据寄存器	0x01
ALMMON	0x57000064	R/W	闹钟月数据寄存器	0x0
ALMYEAR	0x57000068	R/W	闹钟年数据寄存器	Undefined
BCDSEC	0x57000070	R/W	BCD秒寄存器	Undefined
BCDMIN	0x57000074	R/W	BCD分寄存器	Undefined
BCDHOUR	0x57000078	R/W	BCD时寄存器	Undefined
BCDDATE	0x5700007C	R/W	BCD日寄存器	Undefined
BCDDAY	0x57000080	R/W	BCD星期寄存器	Undefined
BCDMON	0x57000084	R/W	BCD月寄存器	Undefined
BCDYEAR	0x57000088	R/W	BCD年寄存器	Undefined
TICKCNT	0x57000090	R	内部节拍时间计数器寄存器	0x0

（2）实时控制（RTCCON）寄存器

RTCCON寄存器由9位组成，如控制BCD寄存器读/写能力的RTCEN、CLKSEL、CNTSEL和测试用的CLKRST。表3-8和表3-9列举了该寄存器的具体用法。

RTCEN位可以控制所有CPU与RTC之间的接口，因此系统复位后在RTC控制程序中必须设置为1来使能数据的读写。同样的，在掉电之前，RTCEN位应该清除为0来预防误写入RTC寄存器中。

CLKRST重置为时钟的2^{15}分频。

在RTC时钟设置之前，必须重置为确切RTC操作的2^{15}分频。

表3-8　寄存器

寄存器	地址	R/W	描述	复位值
RTCCON	0x57000040	R/W	RTC控制寄存器	0x00

表3-9　寄存器

RTCCON	位	描述	初始状态
TICsel2	[8:5]	节拍时间时钟选择2 0=选择时钟周期的1/16384s 1=选择时钟周期的1/8192s 2=选择时钟周期的1/4096s 3=选择时钟周期的1/2048s 4=选择时钟周期的1/128s 5=选择时钟周期的1s 6=选择时钟周期的1/1024s 7=选择时钟周期的1/512s 8=选择时钟周期的1/256s 9=选择时钟周期的1/64s 10=选择时钟周期的1/32s 11=选择时钟周期的1/16s 12=选择时钟周期的1/8s 13=选择时钟周期的1/4s 14=选择时钟周期的1/2s	0x0
TICsel	[4]	节拍时间时钟选择1 0=TICsel2的时钟周期选择 1=选择周期的1/32768s	0
CLKRST	[3]	RTC时钟计数复位 0=不复位　　　　1=复位	0
CNTSEL	[2]	BCD计数选择 0=融入BCD计数器　　　　1=保留（分离BCD计数器）	0
CLKSEL	[1]	BCD时钟选择 0=XTAL 1/215时钟分频 1=保留（XTAL时钟只用于测试）	0
RTCEN	[0]	RTC 控制使能端 0=禁止　　　　1=使能 注意：只能执行BCD时间计数和读操。	0

（3）节拍时间计数寄存器0（TICNT0)

TICNT0决定了节拍中断的启用和节拍计数器值。S3C2451支持32位时间计数。所以，32位的14到8位的节拍时间计数值选择TICNT0（TICNT0[6:0]）。

32位的低8位的节拍时间计数值选择TICNT1（TICNT1[7:0]）。

32位的高17位的节拍时间计数值选择TICNT2（TICNT0[16:0]）。

具体内容请参考表3-10～表3-15。

注意：

节拍时间计数值=（节拍时间计数0）$\times 2^8$ +（节拍时间计数1）+（节拍时间计数2）$\times 2^{15}$

表3-10　寄存器

寄存器	地址	R/W	描述	复位值
TICNT0	0x57000044	R/W	节拍时间计数寄存器	0x00

表3-11　寄存器

TICNT	位	描述	初始状态
TICK INT ENABLE	[7]	节拍时间中断使能 0=禁用　　1=启用	b`0
TICK TIME COUNT0	[6:0]	32位的[14:8]位为节拍时间计数值	b`0

表3-12　寄存器

寄存器	地址	R/W	描述	复位值
TICNT1	0x5700004C	R/W	节拍时间计数寄存器1	0x00

表3-13　寄存器

TICNT1	位	描述	初始状态
TICK TIME COUNT1	[7:0]	32位的低8位为节拍时间计数值	b`0000

表3-14　寄存器

寄存器	地址	R/W	描述	复位值
TICNT2	0x57000048	R/W	节拍时间寄存器2	0x00

表3-15　寄存器

TICNT2	位	描述	初始状态
TICK TIME COUNT2	[16:0]	32位的高17位为节拍时间计数值	b`0000

（4）RTC闹钟控制寄存器（RTCALM）

RTC闹钟控制寄存器决定了闹钟使能和闹钟时间。请注意RTCALM寄存器在电源模式中同时通过ALMINT和ALMWKUP产生闹钟信号。

为了使用ALMINT和ALMWKUP，ALMEN必须启用。

如果比较值是年份，ALMEN和YEAREN必须启用。

如果比较值是年、月、日、时、分和秒，ALMEN、YEAREN、MONEN、DATEEN、HOUREN、MINEN和SECEN必须启用。具体用法参考表3-16和表3-17。

表3-16　寄存器

寄存器	地址	R/W	描述	复位值
RTCALM	0x57000050	R/W	RTC闹钟控制寄存器	0x0

表3-17　寄存器

RTCALM	位	描述	初始状态
ALMEN	[6]	全局闹钟使能 0=禁止，1=启用 注意：为了使用ALMINT和ALMWKUP，设置ALMEN=1`b1	0
YEAREN	[5]	年闹钟使能 0=禁止，1=启用	0
MONEN	[4]	月闹钟使能 0=禁止，1=启用	0
DATEEN	[3]	日闹钟使能 0=禁止，1=启用	0

（续）

RTCALM	位	描述	初始状态
HOUREN	[2]	时闹钟使能 0=禁止，1=启用	0
MINEN	[1]	分闹钟使能 0=禁止，1=启用	0
SECEN	[0]	秒闹钟使能 0=禁止，1=启用	0
Reserved	[7]		0

（5）闹钟秒数据寄存器（ALMSEC）

表3-18和表3-19是闹钟秒数据寄存器具体用法。

表3-18　闹钟秒数据寄存器

寄存器	地址	R/W	描述	复位值
ALMSEC	0x57000054	R/W	闹钟秒数据寄存器	0x0

表3-19　闹钟秒数据寄存器

ALMSEC	位	描述	初始状态
Reserved	[7]		0
SECDATA	[6:4]	闹钟秒BCD值 0~5	000
	[3:0]	0~9	0000

（6）闹钟分数据寄存器（ALMMIN）

表3-20和表3-21是闹钟分数据寄存器具体用法。

表3-20　闹钟分数据寄存器

寄存器	地址	R/W	描述	复位值
ALMMIN	0x57000058	R/W	闹钟分数据寄存器	0x00

表3-21　闹钟分数据寄存器

ALMMIN	位	描述	初始状态
Reserved	[7]		0
MINDATA	[6:4]	闹钟分BCD值 0~5	000
	[3:0]	0~9	0000

（7）闹钟时数据寄存器（ALMHOUR）

表3-22和表3-23是闹钟时数据寄存器具体用法。

表3-22　闹钟时数据寄存器

寄存器	地址	R/W	描述	复位值
ALMHOUR	0x5700005C	R/W	闹钟时数据寄存器	0x0

表3-23 闹钟时数据寄存器

ALMHOUR	位	描述	初始状态
Reserved	[7:6]		00
HOURDATA	[5:4]	闹钟时BCD值 0~2	00
	[3:0]	0~9	0000

（8）闹钟日数据寄存器（ALMDATE）

表3-24和表3-25是闹钟日数据寄存器具体用法。

表3-24 闹钟日数据寄存器

寄存器	地址	R/W	描述	复位值
ALMDATE	0x57000060	R/W	闹钟日数据寄存器	0x01

表3-25 闹钟日数据寄存器

ALMDATE	位	描述	初始状态
Reserved	[7:6]		00
DATEDATA	[5:4]	闹钟日BCD值 0~3	00
	[3:0]	0~9	0001

（9）闹钟月数据寄存器（ALMMON）

表3-26和表3-27是闹钟月数据寄存器具体用法。

表3-26 闹钟月数据寄存器

寄存器	地址	R/W	描述	复位值
ALMMON	0x57000064	R/W	闹钟月数据寄存器	0x01

表3-27 闹钟月数据寄存器

ALMMON	位	描述	初始状态
Reserved	[7:5]		00
MONDATA	[4]	闹钟月BCD值 0~1	0
	[3:0]	0~9	0001

（10）闹钟年数据寄存器（ALMYEAR）

表3-28和表3-29是闹钟年数据寄存器具体用法。

表3-28 闹钟年数据寄存器

寄存器	地址	R/W	描述	复位值
ALMYEAR	0x57000068	R/W	闹钟年数据寄存器	0x0

表3-29 闹钟年数据寄存器

ALMYEAR	位	描述	初始状态
YEARDATA	[7:4]	闹钟年BCD值 0~9	0x0
	[3:0]	0~9	0x0

（11）BCD秒寄存器（BCDSEC）

表3-30和表3-31是BCD秒寄存器具体用法。

表3-30　BCD秒寄存器

寄存器	地址	R/W	描述	复位值
BCDSEC	0x57000070	R/W	BCD秒寄存器	Undefined

表3-31　BCD秒寄存器

BCDSEC	位	描述	初始状态
SECDATA	[6:4]	BCD秒数据 0~5	—
	[3:0]	0~9	—

（12）BCD分寄存器（BCDMIN）

表3-32和表3-33是BCD分寄存器具体用法。

表3-32　BCD分寄存器

寄存器	地址	R/W	描述	复位值
BCDMIN	0x57000074	R/W	BCD分寄存器	Undefined

表3-33　BCD分寄存器

BCDMIN	位	描述	初始状态
MINDATA	[6:4]	BCD分数据 0~5	—
	[3:0]	0~9	—

（13）BCD时寄存器（BCDHOUR）

表3-34和表3-35是BCD时寄存器具体用法。

表3-34　BCD时寄存器

寄存器	地址	R/W	描述	复位值
BCDHOUR	0x57000078	R/W	BCD时寄存器	Undefined

表3-35　BCD时寄存器

BCDHOUR	位	描述	初始状态
Reserved	[7:6]		—
HOURDATA	[5:4]	BCD时数据 0~2	—
	[3:0]	0~9	—

（14）BCD日寄存器（BCDDATE）

表3-36和表3-37是BCD日寄存器具体用法。

表3-36　BCD日寄存器

寄存器	地址	R/W	描述	复位值
BCDDATE	0x5700007C	R/W	BCD日寄存器	Undefined

表3-37　BCD日寄存器

BCDDATE	位	描述	初始状态
Reserved	[7:6]		—
DATEDATA	[5:4]	BCD日数据 0～3	—
	[3:0]	0～9	—

（15）BCD星期寄存器（BCDDAY）

表3-38和表3-39是BCD星期寄存器具体用法。

表3-38　BCD星期寄存器

寄存器	地址	R/W	描述	复位值
BCDDAY	0x57000080	R/W	BCD星期寄存器	Undefined

表3-39　BCD星期寄存器

BCDDAY	位	描述	初始状态
Reserved	[7:3]		—
DAYDATA	[2:0]	BCD星期数据 1～7	

（16）BCD月寄存器（BCDMON）

表3-40和表3-41是BCD月寄存器具体用法。

表3-40　BCD月寄存器

寄存器	地址	R/W	描述	复位值
BCDMON	0x57000084	R/W	BCD月寄存器	Undefined

表3-41　BCD月寄存器

BCDMON	位	描述	初始状态
Reserved	[7:5]		—
MONDATA	[4]	BCD月数据 0～1	
	[3:0]	0～9	

（17）BCD年寄存器（BCDYEAR）

表3-42和表3-43是BCD年寄存器具体用法。

表3-42　BCD年寄存器

寄存器	地址	R/W	描述	复位值
BCDYEAR	0x57000088	R/W	BCD年寄存器	Undefined

表3-43　BCD年寄存器

BCDYEAR	位	描述	初始状态
YEARDATA	[7:4]	BCD年数据 0～9	0x0
	[3:0]	0～9	0x0

注意：为了设置BCD寄存器，RTCEN（RTCCON[0]位）必须启用。但是不设置BCD寄存器的时候，RTCEN要禁用以减少能量消耗。

三、Rtc实验主要文件及函数说明

Rtc. c文件:

```c
#include "rtc.h"

#define RTCCON          (*(volatile unsigned short *)0x57000040)
#define TICNT0          (*(volatile unsigned char *)0x57000044)
#define TICNT1          (*(volatile unsigned char *)0x5700004c)
#define TICNT2          (*(volatile unsigned int *)0x57000048)
#define RTCALM          (*(volatile unsigned char *)0x57000050)
#define ALMSEC          (*(volatile unsigned char *)0x57000054)
#define ALMMIN          (*(volatile unsigned char *)0x57000058)
#define ALMHOUR         (*(volatile unsigned char *)0x5700005c)
#define ALMDATE         (*(volatile unsigned char *)0x57000060)
#define ALMMON          (*(volatile unsigned char *)0x57000064)
#define ALMYEAR         (*(volatile unsigned char *)0x57000068)
#define RTCRST          (*(volatile unsigned char *)0x5700006c)
#define BCDSEC          (*(volatile unsigned char *)0x57000070)
#define BCDMIN          (*(volatile unsigned char *)0x57000074)
#define BCDHOUR         (*(volatile unsigned char *)0x57000078)
#define BCDDATE         (*(volatile unsigned char *)0x5700007c)
#define BCDDAY          (*(volatile unsigned char *)0x57000080)
#define BCDMON          (*(volatile unsigned char *)0x57000084)
#define BCDYEAR         (*(volatile unsigned char *)0x57000088)
#define TICKCNT         (*(volatile unsigned long *)0x57000090)

char *day[8] = {" ", "Sunday", "Monday", "Tuesday", "Wednesday", "Thursday", "Friday", "Saturday"};

int init_rtc(void)
{
    //RTC 控制禁止, RTC 时钟计数复位
    RTCCON &= ~(0xf << 0);
    RTCCON |= ((0x0 << 0) | (0x0 << 1) | (0x0 << 2) | (0x1 << 3) );
}

int enable_rtc_control(void)
{
    //使能 RTC 控制器
    RTCCON |= (0x1 << 0);
}

int disable_rtc_control(void)
{
    //关闭 RTC 控制器
    RTCCON &= ~(0x1 << 0);
}

//读取RTC 时间
int get_rtc_time(struct RTC_BCD_TIME* rtc_tm)
{
    rtc_tm->year = BCDYEAR;
    rtc_tm->month = BCDMON;
    rtc_tm->date = BCDDATE;
    rtc_tm->day = BCDDAY;
    rtc_tm->hour = BCDHOUR;
    rtc_tm->min = BCDMIN;
    rtc_tm->sec = BCDSEC;

    //再次读取
    if(rtc_tm->sec == 0){
        rtc_tm->year = BCDYEAR;
        rtc_tm->month = BCDMON;
        rtc_tm->date = BCDDATE;
        rtc_tm->day = BCDDAY;
        rtc_tm->hour = BCDHOUR;
```

```
        rtc_tm->min = BCDMIN;
        rtc_tm->sec = BCDSEC;
    }

    return 0;
}

int set_rtc_time(struct RTC_BCD_TIME rtc_tm)
{
    enable_rtc_control();

    BCDSEC  = rtc_tm.sec;
    BCDMIN  = rtc_tm.min;
    BCDHOUR = rtc_tm.hour;
    BCDDATE = rtc_tm.date;
    BCDDAY  = rtc_tm.day;
    BCDMON  = rtc_tm.month;
    BCDYEAR = rtc_tm.year;

    disable_rtc_control();
}

//显示 RTC 时间
int dis_rtc_time(struct RTC_BCD_TIME rtc_tm)
{
    putstr("20");
    putchar((rtc_tm.year >> 4) + '0');
    putchar((rtc_tm.year & 0x0f) + '0');
    putchar('-');

    putchar((rtc_tm.month >> 4) + '0');
    putchar((rtc_tm.month & 0x0f) + '0');
    putchar('-');

    putchar((rtc_tm.date >> 4) + '0');
    putchar((rtc_tm.date & 0x0f) + '0');

    putchar(' ');
    putstr(day[rtc_tm.day]);
    putchar(' ');

    putchar((rtc_tm.hour >> 4) + '0');
    putchar((rtc_tm.hour & 0x0f) + '0');
    putchar(':');

    putchar((rtc_tm.min >> 4) + '0');
    putchar((rtc_tm.min & 0x0f) + '0');
    putchar(':');

    putchar((rtc_tm.sec >> 4) + '0');
    putchar((rtc_tm.sec & 0x0f) + '0');

    putchar('\r');

    return 0;
}
```

main. c文件:

```
#include "uart.h"
#include "led.h"
#include "irq.h"
#include "rtc.h"

int main()
{
    struct RTC_BCD_TIME rtc_tm;
```

```
//设置时间为：2016-07-14 Thursday 12:00:00
rtc_tm.year = 0x16;
rtc_tm.month = 0x07;
rtc_tm.date = 0x14;
rtc_tm.day = 0x5;
rtc_tm.hour = 0x12;
rtc_tm.min = 0x00;
rtc_tm.sec = 0x00;

//调用led gpio
init_led_gpio();

//调用uart3, 波特率为115200 bps
uart_init();

//调用 rtc
init_rtc();

//设置现在的时间，下次不需要再设置
set_rtc_time(rtc_tm);

while (1)
{
//读取 RTC 时间
    get_rtc_time(&rtc_tm);
//显示 RTC时间
    dis_rtc_time(rtc_tm);

    delay(600000);
}
return 0;
}
```

四、SD卡程序下载执行

将rtc.bin文件复制烧写到SD卡上，步骤与实验一GPIO接口实验烧写led.bin类似，此处不再赘述。

启动实验板，马上按<Space>键，在进入正常内核前，停在uboot下。键入"nand erase"命令并按<Enter>键，擦除NEWLab开发板上的nandflash，以免受到影响。键入"reset"命令。核心板模块与SD卡模块的接线与实验一相同。

连接好线路后就可以上电了。程序自动运行，可观察到运行后串口会输出时间信息，如"2000-12-08 Friday 23:26:59"，如图3-21所示。

图3-21　时间输出信息

任务五　　　按 键 实 验

一、按键原理

电路原理图如图3-22所示，采用矩阵键盘形式，行连接到CPU的GPG6-GPG10 IO口，列连接到CPU的GPG11-GPG15 IO口。

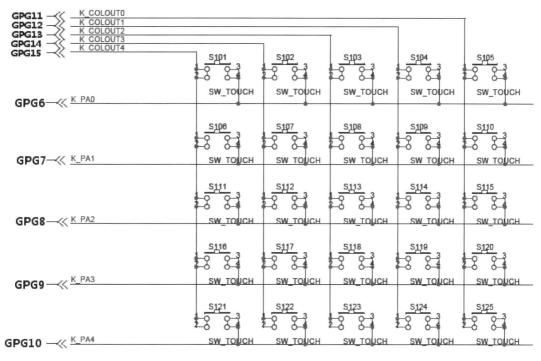

图3-22　电路原理图

按键的裸机实现一般是采用查询方式，其程序的大致框架：首先配置部分引脚为输出功能或输入功能（当按键被按下时，相应的引脚值为1），然后使用轮询的方式不断地读GPIO引脚，当某个按键被按下时，对应的引脚为高，输出引脚信息，否则无信息输出。但是用查询的方式来检测按键台占用CPU使用率，除了检测按键，CPU无法进行其他的工作。为了降低CPU的使用率，在实际使用时可以采用中断的方式来检测按键中断。

二、按键实验主要文件及函数说明

keypad.c文件：

```
#include"string.h"
#include"uart.h"
#include"io.h"
#include"keypad.h"

//GPG 基地址base = 192
unsigned int newlab_keypad_row_gpios[] = {
198, 199, 200, 201, 202 //行GPIO号，数值减去基地址即为GPG所对应的第几个io口号
```

```
};

    unsigned int newlab_keypad_col_gpios[] = {
    203, 204, 205, 206, 207        //列GPIO号
};

//设置GPIO方向为输入，管脚上拉
int s3c_gpiolib_input(int gpio)
{
    unsigned long con;
    unsigned offset = gpio – S3C2410_GPG(0);

        //读取寄存器的值
    con = __raw_readl(GPG_REG_BASE + 0x00);

        //写寄存器的值
        con &= ~(3 << (offset * 2));
    __raw_writel(con, GPG_REG_BASE + 0x00);

    return 0;
}

//设置GPIO方向为输出，并指定默认电平
int s3c_gpiolib_output(int gpio, int value)
{
    unsigned long dat;
    unsigned long con;
    unsigned offset = gpio – S3C2410_GPG(0);

    dat = __raw_readl(GPG_REG_BASE + 0x04);
    dat &= ~(1 << offset);
    if (value)
        dat |= 1 << offset;
    __raw_writel(dat, GPG_REG_BASE + 0x04);

    con = __raw_readl(GPG_REG_BASE + 0x00);
    con &= ~(3 << (offset * 2));
    con |= 1 << (offset * 2);

    __raw_writel(con, GPG_REG_BASE + 0x00);
    __raw_writel(dat, GPG_REG_BASE + 0x04);

    return 0;
}

void s3c_gpiolib_set(int gpio, int value)
{
    unsigned long dat;
    unsigned offset = gpio – S3C2410_GPG(0);

    dat = __raw_readl(GPG_REG_BASE + 0x04);
    dat &= ~(1 << offset);
    if (value)
        dat |= 1 << offset;
    __raw_writel(dat, GPG_REG_BASE + 0x04);
}

int s3c_gpiolib_get(int gpio)
{
    unsigned offset = gpio – S3C2410_GPG(0);
    unsigned long val;

    val = __raw_readl(GPG_REG_BASE + 0x04);
    val >>= offset;
    val &= 1;

    return val;
```

```
}
    //调用GPIO矩阵
    int  init_matrix_gpio(void)
    {
        int i;
        //设置列为输出
        for (i = 0; i < MATRIX_MAX_COLS; i++) {
            s3c_gpiolib_output(newlab_keypad_col_gpios[i], 0);
        }

        //设置行为输入
        for (i = 0; i < MATRIX_MAX_ROWS; i++) {
            s3c_gpiolib_input(newlab_keypad_row_gpios[i]);
        }
}

//调用按键矩阵函数
void matrix_keypad_scan(void)
{
    static unsigned int last_key_state[MATRIX_MAX_COLS];
    unsigned int new_state[MATRIX_MAX_COLS];
    int row, col, code;
    unsigned int bits_changed;

    memset(new_state, 0, sizeof(new_state));

    //保持每一列并读取每一行状态
    for (col = 0; col < MATRIX_MAX_COLS; col++) {
        s3c_gpiolib_set(newlab_keypad_col_gpios[col], 1);
        delay(30000);
        for (row = 0; row < MATRIX_MAX_ROWS; row++)
            new_state[col] |=
                s3c_gpiolib_get(newlab_keypad_row_gpios[row]) ? (1 << row) : 0;

        s3c_gpiolib_set(newlab_keypad_col_gpios[col], 0);
    }
        //按列判断
    for (col = 0; col < MATRIX_MAX_COLS; col++) {

        bits_changed = last_key_state[col] ^ new_state[col];
        if (bits_changed == 0)
            continue;

            //按行判断
        for (row = 0; row < MATRIX_MAX_ROWS; row++) {
            if ((bits_changed & (1 << row)) == 0)
                continue;
            if(new_state[col] & (1 << row)) {
                putstr("col:");
                putchar(col+'1');
                putstr(", row:");
                putchar(row+'1');
                putstr("UP\r\n");
                //led_blink(1);
            }else{
                putstr("col:");
                putchar(col+'1');
                putstr(", row:");
                putchar(row+'1');
                putstr("DOWN\r\n");
                //led_blink(2);
            }
        }
    }
}
memcpy(last_key_state, new_state, sizeof(new_state));
}
```

main.c文件：

```c
int main()
{
    char c;

    init_led_gpio();

    //调用 sys clock
    init_sysclk();

    led_blink(3);

    //调用 uart3
    uart_init();

    puts("keypad start");

    init_matrix_gpio();

    while (1) {
    matrix_keypad_scan();
    }

    return 0;
}
```

三、SD卡程序下载执行

将keypad.bin文件复制烧写到SD卡上，步骤与实验一GPIO接口实验烧写led.bin类似，此处不再赘述。

启动实验板，马上按<Space>键，在进入正常内核前，停在uboot下。键入"nand erase"命令并按<Enter>键，擦除NEWLab开发板上的nandflash，以免受到影响。键入"reset"命令。核心板模块与SD卡模块的接线如实验一所示。按键模块与核心板模块的接线可参考实验三接线图。

连接好线路后就可以上电了。程序自动运行，可观察到运行后串口会输出"keypad start"信息，如图3-23所示。

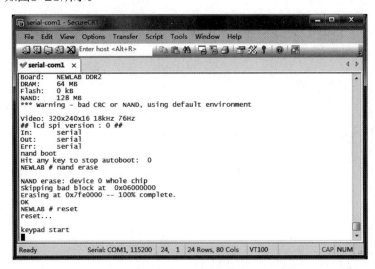

图3-23　串口信息输出

按下按键，串口会输出相应按键的信息，如图3-24所示。

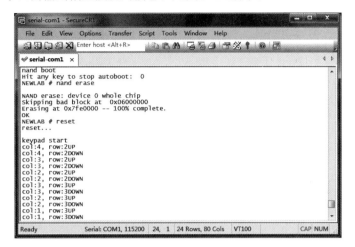

图3-24　输出按键信息

注：本单元的实验程序都放在虚拟机/opt/newlab/NoOS下。

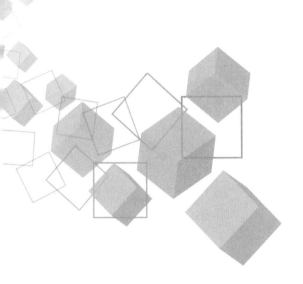

第二部分

Linux下的嵌入式应用开发

第四单元

Linux的基本操作

目　标

➤ 熟悉Linux系统常用命令
➤ 掌握基本命令的用法
➤ 认识全屏编辑器vi
➤ 了解Linux Shell

单元简介

本单元主要介绍Linux的基本操作，介绍常用操作命令及其用法，认识可视化的全屏幕文本编辑器vi，读者要掌握其基本命令，了解Shell的基础知识，学习用Shell编程。

任务一　Linux系统常用命令

一、Linux系统常用命令及其用法

1. su

su命令是最基本的命令之一，常用于不同用户之间的切换。

例如，如果登录为user1，要切换为user2，只要用$su user2命令，然后系统提示输入user2密码，输入正确的密码之后就可以切换到user2。操作完成之后可以用exit命令返回到 user1。

su命令的常见用法是变成根用户或超级用户。如果发出不带用户名的su命令，则系统提示输入根密码，输入之后可切换为根用户。如果登录为根用户，则可以用su命令成为系统中的任何用户而不需要密码。

2. pwd

pwd命令也是最常用最基本的命令之一，用于显示用户当前所在的目录。

3. cd

cd命令不仅显示当前状态，还可以改变当前状态，它的用法与DOS下的cd命令基本一致。

cd.. 可进入上一层目录。

cd-可进入上一次进入的目录。

cd～可进入用户的home目录。

4. ls

ls命令与DOS下的dir命令一样，用于显示当前目录的内容。

如果想取得详细的信息，可用ls-1命令，这样就可以显示目录内容的详细信息。

如果目录下的文件太多，一屏显示不了，则可以用ls-1 |more分屏显示 。

5. cat

cat通常是用来在屏幕上滚动显示文件的内容。它的格式是：cat<filename>。

6. find

find命令用于查找文件。这个命令可以按文件名、建立或修改日期、所有者（通常是建立文件的用户）、文件长度或文件类型进行搜索。

find命令的基本结构如下：

$find

其中指定从哪个目录开始搜索。指定搜索条件。表示找到文件怎么处理。一般来说，要用-print命令显示整个文件路径和名称。如果没有这个命令，则find命令进行搜索但不显示结果。

例如，要搜索系统上所有名称为ye的文件，可用命令：$find / -name ye -print。

7. tar

tar最初用于建立磁带备份系统，目前广泛用于建立文件发布档案。可用$tar cvf建立tar档案。例如：

如果要将当前目录中的所有文件存档到ye.tar中，则可用命令：$tar cvf ye.tar *.*。要浏览档案内容，将c选项变成t。

如果要浏览ye.tar档案中的内容，则可用命令：$tar tvf ye.tar。要取出档案内的内容，将 c选项变成x。

如果要将ye.tar档案中的内容取到当前目录中，可用命令：$tar xvf ye.tar。

8. gzip

gzip 命令用于压缩文件。例如，如果要将ye.txt文件压缩，则可用如下命令：

$gzip ye.txt

这样就可以压缩文件并在文件名后面加上gz扩展名，变成文件ye.txt.gz。

解压缩文件可用gzip -d命令实现：

$gzip -d ye.txt.gz

这样就可以解压缩文件并删除gz扩展名。除此之外还可以用gunzip命令来解压缩文件，效果和用gzip -d命令一样。

旧版的tar命令不压缩档案。可用gzip命令压缩。例如：

$tar cvf ye.tar *.txt

$gzip ye.tar命令可建立压缩档案ye.tar.gz。

新版的tar可以直接访问和建立gzip压缩的tar档案，只要在tar命令中加z选项就可以了。例如：

$tar czvf ye.tar *.txt生成压缩档案ye.tar.gz。

$tar tzvf ye.tar *.txt显示压缩档案ye.tar.gz的内容。

$tar xzvf ye.tar *.txt取出压缩档案ye.tar.gz的内容。

9. mkdir

mkdir和DOS的md命令的用法几乎一样，用于建立目录。

10. cp

cp命令用于复制文件或目录。

cp命令可以一次复制多个文件，例如：$cp *.txt *.doc *.bak /home将当前目录中扩展名为txt、doc和bak的文件全部复制到/home目录中。

如果要复制整个目录及其所有子目录，则可以用cp-R命令。

11. rm

rm命令用于删除文件或目录。

rm命令会强制删除文件，如果想要在删除时提示确认，则可用rm-i命令。

如果要删除目录，则可用rm-r命令。rm-r命令在删除目录时，每删除一个文件或目录都会显示提示，如果目录太大，那么响应每个提示是不现实的。这时可以用rm-rf命令来强制删除目录，这样即使用了-i标志也当作无效处理。

12. mv

mv命令用于移动文件和更改文件名。例如：

$mv ye.txt /home将当前目录下的ye.txt 文件移动到/home目录下。

$mv ye.txt ye1.txt将ye.txt文件改名为ye1.txt。

类似于cp命令，mv命令也可以一次移动多个文件，在此不再赘述。

13. mount

这个指令可以用来连接文件系统。例如，要访问光盘上的资料，假设光驱是第二个IDE口从盘，那么可以使用命令mount /dev/hdd /cdrom把光盘内容连接到/cdrom下，在连接之前，/cdrom目录必须存在。连接后可以用umount /cdrom卸掉文件系统。

Linux支持多种可挂接的文件系统，例如，要挂接IDE1主盘的第二个分区上的Windows 95分区，使用命令mount /dev/hda2 /disc -t vfat。

可以使用的描述符包括msdos、ext2、vfat、umsdos、iso9660、ntfs等。

14. reboot

重启命令。

15. Halt

关机命令。

任务二　　　　全屏编辑器vi

vi（visual edit）即可视化的全屏幕文本编辑器，是Linux常用的编辑器。如果掌握其基本命令并且能够熟练运用，便可以大大提高编程效率。

一、vi的基本概念

vi可以分为3种状态，分别是命令模式（Command Mode）、插入模式（Insert Mode）和底行模式（Last Line Mode），各模式的功能区分如下。

1. 命令行模式（Command Mode）

控制屏幕光标的移动，字符、字或行的删除，移动复制某区段及进入Insert Mode下，或者到Last Line Mode。

2. 插入模式（Insert Mode）

只有在Insert Mode下才可以做文字输入，按<Esc>键可回到命令行模式。

3. 底行模式（Last Line Mode）

将文件保存或退出vi，也可以设置编辑环境，如寻找字符串、列出行号等。

不过一般在使用时把vi简化成两个模式，就是将底行模式（last line mode）也算入命令行模式（Command Mode）。

二、vi的基本操作

1. 进入vi

在系统命令提示符号输入vi命令及文件名称后，就进入vi全屏幕编辑画面：

`$ vi myfile`

有一点要特别注意，就是进入vi之后是处于命令行模式（Command Mode），要切换到插入模式（Insert Mode）才能够输入文字。

2. 切换至插入模式（Insert Mode）编辑文件

在命令行模式（Command Mode）下按一下<i>键就可以进入插入模式（Insert Mode），这时候就可以开始输入文字了。

3. Insert 的切换

处于插入模式（Insert Mode）时就只能一直输入文字，如果发现输错了字，想用光标键往回移动将该字删除，则要先按一下<Esc>键转到命令行模式（Command Mode）再删除文字。

4. 退出vi及保存文件

在命令行模式（Command Mode）下，按一下<: >键进入<Last Line Mode>，例如：

- : w filename（输入"w filename"将文件以指定的文件名filename保存）。
- : wq（输入"wq"，存盘并退出vi）。
- : q!（输入 "q!"，不存盘强制退出vi）。

三、命令行模式（Command Mode）功能键

1. 插入模式

按<i>键切换进入插入模式Insert Mode，按<i>键进入插入模式后是从光标当前位置开始输入文件的，如图4-1所示。

按<a>键进入插入模式后，是从目前光标所在位置的下一个位置开始输入文字的。

按<o>键进入插入模式后，是插入新的一行，从行首开始输入文字的。

2. 从插入模式切换为命令行模式

按<Esc>键，如图4-1所示。

3．移动光标

vi可以直接用键盘上的方向键来上下左右移动，但正规的vi是用小写英文字母"h" "j" "k" "l"分别控制光标左、下、上、右移一格。

按<Ctrl+b>组合键：屏幕往"后"移动一页。

按<Ctrl+f>组合键：屏幕往"前"移动一页。

按<Ctrl+u>组合键：屏幕往"后"移动半页。

按<Ctrl+d>组合键：屏幕往"前"移动半页。

按数字<0>键：移到文件的开头。

按<G>键：移动到文件的最后。

按<$>键：移动到光标所在行的"行尾"。

按<^>键：移动到光标所在行的"行首"。

按<w>键：光标跳到下个字的开头。

按<e>键：光标跳到下个字的字尾。

按<b>键：光标回到上个字的开头。

按<#l>键：光标移到该行的第#个位置，如51，561。

4．删除文字

"x"：每按一次，删除光标所在位置的"后面"一个字符。

"#x"：例如，"6x"表示删除光标所在位置的"后面"6个字符。

"X"：大写的 X，每按一次，删除光标所在位置的"前面"一个字符。

"#X"：例如，"20X"表示删除光标所在位置的"前面"20个字符。

"dd"：删除光标所在行。

"#dd"：从光标所在行开始删除#行。

5．复制

"yw"：将光标所在之处到字尾的字符复制到缓冲区中。

"#yw"：复制#个字到缓冲区。

"yy"：复制光标所在行到缓冲区。

"#yy"：例如，"6yy"表示复制从光标所在的该行"往下数"6行文字。

"p"：将缓冲区内的字符贴到光标所在位置。注意：所有与"y"有关的复制命令都必须与"p"配合才能完成复制与粘贴功能。

6．替换

"r"：替换光标所在处的字符。

"R"：替换光标所到之处的字符，直到按下<Esc>键为止。

7．回复上一次操作

"u"：如果误执行一个命令，则可以马上输入"u"回到上一个操作。输入多次"u"可以执行多次。

8. 更改

"cw"：更改光标所在处的字到字尾处。

"c#w"：例如，"c3w"表示更改3个字。

9. 跳至指定的行

<Ctrl+g>列出光标所在行的行号。

"#G"：例如，"15G"，表示移动光标至文件的第15行行首。

四、Last Line Mode下命令简介

在使用"Last Line Mode"之前，请记住先按<Esc>键确定已经处于"Command Mode"下后，再按"："键即可进入"Last Line Mode"。

1. 列出行号

"set nu"：输入"set nu"后，会在文件中的每一行前面列出行号。

2. 跳到文件中的某一行

"#"："#"号表示一个数字，在冒号后输入一个数字，再按<Enter>键就会跳到该行了，如输入数字15，再按<Enter>键，就会跳到文件的第15行。

3. 查找字符

"/关键字"：先按</>键，再输入想寻找的字符，如果第一次找的关键字不是想要的，则可以一直按<n>键往后寻找到要的关键字为止。

"?关键字"：先按<?>键，再输入想寻找的字符，如果第一次找的关键字不是想要的，则可以一直按<n>键往前寻找到要的关键字为止。

4. 保存文件

"w"：在冒号后面输入字母"w"就可以将文件保存起来。

5. 离开vi

"q"：按"q"键就是退出，如果无法离开vi，则可以在"q"后跟一个"!"强制离开vi。

"qw"：一般建议离开时搭配"w"一起使用，这样在退出的时候还可以保存文件。

vi模式间的转换如图4-1所示。

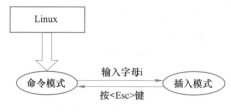

图4-1 vi模式间的转换

本书中多运用vim编辑器。它是一个类似于vi的功能强大、高度可定制的文本编辑器，在vi的基础上改进和增加了很多特性。vim具有高效输入、高效率移动、高效读代码的特点，根据设定可以和原始vi完全兼容。

| 任务三 | Linux Shell |

一、概述

Shell是用户和Linux内核之间的接口程序，如果把Linux内核想象成一个球体的中心，那么Shell就是围绕内核的外层。当从Shell或其他程序向Linux传递命令时，内核会做出相应的反应。

Shell是一个命令语言解释器，它拥有自己内建的Shell命令集，Shell也能被系统中的其他应用程序所调用。用户在提示符下输入的命令都由Shell先解释然后传给Linux核心。

Shell脚本以文本方式存储，并且必须通过Shell解释后才能够执行。Shell本身是一个程序，负责解释和执行用户输入的命令，也可以用来进行程序设计，它是用户和Linux系统交互的纽带。

当普通用户成功登录后，系统将执行一个称为Shell的程序。正是Shell进程提供了命令行提示符。作为默认值，对普通用户用"$"作为提示符，对超级用户（root）用"#"作为提示符。一旦出现了Shell提示符，就可以输入命令名称及命令所需要的参数。Shell将执行这些命令。如果一条命令花费了很长的时间来运行，或者在屏幕上产生了大量的输出，则可以按<Ctrl+c>组合键发出中断信号来中断它（在正常结束之前，中止它的执行）。

二、Shell程序的编写和执行

因为Shell脚本是以文本方式进行存储的，所以可以用任何文本编辑器来编辑。在文本中输入要执行的Shell命令或Linux命令并保存为一个新的文件，当要运行这个脚本时，可调用这些脚本来执行其中的所有指令。

bash是Linux系统默认的用户登录Shell，经常在Shell程序的首行指明本Shell程序采用哪个解释器来解释执行它，格式是：

```
#!/bin/bash
```

如果没有指明，那么就是采用用户登录Shell程序来解释执行，用命令"echo $Shell"可以查看自己的登录Shell程序名。

在Linux环境下，任何对文件有执行权限的用户都可以执行文件。对于Shell脚本而言，可以修改其权限来允许不同的用户执行。可以通过如下命令来更改Shell脚本的权限：

chmod u +x filename　　　　　　只有用户自己可以执行，其他人不能执行。

chmod ug +x filename　　　　　　只有用户自己以及同一工作组的人可以执行，其他人不能执行。

chmod +x filename　　　　　　所有人都可以执行。

三、Shell的变量

给变量赋值

在默认的情况下，所有变量都被认为是字符串。给变量赋值的方法如下：

count=5

（注意：等号两边不能有空格，如果字符串中有空格，则要用引号把它引出来。）

由于Shell语言是一种不需要类型检查的解释语言，因此在使用之前无须先定义。

输出变量的值

可以使用$读取变量的值。例如，下面的命令可以将count变量的内容输出到屏幕上：

echo $ count

当需要从键盘输入数据赋值给一个变量的时候，可以使用read命令。

数组变量

bash支持一维数组变量，数组下标从0开始编址，定义数组的语法如下：

数组变量名=（值1　值2　值3　……）。

四、Shell的测试命令

test命令用于检查某个条件是否成立，可以和系统运算符一起使用。

另外，Shell也能完成简单的算术运算。

五、条件语句

Shell程序中的条件分支是通过if语句来实现的，其一般表现格式为：

```
if <表达式>
  then
  <命令>
else
  <命令>
fi
```

对同一个变量进行多次测试时，可以使用case条件语句实现。其格式如下：

```
case <输入变量>
  变量1)命令;;
  变量2)命令;;
  ⋮
  变量n)命令;;
  *）命令
esac
```

六、循环语句

Shell提供了功能强大的循环处理语句，包括for循环、while循环和select循环等。

在bash中，对目录中的每一项，for语句都执行一次。每执行一次循环，变量都被赋予目录中的当前值，直到最后一个为止。for语句的表达式如下：

```
for <变量名> in <列表>
  do
  <命令>
done
```

在while语句中，当一个给定的条件为真时，一直循环执行do后面的语句，其表达式为：

```
while<表达式>
  do
  <命令>
done
```

select语句表示反复执行一系列语句，目前只有ksh和bash支持此语句。select语句的表达式如下：

```
select <选项> in <列表>
  do
  <命令>
done
```

七、函数

Shell语言可以定义自己的函数。创建一个函数的形式如下：

```
<函数名> ( )
{
<shell命令集合>
}
```

调用函数的格式为：

```
<函数名><参数1><参数2>……
```

Shell函数可以完成某些重复性的工作以及分支执行的脚本命令，因此函数也可以作为if、while等控制结构的条件。

任务四　　　　　Shell编程举例

一、变量的定义和引用举例

1）按<Ctrl+Alt+t>组合键打开Ubuntu虚拟机终端，在终端中输入命令"vim var.bash"。

2）在弹出的编辑框中按<i>键进入插入模式，输入内容见表4-1。

表4-1　变量的定义和引用举例

Shell语句	说明
i=1	定义整形变量i，并给它赋值1
abc="Hello World!"	定义字符串变量abc，并赋"Hello World!"
echo ${abc}	引用变量abc，并在屏幕上显示它的值
j=`expr ${i}+1`	变量i加1并赋值给j变量。注意反撇号
echo ${j}	显示变量j的值
abc=100	重新定义变量abc，赋值100，这时abc是整型变量
Users=(xiaoxue liuxing xiaoyu)	定义一个具有3个元素的一维数组Users
echo ${User[*]}	显示数组中全部元素的值
echo ${#User[1]}	返回数组元素Users[1]的长度
Users[0]=kangkang	把Users[0]的值改为kangkang
echo ${Users[*]}	显示数组中全部元素的值
echo ${abc}	显示变量abc的值

按<Esc>键退出至命令模式，输入"wq"命令按<Enter>键存盘退出。

3）输入"chmod +x var.bash"命令赋予其可执行权限，并执行命令"./var.bash"直接运行它，结果如图4-2所示。

```
root@myubuntu-VirtualBox:~# vim var.bash
root@myubuntu-VirtualBox:~# ./var.bash
Hello World!
1+1
xiaoxue liuxing xiaoyu
7
kangkang liuxing xiaoyu
100
```

图4-2　变量定义和引用的结果

二、if语句举例

1）按<Ctrl+Alt+t>组合键打开Ubuntu虚拟机终端，用ls查看local下的目录及文件，并使用touch 123命令创建123文件。可再用"ls"命令查看是否生成123文件，如图4-3所示。

```
root@myubuntu-VirtualBox:/usr/local# ls
bin  etc  games  include  lib  man  sbin  share  src
root@myubuntu-VirtualBox:/usr/local# touch 123
root@myubuntu-VirtualBox:/usr/local# ls
123  bin  etc  games  include  lib  man  sbin  share  src
```

图4-3　ls命令查看

2）进入/root，输入命令"vim ifexam"，在弹出的编辑框中按<i>键进入插入模式，输入内容见表4-2。

表4-2　if语句举例

Shell语句	说明
if test - d /usr/local/123 then 　　cd /usr/local/123	如果存在目录/usr/local/123， 则进入
elif test - f /usr/local/123 then 　　rm /usr/local/123	如果存在文件/usr/local/123， 则删除它
else 　　mkdir /usr/local/123 fi	否则 创建目录/usr/local/123

按<Esc>键退出至命令模式，输入"wq"命令并按<Enter>键存盘退出。

3）输入"chmod +x ifexam"命令赋予其可执行权限。执行一次命令"./ifexam"运行它，进入/usr/local目录下查看123文件是否已被删除。

4）若已被删除，则回到/root下再执行一次命令"./ifexam"运行它，进入/usr/local目录下查看是否有目录123生成，如图4-4所示。

```
root@myubuntu-VirtualBox:~# ./ifexam
root@myubuntu-VirtualBox:~# cd /usr/local
root@myubuntu-VirtualBox:/usr/local# ls
bin  etc  games  include  lib  man  sbin  share  src
root@myubuntu-VirtualBox:/usr/local# cd /root
root@myubuntu-VirtualBox:~# ./ifexam
root@myubuntu-VirtualBox:~# cd /usr/local
root@myubuntu-VirtualBox:/usr/local# ls
123  bin  etc  games  include  lib  man  sbin  share  src
root@myubuntu-VirtualBox:/usr/local#
```

图4-4　if语句的结果

三、case语句举例

1）按<Ctrl+Alt+t>组合键打开Ubuntu虚拟机终端，在终端中输入命令"vim case1. bash"。

2）在弹出的编辑框中按<i>键进入插入模式，输入内容见表4-3。

表4-3 case语句举例

Shell语句	说明
#!/bin/bash	指明解释器为/bin/bash
case $1 in	判断命令行第一个参数的值
[0-9]) echo "digital" ；；	如果$1是一个数字，那么显示digital
[a-z]) echo "char" ；；	如果$1是一个字母，那么显示char
"Good") echo "OK" ；；	如果$1等于Good，那么显示OK
*) echo "Other" ；；	否则，显示Other
esac	case语句结束

按<Esc>键退出至命令模式，输入"wq"命令按<Enter>键存盘退出。

3）输入"chmod +x case1.bash"命令赋予其可执行权限。执行一次命令"./case1. bash 6 Good k rgl"运行它，结果如图4-5所示。

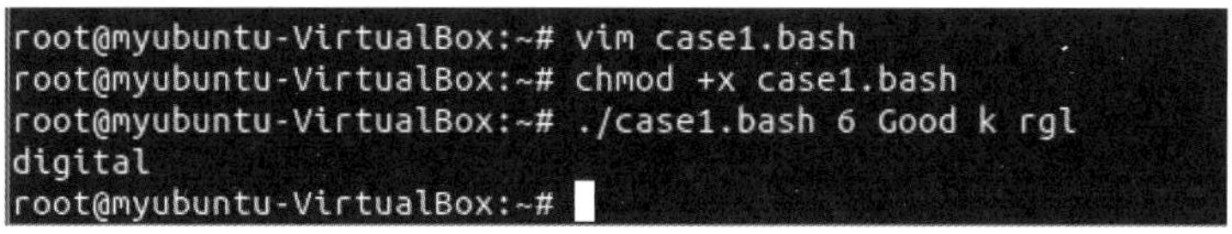

图4-5 执行命令

4）可继续进入case1.bash里面修改$1为$2或$3或$4，再运行"./case1.bash 6 Good k rgl"命令观察所得的结果（可分别得到digital、OK、char、Other等结果）。

四、for语句举例

1）按<Ctrl+Alt+t>组合键打开Ubuntu虚拟机终端，在终端中输入命令"vim forexam. bash"。

2）在弹出的编辑框中按<i>键进入插入模式，输入内容见表4-4。

表4-4 for语句举例

#! /bin/bash
for I in 1 2 3 4 5 6
do
echo - n "$i次|"
done

按<Esc>键退出至命令模式，输入"wq"命令并按<Enter>键存盘退出。

3）输入"chmod +x forexam.bash"命令赋予其可执行权限，并执行命令"./ forexam.bash"直接运行它，结果如图4-6所示。

图4-6　语句执行结果

五、while语句举例

1）按<Ctrl+Alt+t>组合键打开Ubuntu虚拟机终端，在终端中输入命令"vim whilexam.bash"。

2）在弹出的编辑框中按i键进入插入模式，输入内容见表4-5。

表4-5　while语句举例

Shell语句	说明
#! /bin/bash	指明解释器为/bin/bash
total=0	定义整型变量total，初始值为0
while read line	读一行
do	
echo $line	显示/etc/passwd文件内容
let total++	total累加
done < /etc/passwd	
echo ${total}	显示变量total的值

按<Esc>键退出至命令模式，输入"wq"命令并按<Enter>键存盘退出。

3）输入"chmod +x whilexam.bash"命令赋予其可执行权限，并执行命令"./whilexam.bash"直接运行它，如图4-7所示。

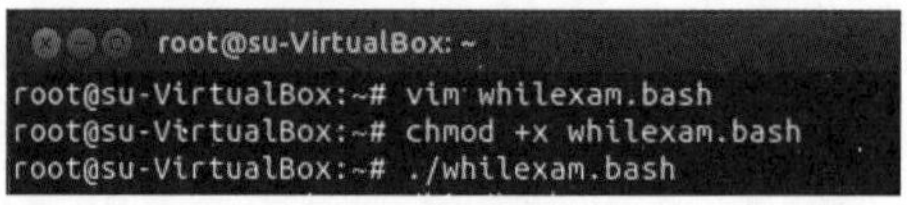

图4-7　执行

结果如图4-8所示。

图4-8　语句执行结果

由显示结果可知，/etc/passwd中的内容有35行。

六、select语句举例

1）按<Ctrl+Alt+t>组合键打开Ubuntu虚拟机终端，在终端中输入命令"vim selmenu.bash"。

2）在弹出的编辑框中按<i>键进入插入模式，输入内容见表4-6。

表4-6　select语句举例

```
#！/bin/bash
PS3= "Please Select:"
menus= "com|net|org|edu|quit"
IFS= "|"
select item in ${menus}
do
        case ${item} in
        com) echo "apply com domain" ；；
        net) echo "apply net domain" ；；
        org) echo "apply net domain" ；；
        edu) echo "apply org domain" ；；
        quit) break；；
        esac
done
```

按<Esc>键退出至命令模式，输入"wq"命令并按<Enter>键存盘退出。

3）输入"chmod +x selmenu.bash"命令赋予其可执行权限，并执行命令"./selmenu.bash"运行它。然后，屏幕显示菜单并等待用户选择。

4）选择相应的选项将得到相应的结果，如图4-9所示。

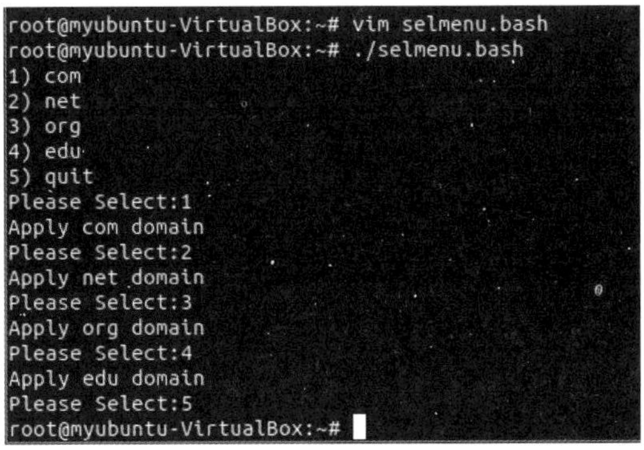

图4-9　select语句执行结果

第五单元
Linux下编译系统

目 标

➤ 掌握GCC编译器的使用方法
➤ 掌握GDB调试器的使用方法
➤ 掌握交叉编译工具链的使用
➤ 了解Makefile的基本语法

单元简介

　　本单元主要介绍了Linux中的编译系统，包含GCC编译器的使用，嵌入式ARM交叉编译工具链的使用，GDB调试器的使用，Makefile的基本语法，autotools工具集的使用。通过对本单元的学习，为后续的程序开发打下基础。

任务一　　认识GCC交叉编译器

一、GCC简介

GCC（GNU Compiler Collection，GNU编译器集合）是一套由GNU开发的编程语言编译器。它是一套以GPL许可证发行的自由软件，也是GNU计划的关键部分。GCC原本作为GNU操作系统的官方编译器，现已被大多数类UNIX操作系统（如Linux、BSD、Mac OS X等）采纳为标准的编译器，GCC同样适用于微软的Windows。GCC是自由软件过程发展中的著名例子，由自由软件基金会以GPL协议发布。

GCC原名为GNU C语言编译器（GNU C Compiler），因为它原本只能处理C语言。GCC很快扩展变得可处理C++。之后也变得可处理Fortran、Pascal、Objective-C、Java以及Ada与其他语言。

PC上的编译工具链为gcc、ld、objdump、objcopy等，它们编译出来的程序只能在x86的PC上运行。要编译出在ARM平台上能运行的程序，必须使用arm-linux-gcc、arm-linux-ld等交叉编译工具链。

二、用GCC和arm-linux-gcc编译程序

GCC最基本的用法是：gcc [options] [filenames]

arm-linux-gcc最基本的用法是：arm-linux-gcc [options] [filenames]

实验步骤：

用vi编辑器编辑一个test.c文件，内容如下：

```
#include <stdio.h>
int main(void)
{
    printf("Hello, world!\n");
    return 0;
}
```

1. 无选项编译链接

用法：#gcc test.c。

作用：将test.c预处理、汇编、编译并链接形成可执行文件。这里未指定输出文件，默认输出为a.out。

用arm-linux-gcc test.c可以将test.c编译成ARM平台可执行的文件。

2. 选项 -o

用法：#gcc test.c -o test。

作用：将test.c预处理、汇编、编译并链接形成可执行文件test。-o选项用来指定输出文件的文件名。

用arm-linux- gcc test.c -o test可以将test.c编译成ARM平台可执行的文件。

3. 选项 -E

用法：#gcc -E test.c -o test.i。

作用：将test.c预处理输出test.i文件。

用arm-linux- gcc -E test.c -o test.i可以将test.c编译成ARM平台的预处理文件。

4. 选项 -S

用法：#gcc -S test.i。

作用：将预处理输出文件test.i汇编成test.s文件。

用arm-linux- gcc -S test.i可以将test.c编译成ARM平台的汇编文件。

5. 选项 -c

用法：#gcc -c test.s。

作用：将汇编输出文件test.s编译输出为test.o文件。

用arm-linux- gcc -c test.s可以将test.s编译成ARM平台的目标文件。

6. 无选项链接

用法：#gcc test.o -o test。

作用：将编译输出文件test.o链接成最终的可执行文件test。

用arm-linux- gcc test.o -o test可以将test.o编译成ARM平台的可执行文件。

7. 选项 -O

用法：#gcc -O1 test.c -o test。

作用：使用编译优化级别1编译程序。级别为1～3，级别越大优化效果越好，但编译时间也越长。

用arm-linux- gcc -O1 test.c -o test可以将test.c编译成ARM平台的可执行文件。

任务二　认识GDB调试器

一、GDB简介

GDB是GNU开源组织发布的一个强大的UNIX下的程序调试工具。

GDB主要有下面4个方面的功能：

1）启动程序，可以按照用户要求运行程序。

2）可让被调试的程序在用户所指定的断点处停住（断点可以是条件表达式）。

3）当程序被停住时，可以检查此时程序中所发生的事。

4）动态的改变程序的执行环境。

在PC上用GDB进行程序调试。在ARM平台上用arm-linux-gdb进行远程调试。

ARM GDB调试环境由宿主机GDB和目标开发板的GDB server共同构成，两者通过串口或TCP连接，使用GDB标准串行协议协同工作，实现对目标机的系统内核和上层应用的监控和调试功能。

二、使用GDB调试程序

GDB主要是用命令进行程序的调试，GDB命令见表5-1。

表5-1　GDB命令

命令	解释	示例
file <文件名>w	加载被调试的可执行程序文件 因为一般都在被调试程序所在目录下执行GDB，因而文本名不需要带路径	(gdb) file gdb-sample
r	Run的简写，运行被调试的程序 如果此前没有下过断点，则执行完整个程序；如果有断点，则程序暂停在第一个可用断点处	(gdb) r
b <行号> b <函数名称> b *<函数名称> b *<代码地址> d [编号]	b：Breakpoint的简写，设置断点。还可以使用"行号""函数名称""执行地址"等方式指定断点位置 其中在函数名称前面加"*"符号表示将断点设置在"由编译器生成的prolog代码处"。如果不了解汇编，则可以不予理会此用法 d：Delete breakpoint的简写，删除指定编号的某个断点或删除所有断点。断点编号从1开始递增	(gdb) b 8 (gdb) b main (gdb) b *main (gdb) b *0x804835c (gdb) d
s, n	s：执行一行源程序代码，如果此行代码中有函数调用，则进入该函数 n：执行一行源程序代码，此行代码中的函数调用也一并执行 s相当于其他调试器中的"Step Into（单步跟踪进入）" n相当于其他调试器中的"Step Over（单步跟踪）" 这两个命令必须在有源代码调试信息的情况下才可以使用（GCC编译时使用"-g"参数）	(gdb) s (gdb) n
si, ni	si命令类似于s命令，ni命令类似于n命令。所不同的是，这两个命令（si/ni）针对的是汇编指令，而s/n针对的是源代码	(gdb) si (gdb) ni
p <变量名称>	Print的简写，显示指定变量（临时变量或全局变量）的值	(gdb) p i (gdb) p nGlobalVar
display ... undisplay <编号>	display，设置程序中断后欲显示的数据及其格式 例如，如果希望每次程序中断后可以看到即将被执行的下一条汇编指令，则可以使用命令"display /i $pc" 其中$pc代表当前的汇编指令，/i表示以十六进制显示。当需要关心汇编代码时，此命令相当有用 undispaly，取消先前的display设置，编号从1开始递增	(gdb) display /i $pc (gdb) undisplay 1
i	Info的简写，用于显示各类信息，详情请查阅"help i"	(gdb) i r
q	Quit的简写，退出GDB调试环境	(gdb) q
help [命令名称]	GDB帮助命令，提供对GDB名种命令的解释说明 如果指定了"命令名称"参数，则显示该命令的详细说明；如果没有指定参数，则分类显示所有GDB命令，供用户进一步浏览和查询	(gdb) help display

实例：

准备一个源程序如下：

```
1 #include <stdio.h>
2
3 int func(int n)
4 {
5     int sum=0,i;
6     for(i=1; i<=100; i++)
7     {
8         sum+=i;
9     }
10    return sum;
11 }
12
13
14 main()
15 {
16     int i;
17     long result = 0;
18     for(i=1; i<=100; i++)
19     {
20         result += i;
21     }
22
23     printf("result[1-100] = %d", result );
24     printf("result[1-250] = %d", func(250) );
25 }
```

编译生成执行文件，编译的时候需要加上-g参数。

root@linux:/home/benben/test# gcc –g test.c –o test

启动GDB

root@linux:/home/benben/test#gdb test
(gdb) l <------------------- l命令相当于list，从第一行开始列出原码。
1 #include
2
3 int func(int n)
4 {
5   int sum=0,i;
6   for(i=0; i<=100;i++)
7   {
8   sum+=i;
9   }
10   return sum;
(gdb) <------------------- 直接回车表示，重复上一次命令
11 }
12
13
14 main()
15 {
16   int i;
17   long result = 0;
18   for(i=1; i<=100; i++)
19   {
20   result += i;
(gdb) break 16 <------------------- 设置断点，在源程序第16行处。
Breakpoint 1 at 0x8048496: file tst.c, line 16.
(gdb) break func <------------------- 设置断点，在函数func()入口处。
Breakpoint 2 at 0x8048456: file tst.c, line 5.
(gdb) info break <------------------- 查看断点信息。
Num Type Disp Enb Address What
1 breakpoint keep y 0x08048496 in main at tst.c:16
2 breakpoint keep y 0x08048456 in func at tst.c:5
(gdb) r <------------------- 运行程序，run命令简写
Starting program: /home/benben /test/tst
Breakpoint 1, main () at tst.c:17 <---------- 在断点处停住。

```
17 long result = 0;
(gdb) n <--------------------- 单条语句执行，next命令简写。
18 for(i=1; i<=100; i++)
(gdb) n
20 result += i;
(gdb) n
18 for(i=1; i<=100; i++)
(gdb) n
20 result += i;
(gdb) c <--------------------- 继续运行程序，continue命令简写。
Continuing.
result[1-100] = 5050 <----------程序输出。
Breakpoint 2, func (n=250) at tst.c:5
5 int sum=0,i;
(gdb) n
6 for(i=1; i<=n; i++)
(gdb) p i <--------------------- 打印变量i的值，print命令简写。
$1 = 134513808
(gdb) n
8 sum+=i;
(gdb) n
6 for(i=1; i<=n; i++)
(gdb) p sum
$2 = 1
(gdb) n
8 sum+=i;
(gdb) p i
$3 = 2
(gdb) n
6 for(i=1; i<=n; i++)
(gdb) p sum
$4 = 3
(gdb) bt <--------------------- 查看函数堆栈。
#0 func (n=250) at tst.c:5

#1 0x080484e4 in main () at tst.c:24

#2 0x400409ed in __libc_start_main () from /lib/libc.so.6
(gdb) finish <--------------------- 退出函数。
Run till exit from #0 func (n=250) at tst.c:5

0x080484e4 in main () at tst.c:24
24 printf( "result[1-250] = %d", func(250) );
Value returned is $6 = 31375
(gdb) c <--------------------- 继续运行。
Continuing.
result[1-250] = 31375 <----------程序输出。

Program exited with code 027. <--------程序退出，调试结束。
(gdb) q <--------------------- 退出gdb。
root@linux:/home/benben/test#
```

任务三　　认识Makefile工程管理器

一、Makefile的规则

target... : prerequisites...（预备知识，先决条件）。

command（指令）。

target也就是一个目标文件，可以是Object File，也可以是执行文件，还可以是一个标签（Label）。对于标签这种特性，在后面的单元中会有叙述。

prerequisites就是要生成那个target所需要的文件或是目标。

command也就是make需要执行的命令（任意的Shell命令）。

二、Makefile实例

1）用vi编辑器编辑一个简单的C程序，由3个文件main.c、fun.c和fun.h组成，如图5-1~图5-3所示。

2）使用GCC编译命令直接编译出可执行文件main并运行查看结果，如图5-4所示。

3）用vi编辑makefile，内容如图5-5所示。

4）退出并保存，在Shell中运行make，查看并运行产生的可执行文件main，如图5-6所示。

5）用vi打开makefile进行改写，用变量进行替换，经变量替换的makefile如图5-7所示。

```
dmh@dmh-virtual-machine: /media/disk/test

#include "fun.h"

int max_fun(int x,int y)
{
    if(x>=y)
            return x;
        else
            return y;
}

~
~
~
~
~
~
~
~
~
~
~
~
~
~
"fun.c" 10L, 91C                                    1,1        全部
```

图5-1　fun.c内容

```
dmh@dmh-virtual-machine: /media/disk/test

#include "fun.h"

int main(void)
{
    int a,b;
        printf("Please enter the number a an b\n");
        scanf("%d%d",&a,&b);
        int max=0;
        max=max_fun(a,b);
        printf("The max number is %d\n",max);
        return 0;
}

~
~
~
~
~
~
~
                                                   13,1       全部
```

图5-2　文件main.c内容

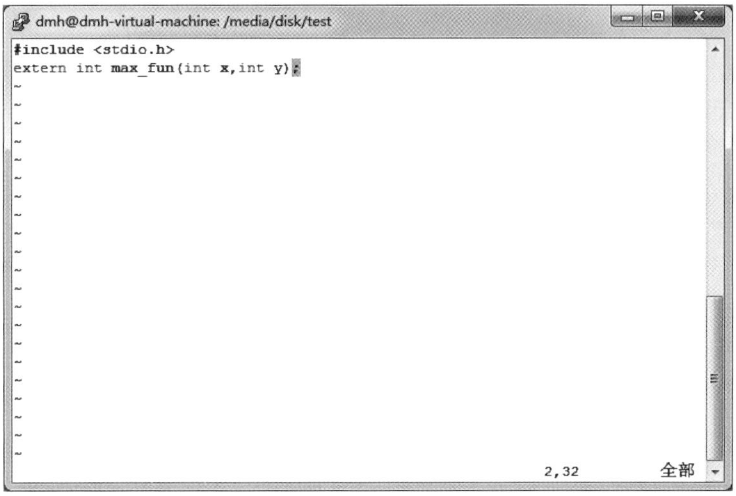

图5-3　文件fun.h内容

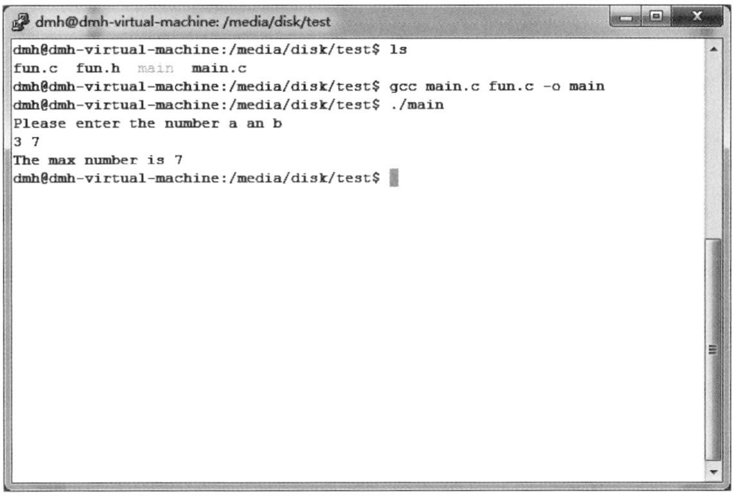

图5-4　命令gcc main.c fun.c － o main

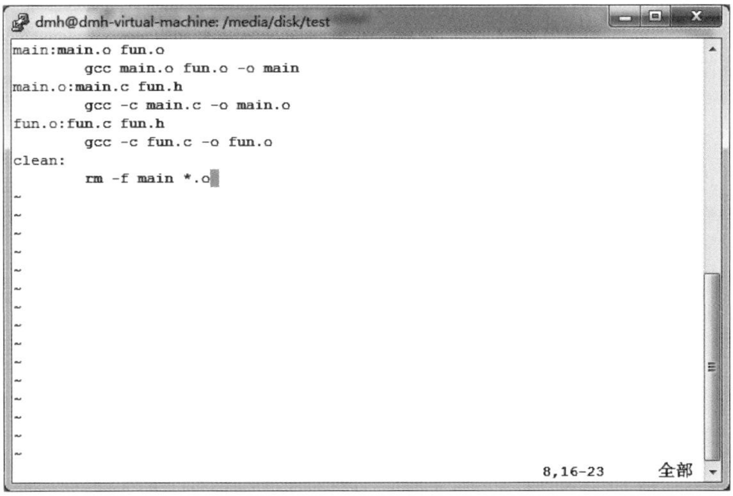

图5-5　编辑

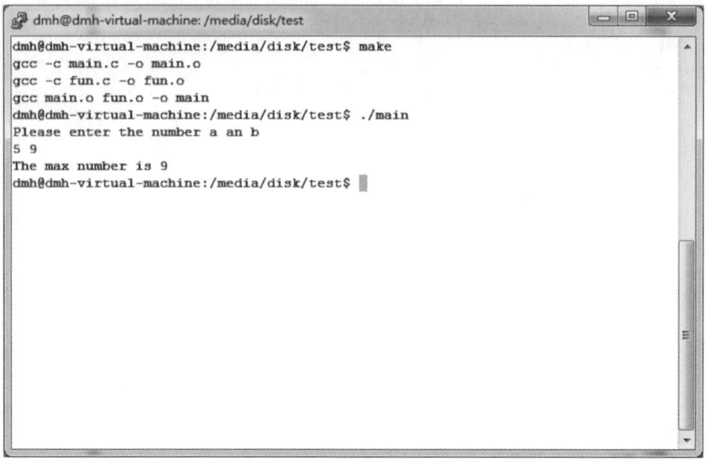

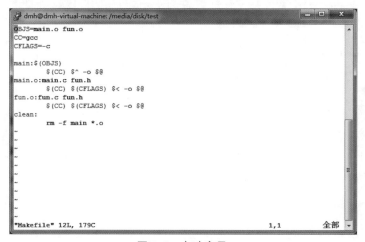

图5-6　执行文件

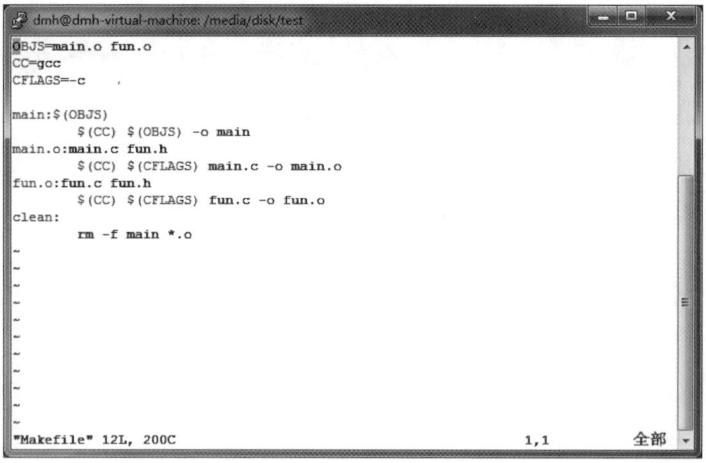

图5-7　变量替换

退出保存后，在Shell中执行make的结果和make clean的结果是和步骤4）是一样的。

6）改写makefile，使用自动变量，改写后的情况如图5-8所示。

图5-8　自动变量

在Shell中执行make的结果和make clean的结果和前面是一样的，但是makefile更简洁。

7）改写makefile，使用隐式规则，改写后的makefile如图5-9所示。

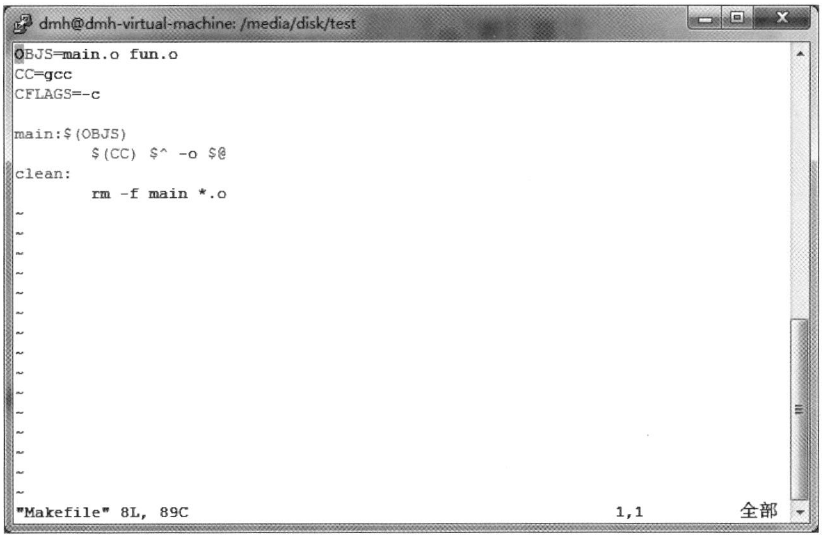

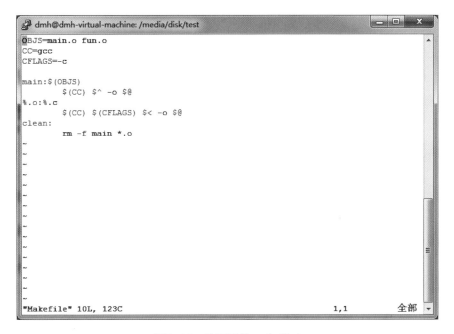

图5-9　改写后的makefile1

退出保存，在Shell中执行make的结果和make clean的结果和前面是一样的。

8）继续改写makefile，使用模式规则，改写后的makefile如图5-10所示。

图5-10　改写后的makefile2

退出保存后，在Shell中执行make的结果和make clean的结果和前面是一样的。

任务四　　使用autotools工具集

一、Auto make简介

GNU Auto make是Linux环境下常用的开发工具，可以产生供make使用的Makefile，开发人员不用再编写Makefile了。

autoscan是用来扫描源代码目录生成的configure.scan文件的。autoscan可以用目录名作为参数，但如果不使用参数，那么autoscan将认为使用的是当前目录。autoscan将扫描用户所指定目录中的源文件并创建configure.scan文件。configure.scan包含了系统配置的基本选项，里面都是一些宏定义。在实际使用过程中，往往把configure.scan文件改成configure.in或者configure.ac文件。

aclocal是一个Perl脚本程序。aclocal根据configure.in文件的内容自动生成aclocal.m4文件。aclocal的定义是"aclocal - create aclocal.m4 by scanning configure.ac"。

autoconf是用来产生configure文件的。configure是一个脚本，它能设置源程序来适应各种不同的操作系统平台，并且根据不同的系统来产生合适的makefile，从而可以使用户的源代码在不同的操作系统平台上被编译出来。configure.in文件的内容是一些宏，这些宏经过autoconf处理后会变成检查系统特性、环境变量、软件必需参数的Shell脚本。configure.in文件中宏的顺序并没有规定，但是必须在所有宏的最前面和最后面分别加上AC_INIT宏和AC_OUTPUT宏。

automake用来生成Makefile.in文件各个工具的关系如图5-11所示。

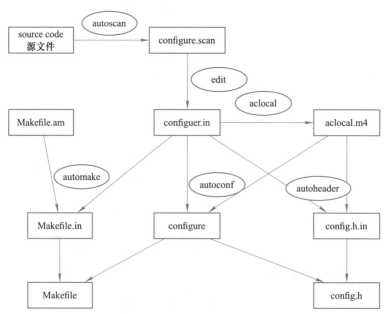

图5-11　流程关系图

二、Automake实例操作

1．用之前Makefile的例子创建src目录

```
mkdir src
cp main.c fun.c ./src
```

1）最顶层目录名为模块名test，源文件放在模块下面的src子目录，例如test/src。

2）在src下面，创建源文件。

3）在test目录下面创建Makefile.am文件（为Makefile.in的模板文件，.am扩展名是automake的缩写），内容如下：

```
SUBDIRS=src
```

4）在test/src目录下创建Makefile.am文件内容如下：

```
bin_PROGRAMS=main            //可执行文件名
main_SOURCES=main.c fun.c    //源文件名
include_HEADERS=fun.h
```

其中，PROGRAMS表示要产生的是可执行文件。有多个可执行文件时，可用空格分开，而bin表示可执行文件的安装目录，SOURCES表示生成可执行文件需要的源文件，有多个源文件时也用空格分开。如果想生成两个可执行程序helloworld1和helloworld2，那么就需要写成：

```
bin_PROGRAMS=helloworld1 helloworld2
helloworld1_SOURCES=main1.c
helloworld2_SOURCES=main2.c
```

如果需要链接额外的库则可以用LDADD链接额外的函数库名，例如，main_LDADD=-lxml2。

2．运行autoscan创建autoconf的模板（见图5-12）

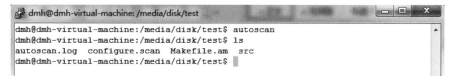

图5-12　创建autoconf的模板

autoscan将生成configure.scan和autoscan.log文件，它会在给定目录及其子目录树中检查源文件。若没有给定目录，则在当前目录及其子目录树中进行检查。它会搜索源文件以寻找一般的移植性问题并且创建一个文件configure.scan，通过这个文件可以创建autoconf需要的模板文件。

1）目录下面生成了configure.scan文件，利用命令mv configure.scan configure.ac将生成的configure.scan更改为autoconf需要的文件模板configure.ac，如图5-13所示。

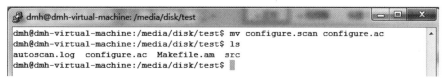

图5-13　更改为模板

物联网嵌入式程序设计

2）修改configure.ac文件。

将AC_INIT（[FULL-PACKAGE-NAME]，[VERSION]，[BUG-REPORT-ADDRESS]）修改为AC_INIT(test，0.1，yourname)（初始化autoconf），并添加AM_INIT_AUTOMAKE(test，0.1)（初始化automake必需的宏，如果不添加就会导致在autoconf时出错，信息大概为configure.in:no proper invocation of AM_INIT_AUTOMAKE was found）。

修改结果如图5-14所示。

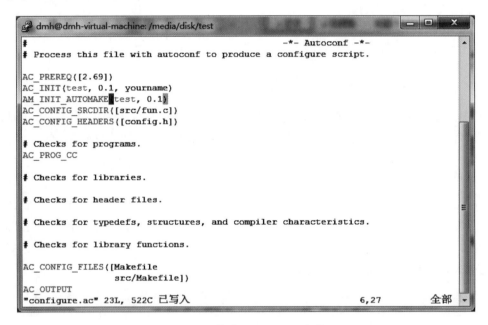

图5-14　修改configure.ac文件

3．运行aclocal复制所有的宏命令

configure.ac里面包含了一系列宏命令，运行aclocal的目的是把工程需要的宏命令展开（aclocal.m4就是configure.in中用到的宏定义）会生成autom4te.cache文件夹和aclocal.m4文件，如图5-15所示。

```
dmh@dmh-virtual-machine:/media/disk/test$ aclocal
dmh@dmh-virtual-machine:/media/disk/test$ ls
aclocal.m4  autom4te.cache  autoscan.log  configure.ac  Makefile.am  src
dmh@dmh-virtual-machine:/media/disk/test$
```

图5-15　运行aclocal

4．运行autoheader生成配置头文件的模板config.h.in并创建4个必要的文件
touch README NEWS AUTHORS ChangeLog
README：描述模块的功能、用法和注意事项。
NEWS：描述模块最新的动态。
AUTHORS：模块的作者及联系方式。

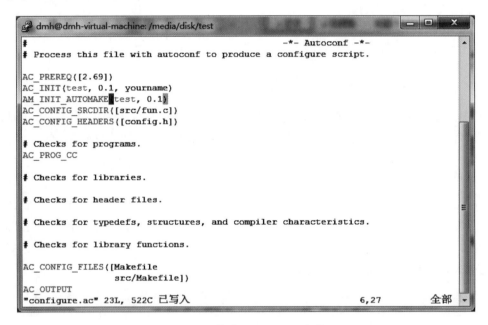

ChangeLog：记录模块的修改历史。

上述几个文件可以暂时为空，如图5-16所示。

```
dmh@dmh-virtual-machine:/media/disk/test$ autoheader
dmh@dmh-virtual-machine:/media/disk/test$ ls
aclocal.m4       autoscan.log  configure.ac  src
autom4te.cache   config.h.in   Makefile.am
dmh@dmh-virtual-machine:/media/disk/test$ touch README NEWS AUTHORS ChangeLog
dmh@dmh-virtual-machine:/media/disk/test$ ls
aclocal.m4    autom4te.cache  ChangeLog    configure.ac  NEWS     src
AUTHORS       autoscan.log    config.h.in  Makefile.am   README
dmh@dmh-virtual-machine:/media/disk/test$
```

图5-16　运行autoheader

5．automake --add-missing，生成Makefiel.in和所需要的脚本

其中add-missing选项会让automake自动添加一些必须的脚本文件。执行结果如图5-17所示。

```
dmh@dmh-virtual-machine:/media/disk/test$ automake --add-missing
configure.ac:6: warning: AM_INIT_AUTOMAKE: two- and three-arguments forms are de
precated.  For more info, see:
configure.ac:6: http://www.gnu.org/software/automake/manual/automake.html#Modern
ize-AM_005fINIT_005fAUTOMAKE-invocation
configure.ac:11: installing './compile'
configure.ac:6: installing './install-sh'
configure.ac:6: installing './missing'
Makefile.am: installing './INSTALL'
Makefile.am: installing './COPYING' using GNU General Public License v3 file
Makefile.am:      Consider adding the COPYING file to the version control system
Makefile.am:      for your code, to avoid questions about which license your proj
ect uses
automake: warning: source file '//可执行文件名.c' is in a subdirectory,
automake: but option 'subdir-objects' is disabled
src/Makefile.am:1:    while processing program '//可执行文件名'
automake: warning: possible forward-incompatibility.
automake: At least a source file is in a subdirectory, but the 'subdir-objects'
automake: automake option hasn't been enabled.  For now, the corresponding outpu
t
automake: object file(s) will be placed in the top-level directory.  However,
```

图5-17　automake --add-missing

6．autoconf生成configure脚本

命令执行结果如图5-18所示。

```
dmh@dmh-virtual-machine:/media/disk/test$ autoconf
dmh@dmh-virtual-machine:/media/disk/test$ ls
aclocal.m4      autoscan.log  config.h.in   COPYING   install-sh   missing  src
AUTHORS         ChangeLog     configure     depcomp   Makefile.am  NEWS
autom4te.cache  compile       configure.ac  INSTALL   Makefile.in  README
dmh@dmh-virtual-machine:/media/disk/test$
```

图5-18　生成configure脚本

7．/configure生成最终的Makefile文件，命令如下

./configure --host=arm-linux LDFLAGS=-L/usr/local/arm/lib CPPFLAGS=-I/home/wwj/work/Logic_test/echo_test/libxml2-2.6.32/include/

configure的参数

1）--prefix用来指定安装目录，Linux下默认为/usr/local。

2）--host用于交叉编译。

3）--LDFLAGS gcc等编译器会用到的一些优化参数，也可以在里面指定库文件的位置。用法：LDFLAGS=-L/usr/lib -L/path/to/your/lib。每安装一个包都会在安装目录里

建立一个lib目录。如果已经安装了某个包，而安装另一个包时提示找不到，则可以将那个包的lib路径加入LDFALGS中试一下。

4）CPPFLAGS指定头文件（.h文件）的路径，如CFLAGS=-I/usr/include -I/path/include。同样地，安装一个包时会在安装路径下建立一个include目录，当安装过程中出现问题时，试着把以前安装的包的include目录加入该变量中。

命令执行结果如图5-19所示。

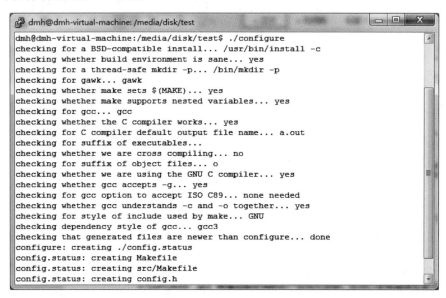

图5-19　结果

8．使用make命令进行编译

make

9．使用make install命令进行安装

make install

10．使用make dist或者make distcheck命令发布软件包

make dist或者make distcheck。

生成test-0.1.tar.gz。

第六单元

Linux文件I/O编程

单元简介

　　本单元首先介绍了系统调用的基本概念，然后介绍用户编程接口（API）与系统命令的相互关系。由于嵌入式Linux是经Linux减裁而来的，它的系统调用及用户编程接口API与Linux基本是一致的。因此，本书先介绍Linux中相关内容的基本编程开发，主要讲解与嵌入式Linux中一致的部分，然后再将程序移植到嵌入式开发板上运行。

任务一 Linux系统调用及应用程序接口API

一、系统调用

Linux内核中设置了一组用于实现各种系统功能的子程序，称为系统调用。所谓系统调用是指操作系统提供给用户程序调用的一组"特殊"接口，用户程序可以通过这组"特殊"接口来获得操作系统内核提供的服务，例如，用户可以通过进程控制相关的系统调用来创建进程、实现进程调度、进程管理等。从某种角度来看，系统调用和普通的函数调用非常相似。区别仅在于系统调用由操作系统核心提供，运行于核心态，而普通的函数调用由函数库或用户自己提供，运行于用户态。它们之间的关系如图6-1所示。

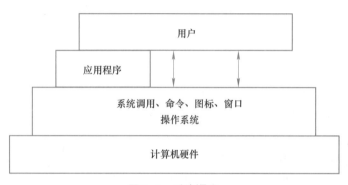

图6-1　系统调用

二、用户编程接口（API）

直观地理解，API就是操作系统提供给用户使用的一系列操作函数的集合。

由于前面讲到的系统调用并不直接与程序员进行交互，它仅是一个通过软中断机制向内核提交请求以获取内核服务的接口。实际使用中程序员调用的通常是用户编程接口API。

为什么用户程序不能直接访问系统内核提供的服务呢？

这是由于在Linux中，为了更好地保护内核空间，将程序的运行空间分为内核空间和用户空间（也就是常称的内核态和用户态），它们分别运行在不同的级别上，在逻辑上是相互隔离的。

用户进程在通常情况下不允许访问内核数据，也无法直接调用内核函数，它们只能在用户空间操作用户数据，调用用户空间的函数。

当用户空间的进程需要获得一定的系统服务时，应用程序调用系统调用，这时操作系统就根据系统调用号（每个系统调用被赋予一个系统调用号）使用用户进程进入内核空间的具体位置调用相应的内核代码。进行系统调用时，程序运行空间需要从用户空间进入内核空间，处理完后再返回到用户空间。图6-2是用户空间和内核空间的关系图。

例如，创建进程的API函数fork()对应于内核空间的sys_fork()系统调用，但并不是所有的函数都对应一个系统调用。有时，一个API函数会需要几个系统调用来共同完成函数的功能，甚至还有一些API函数不需要调用相应的系统调用（因此它所完成的不是内核提供的服务）。

在Linux中，用户编程接口（API）遵循在UNIX中最流行的应用编程界面标准——Posix标准。Posix标准是由IEEE和ISO/IEC共同开发的标准系统，该标准基于当时已有的UNIX实践和经验，描述了操作系统的系统调用编程接口（实际上就是API），用于保证应用程序可以在源代码级上、在多种操作系统之间移植运行。这些系统调用编程接口主要是通过C库（libc）实现的。

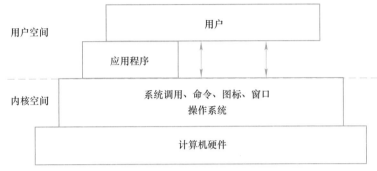

图 6-2　用户空间和内核空间关系图

三、系统命令

系统命令是在用户编程接口之上，它实际上是一个可执行程序，内部引用了用户编程接口（API）来实现相应的功能。

如cp命令调用了用户编程接口（API）open()、write()与read()。

图6-3说明了系统命令和用户编程接口的关系。

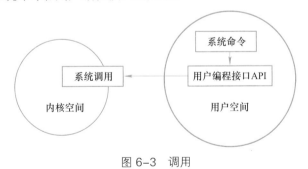

图 6-3　调用

四、Linux中文件描述符的概念

在Linux系统中一切皆可以看成是文件，文件又可分为普通文件、目录文件、链接文件和设备文件。要区分这些文件就要了解"文件描述符"。

文件描述符是一个非负的整数，它是一个索引值，并指向内核中每个进程打开文件的记录表。当打开一个现存文件或创建一个新文件时，内核就向进程返回一个文件描述符，当需要读/写文件时，也需要把文件描述符作为参数传递给相应的函数。

通常，一个进程启动时都会打开3个文件，即标准输入、标准输出、标准出错处理，这3个文件描述符为0、1和2，也就是宏替换（STDIN_FILENO STDOUT_FILENO STDERR_FILENO）。

任务二　不带缓存的文件I/O操作

一、不带缓存I/O的概念

首先要明白不带缓冲的概念，所谓不带缓冲，并不是指内核不提供缓冲，而只是单纯进行系统调用，不是对函数库的调用。系统内核对磁盘的读写都会提供一个块缓冲（在有些地方也称为内核高速缓存），当用write函数对其写数据时，直接执行系统调用，将数据写入块缓冲进行排队，当块缓冲达到一定的量时，才会把数据写入磁盘。因此，所谓的不带缓冲的I/O是指进程不提供缓冲功能（但内核还是提供缓冲的）。每调用一次write或read函数，直接系统调用。

不带缓存I/O操作数据流向路径：数据——内核缓存区——磁盘。

标准I/O操作数据流向路径：数据——流缓存区——内核缓存区——磁盘。

二、不带缓存的文件操作I/O操作

不带缓存的文件I/O操作主要用到5个函数：open、close、read、write和lseek。

1. open和close函数

open函数是用于打开或创建文件，在打开或创建文件时可以指定文件的属性及用户的权限等各种参数，具体参考表6-1。

close函数是用于关闭一个打开文件，当一个进程终止时，它所有已打开的文件都由内核自动关闭，很多程序都使用这一功能而不显式地关闭一个文件。参考表6-2。

表6-1　open函数的语法要点

所需头文件	#include<sys/types.h> #include<sys/stat.h> #include<fcntl.h>	
函数原型	int open(const char * pathname, int flags, mode_t mode)	
函数参数	pathname 路径名称	为字符串，表示被打开的文件名称，可以包含路径
	flags：为一个或多个标志，表示文件的打开方式	O_RDONLY：只读方式打开
		O_WRONLY：只写方式打开
		O_RDWR：读/写方式打开
		O_CREAT：如果文件不存在，则创建新的文件
		O_EXCL：如果使用O_CREAT时文件存在，则可返回错误消息
		O_TRUNC：如果文件已存在，且以只读或只写成功打开，则先全部删除文件中原有的数据
		O_APPEND：以添加方式打开文件，在打开文件的同时，文件指针指向文件的末尾
	mode	被打开文件的存取权限模式
函数返回值	成功：返回文件描述符 失败：−1	

表6-2　Close函数的语法要点

所需头文件	#include<unistd.h>
函数原型	Int close(int fd);
函数参数	fd：文件描述符
函数返回值	0：成功 −1：出错

open和close使用实例:

```
/* open.c */
#include <unistd.h>
#include <sys/types.h>
#include <sys/stat.h>
#include <stdio.h>
#include <stdlib.h>
#include <fcntl.h>

int main(void)
{
    int fd;

    /* 首先打开文件 */
    fd = open("/tmp/hello", O_RDWR | O_CREAT|O_TRUNC, 0600);
    if(fd < 0)
    {
        printf("Open file error\n");
        exit(1);
    }
    else
    {
        printf("Open file:hello.c %d\n",fd);
    }
    if(close(fd)<0)
    {
        perror("close:");
        exit(1);
    }
    else
    {
        printf("Close hello.c\n");
    }
    exit(0);
}

User@virtual−machine$gcc open.c － o open
User@virtual−machine$./open
Open file:hello.c 3
Close hello.c
```

2. read、write和lseek函数

read函数是用于从指定的文件描述符中读出数据,当从终端设备文件中读出数据时,通常一次最多读一行。语法要点参考表6-3。

write函数是用于向打开的文件写数据,写操作从文件的当前位移量处开始。若磁盘已满或超出该文件的长度,则write函数返回失败。语法要点参考表6-4。

lseek函数是用于在指定的文件描述符中将文件指针定位到相应位置。语法要点参考表6-5。

表6-3 read函数的语法要点

所需头文件	#include<unistd.h>
函数原型	ssize_t read(int fd, void *buf,size_t count)
函数参数	fd 文件描述符
	buf 指定存储器独处数据的缓冲区
	count 指定读出的字节数
函数返回值	成功：读到的字节数 0：到达文件结尾 −1：出错，同时设置errno变量为错误代码

表6-4 write函数的语法要点

所需头文件	#include<unistd.h>
函数原型	ssize_t write(int fd,const void *buf, size_t count)
函数参数	fd 文件描述符
	buf 指定存储器独处数据的缓冲区
	count 指定写入的字节数
函数返回值	成功：已写的字节数 −1：出错，同时设置errno变量为错误代码

表6-5 lseek函数的语法要点

所需头文件	#include<unistd.h> #include<sys/types.h>	
函数原型	off_t lseek(int fd,off_t offset,int whence)	
函数参数	fd 文件描述符	
	offset 偏移量，每一读写操作所需要移动的距离，单位是字节的数量，可正可负（向前移，向后移）	
	Whence当前位置的基点	SEEK_SET：当前位置为文件开头，新位置为偏移量的大小
		SEEK_CUR：当前位置为文件指针位置，新位置为当前位置加上偏移量
		SEEK_END：当前位置为文件的结尾，新位置为文件的大小加上偏移量大小
函数返回值	成功：已写的字节数 −1：出错，同时设置errno变量为错误代码	

函数使用实例:

```
/* write.c */
#include <unistd.h>
#include <sys/types.h>
#include <sys/stat.h>
#include <stdio.h>
#include <stdlib.h>
#include <fcntl.h>
#include <string.h>

#define MAXSIZE
```

```
int main(void)
{
    int i,size,fd,len;
    char *buf="hello,I'm writting to this file!\r\n";
    char buf_r[10];
    len = strlen(buf);

    /* 首先调用open函数,并指定相应的权限 */
    fd = open("/tmp/hello.c",O_TRUNC| O_RDWR | O_CREAT, 0666);
    if(fd < 0)
    {
        perror("open:");
        exit(1);
    }
    else
        printf("Open file:hello.c %d\n",fd);

    if((size=write(fd,buf,len)<0))
    {
        perror("write:");
        exit(1);
    }
    else
        printf("Write:%s\n",buf);

    /*调用 lsseek 函数将文件指针移到文件起始，并读出文件中的 10 个字节*/
    lseek(fd,0,SEEK_SET );
    if((size=read( fd, buf_r, 10))<0)
    {
        perror("read:");
        exit(1);
    }
    else
        printf("read form file:%s\n",buf_r);

    if( close(fd) < 0 )
    {
        perror("close:");
        exit(1);
    }
    else
        printf("Close hello.c\n");
    exit(0);
}

User@virtual-machine:~$ gcc write.c  - o write
User@virtual-machine:~$ ./write
Open file:hello.c 3
Write:hello,I'm writting to this file!
read form file:hello,I'm
Close hello.c

User@virtual-machine:~$cat /tmp/hello.c
hello,I'm writting to this file!
```

3. fcntl函数

fcntl系统调用可以用来对已打开的文件描述符进行各种控制操作以改变已打开文件的各种属性。语法要点参考表6-6。

表6-6　fcntl函数的语法要点

所需头文件	#include<unistd.h> #include<sys/types.h> #include<fcntl.h>	
函数原型	int fcntl(int fd, int cmd, struct flock *lock)	
函数参数	fd 文件描述符	
	cmd	F_DUPFD：复制文件描述符
		F_GETFD：获得fd的close-on-exec标志，若标志未设置，则文件经过exec函数之后仍保持打开的状态
		F_GETFL：得到open设置的标志
		F_SETFL：改变open设置的标志
		F_GETFK：根据lock描述，决定是否上文件锁
		F_SETLKW：这是F_SETLK的阻塞版本（命令名中的W表示等待（wait）如果存在其他锁，则调用进程睡眠；如果捕捉到信号则睡眠中断）
		F_GETOWN：检索将收到SIGIO和SIGURG信号的进程号或进程组号
		F_SETOWN：设置进程号或进程组号
	Lock：结构为flock，设置记录锁的具体状态	
函数返回值	成功：0 -1：出错	

这里，lock的结构如下所示：

```
Struct flock{
    short       l_type;
    off_t       l_start;
    short       l_whence;
    off_t       l_len;
    pid_t       l_pid;
}
```

lock结构中每个变量的取值含义见表6-7。

表6-7　每个变量的取值含义

l_type	F_RDLCK：读取锁（共享锁）
	FWRLCK：写入锁（排斥）
	F_UNLCK：解锁
l_stat	相对位移量（字节）
l_whence：相对位移量的起点（同lseek的whence）。	SEEK_SET：当前位置为文件的开头，新位置为偏移量的大小
	SEEKCUR：当前位置为文件指针的位置，新位置为当前位置加上偏移量
	SEEK_END：当前位置为文件的结尾，新位置为文件的大小加上偏移量的大小
l_len	加锁区域的长度

fcntl使用实例：

```
/* lock_set.c */
int lock_set(int fd, int type)
{
    struct flock old_lock, lock;
    lock.l_whence = SEEK_SET;
    lock.l_start = 0;
    lock.l_len = 0;
    lock.l_type = type;
    lock.l_pid = -1;
```

```
        /* 判断文件是否可以上锁 */
        fcntl(fd, F_GETLK, &lock);
        if (lock.l_type != F_UNLCK)
        {
            /* 判断文件不能上锁的原因 */
            if (lock.l_type == F_RDLCK) /* 该文件已有读取锁 */
            {
                printf("Read lock already set by %d\n", lock.l_pid);
            }
            else if (lock.l_type == F_WRLCK) /* 该文件已有写入锁 */
            {
                printf("Write lock already set by %d\n", lock.l_pid);
            }
        }

        /* l_type 可能已被F_GETLK修改过 */
        lock.l_type = type;
        /* 根据不同的type值进行阻塞式上锁或解锁 */
        if ((fcntl(fd, F_SETLKW, &lock)) < 0)
        {
            printf("Lock failed:type = %d\n", lock.l_type);
            return 1;
        }

        switch(lock.l_type)
        {
            case F_RDLCK:
            {
                printf("Read lock set by %d\n", getpid());
            }
            break;
            case F_WRLCK:
            {
                printf("Write lock set by %d\n", getpid());
            }
            break;
            case F_UNLCK:
            {
                printf("Release lock by %d\n", getpid());
                return 1;
            }
            break;
            default:
            break;
        }/* end of switch */
        return 0;
}

/* write_lock.c */
#include <unistd.h>
#include <sys/file.h>
#include <sys/types.h>
#include <sys/stat.h>
#include <stdio.h>
#include <stdlib.h>
#include "lock_set.c"

int main(void)
{
        int fd;

        /* 首先打开文件 */
        fd = open("hello", O_RDWR | O_CREAT, 0644);
        if(fd < 0)
        {
            printf("Open file error\n");
```

```
            exit(1);
    }

    /* 给文件上写入锁 */
    lock_set(fd, F_WRLCK);
    getchar();
    /* 给文件解锁 */
    lock_set(fd, F_UNLCK);
    getchar();
    close(fd);
    return 0;
}
```

编译:

User@dmh–virtual–machine:~$ gcc write_lock.c –o write_lock

终端一:

User@dmh–virtual–machine:~$ sudo ./write_lock
Write lock set by 2146

终端二:

User@dmh–virtual–machine:~$ sudo ./write_lock
Write lock already set by 2146

由此可见，写入锁为互斥锁，一个时刻只能有一个写入锁存在。

接下来的程序是测试文件的读取锁，原理同上面的程序一样。

```
/* fcntl_read.c */
#include <unistd.h>
#include <sys/file.h>
#include <sys/types.h>
#include <sys/stat.h>
#include <stdio.h>
#include <stdlib.h>
#include "lock_set.c"

int main(void)
{
    int fd;

    /* 首先打开文件 */
    fd = open("hello", O_RDWR | O_CREAT, 0644);
    if(fd < 0)
    {
        printf("Open file error\n");
        exit(1);
    }

    /* 给文件上读取锁 */
    lock_set(fd, F_RDLCK);
    getchar();
    /* 给文件解锁 */
    lock_set(fd, F_UNLCK);
    getchar();
    close(fd);
    return 0;
}
```

编译:

User@dmh–virtual–machine:~$gcc fcntl_read.c –o fcntl_read

开两个终端，首先启动终端一上的程序，其运行结果如下:

终端一:

User@dmh–virtual–machine:~$ ./fcntl_read

任务三　Linux串口应用编程

一、认识串口

用户常见的数据通信的基本方式可分为并行通信与串行通信两种。

● 并行通信是指利用多条数据传输线将一个资料的各数据位同时传送。它的特点是传输速度快，适用于短距离通信，但要求传输速度较高的场合。

● 串行通信是指利用一条传输线将资料一位一位地顺序传送。特点是通信线路简单，利用简单的线缆就可实现通信，可降低成本，适用于远距离通信，但对传输速度要求不高的场合。

串口是计算机常用的接口，常用的串口有RS-232-C接口。它是1970年由美国电子工业协会（EIA）联合贝尔系统、调制解调器厂家及计算机终端生产厂家共同制定的用于串行通信的标准，它的全称是"数据终端设备（DTE）和数据通信设备（DCE）之间串行二进制数据交换接口技术标准"。该标准规定采用一个DB25芯引脚的连接器或9芯引脚的连接器。

S3C2451X内部具有两个独立的UART控制器，每个控制器都可以工作在Interrupt（中断）模式或者DMA（直接内存访问）模式。同时，每个UART均具有16字节的FIFO（先入先出寄存器），支持的最高波特率可达到230.4Kbit/s。UART的操作主要可分为以下几个部分：资料发送、资料接收、产生中断、产生波特率、Loopback模式、红外模式以及自动流控模式。

串口参数的配置内容大家在配置超级终端和minicom时也已经接触过，一般包括波特率、起始位数量、数据位数量、停止位数量和流控协议。在此，可以将其配置为波特率115 200、起始位1b、数据位8b、停止位1b和无流控协议。

在Linux中，所有的设备文件一般都位于"/dev"下，其中串口一、串口二对应的设备名依次为"/dev/ttyS0""/dev/ttyS1"，可以查看在"/dev"下的文件以确认。在本单元中已经提到过，在Linux下对设备的操作方法与对文件的操作方法是一样的，因此，对串口的读写就可以使用简单的"read"、"write"函数来完成，所不同的是只是需要对串口的其他参数另做配置。下面就来详细讲解串口应用开发的步骤。

二、串口设置详解

串口设置中最基本的包括波特率设置，校验位和停止位设置。串口的设置主要是设置struct termios结构体的各成员值，如下所示：

```
# include<termios.h>
struct termio{
    unsigned short c_iflag; /* 输入模式标志*/
    unsigned short c_oflag; /* 输出模式标志*/
    unsigned short c_cflag; /* 控制模式标志*/
    unsigned short c_lflag; /*本地模式标志*/
    unsigned char c_line; /* line discipline */
    unsigned char c_cc[NCC]; /* control characters */
};
```

在这个结构体中最重要的是c_cflag，通过对它赋值，用户可以设置波特率、字符大小、数据位、停止位、奇偶校验位和硬件流控等。另外c_iflag和c_cc也是比较常用的标志。在此主要对这3个成员进行详细说明。

c_cflag支持的常量名称见表6-8。设置波特率要在相应的波特率前加上"B"。由于数值较多，本表没有全部列出。

表 6-8　c_cflag支持的常量名称

CBAUD	波特率的位掩码
B0	0波特率（放弃DTR）
B1800	1 800波特率
B2400	2 400波特率
B4800	4 800波特率
B9600	9 600波特率
B19200	19 200波特率
B38400	38 400波特率
B57600	57 600波特率
B115200	115 200波特率
EXTA	外部时钟率
EXTB	外部时钟率
CSIZE	数据位的位掩码
CS5	5个数据位
CS6	6个数据位
CS7	7个数据位
CS8	8个数据位
CSTOPB	2个停止位（不设则是1个停止位）
CREAD	接收使能
PARENB	校验位使能
PARODD	使用奇校验而不使用偶校验
HUPCL	最后关闭时挂线（放弃DTR）
CLOCAL	本地连接（不改变端口所有者）
LOBLK	块作业控制输出
CNET_CTSRTS	硬件流控制使能

在这里，对于c_cflag成员不能直接对其初始化，而要将其通过"与""或"操作使用其中的某些选项。

输入模式c_iflag成员控制端口接收端的字符输入处理。c_iflag支持的变量名称，见表6-9。

表6-9　c_iflag支持的常量名称

INPCK	奇偶校验使能
IGNPAR	忽略奇偶校验错误
PARMRK	奇偶校验错误掩码
ISTRIP	除去奇偶校验位
IXON	启动出口硬件流控
IXOFF	启动入口软件流控
IXANY	允许字符重新启动流控
IGNBRK	忽略中断情况
BRKINT	当发生中断时发送SIGINT信号
INLCR	将NL映射到CR
IGNCR	忽略CR
ICRNL	将CR映射到NL
IUCLC	将高位情况映射到低位情况
IMAXBEL	当输入太长时回复ECHO

c_cc包含了超时参数和控制字符的定义。c_cc所支持的常用变量名称见表6-10。

表6-10　c_cc支持的常量名称

VINTR	中断控制，对应快捷键为<Ctrl+C>
VQUIT	退出操作，对应快捷键为<Ctrl+Z>
VERASE	删除操作，对应快捷键为<Backspace>（BS）
VKILL	删除行，对应快捷键为<Ctrl>+U
VEOF	位于文件结尾，对应快捷键为<CTRL+D>
VEOL	位于行尾，对应键为Carriage return（CR）
VEOL2	位于第二行尾，对应键为Line feed（LF）
VMIN	指定了最少读取的字符数
VTIME	指定了读取每个字符的等待时间

下面就详细讲解设置串口属性的基本流程。

1. 保存原来的串口配置

首先，为了安全起见和以后调试程序方便，可以先保存原来的串口配置，在这里可以使用函数tcgetattr（fd，&oldtio）。该函数得到与fd指向对象的相关参数，并将它们保存于oldtio引用的termios结构中。该函数还可以测试配置是否正确、该串口是否可用等。若调用成功，则函数返回值为0，若调用失败，则函数返回值为1，其使用方法如下：

```
if ( tcgetattr( fd,&oldtio) != 0) {
    perror( "SetupSerial 1" );
    return −1;
}
```

2. 激活选项有CLOCAL和CREAD

CLOCAL和CREAD分别用于本地连接和接受使能，因此，首先要通过位掩码的方式激活这两个选项。

```
newtio.c_cflag |= CLOCAL | CREAD;
```

3. 设置波特率

设置波特率有专门的函数,用户不能直接通过位掩码来操作。设置波特率的主要函数有cfsetispeed和cfsetospeed。这两个函数的使用方法很简单,如下所示:

```
cfsetispeed (&newtio, B115200);
cfsetospeed (&newtio, B115200);
```

一般情况下用户需将输入输出函数的波特率设置成一样的。这几个函数在成功时返回0,失败时返回1。

4. 设置字符大小

与设置波特率不同,设置字符大小并没有现成可用的函数,需要用位掩码。一般首先去除数据位中的位掩码,再重新按要求设置。如下:

```
options.c_cflag &= ~CSIZE;/* mask the character size bits */
options.c_cflag |= CS8;
```

5. 设置奇偶校验位

设置奇偶校验位需要用到两个termio中的成员:c_cflag和c_iflag。首先要激活c_cflag中的校验位使能标志PARENB和是否要进行偶校验,同时还要激活c_iflag中的奇偶校验使能。使能奇校验的代码如下:

```
newtio.c_cflag |= PARENB;
newtio.c_cflag |= PARODD;
newtio.c_iflag |= (INPCK | ISTRIP);
```

使能偶校验的代码如下:

```
newtio.c_iflag |= (INPCK | ISTRIP);
newtio.c_cflag |= PARENB;
newtio.c_cflag &= ~PARODD;
```

6. 设置停止位

设置停止位是通过激活c_cflag中的CSTOPB而实现的。若停止位为1,则清除CSTOPB,若停止位为0,则激活CSTOPB。下面是停止位为1时的代码:

```
newtio.c_cflag &= ~CSTOPB;
```

7. 设置最少字符和等待时间

在对接收字符和等待时间没有特别要求的情况下,可以将其设置为0,如下:

```
newtio.c_cc[VTIME] = 0;
newtio.c_cc[VMIN] = 0;
```

8. 处理要写入的引用对象

由于串口在重新设置之后,在此之前要写入的引用对象要重新处理,这时就可调用函数tcflush(fd,queue_selector)来处理要写入引用的对象。对于尚未传输的数据或者是收到的但是尚未读取的数据,其处理方法取决于queue_selector的值。

这里,queue_selector可能的取值有以下3种:

1)TCIFLUSH:刷新收到的数据但是不读。

2)TCOFLUSH:刷新写入的数据但是不传送。

3）TCIOFLUSH：同时刷新收到的数据但是不读，并且刷新写入的数据但是不传送。

如在本例中所采用的是第一种方法：

```
tcflush(fd,TCIFLUSH);
```

9. 激活配置

在完成全部串口配置之后，要激活刚才的配置并使配置生效。这里用到的函数是tcsetattr，它的函数原型是：

```
tcsetattr(fd,OPTION,&newtio);
```

这里的newtio就是termios类型的变量，OPTION可能的取值有以下3种：

1）TCSANOW：改变的配置立即生效。

2）TCSADRAIN：改变的配置在所有写入fd的输出都结束后生效。

3）TCSAFLUSH：改变的配置在所有写入fd引用对象的输出都被结束后生效，所有已接受但未读入的输入都在改变发生前丢弃。

该函数若调用成功则返回0，若失败则返回1。如下：

```
if((tcsetattr(fd,TCSANOW,&newtio))!=0)
{
    perror("com set error");
    return −1;
}
```

下面给出了串口配置的完整函数。为了函数的通用性，通常将常用的选项都在函数中列出，这样可以大大方便以后用户的调试使用。该设置函数如下：

```
int set_opt(int fd,int nSpeed, int nBits, char nEvent, int nStop)
{
    struct termios newtio,oldtio;
    /*保存测试现有串口参数设置，在这里如果串口号等出错，则会有相关的出错信息*/
    if ( tcgetattr( fd,&oldtio) != 0) {
        perror("SetupSerial 1");
        return −1;
    }
    bzero( &newtio, sizeof( newtio ) );
    /*步骤一，设置字符大小*/
    newtio.c_cflag |= CLOCAL | CREAD;
    newtio.c_cflag &= ~CSIZE;
    /*设置停止位*/
    switch( nBits )
    {
        case 7:
            newtio.c_cflag |= CS7;
            break;
        case 8:
            newtio.c_cflag |= CS8;
            break;
    }
    /*设置奇偶校验位*/
    switch( nEvent )
    {
    case 'O': //奇数
        newtio.c_cflag |= PARENB;
        newtio.c_cflag |= PARODD;
        newtio.c_iflag |= (INPCK | ISTRIP);
        break;
    case 'E': //偶数
        newtio.c_iflag |= (INPCK | ISTRIP);
        newtio.c_cflag |= PARENB;
```

```
                newtio.c_cflag &= ~PARODD;
                break;
        case 'N': //无奇偶校验位
                newtio.c_cflag &= ~PARENB;
                break;
        }
        /*设置波特率*/
        switch( nSpeed )
        {
        case 2400:
                cfsetispeed(&newtio, B2400);
                cfsetospeed(&newtio, B2400);
                break;
        case 4800:
                cfsetispeed(&newtio, B4800);
                cfsetospeed(&newtio, B4800);
                break;
        case 9600:
                cfsetispeed(&newtio, B9600);
                cfsetospeed(&newtio, B9600);
                break;
        case 115200:
                cfsetispeed(&newtio, B115200);
                cfsetospeed(&newtio, B115200);
                break;
        case 460800:
                cfsetispeed (&newtio, B460800);
                cfsetospeed(&newtio, B460800);
                break;
        default:
                cfsetispeed(&newtio, B9600);
                cfsetospeed(&newtio, B9600);
                break;
        }
        /*设置停止位*/
        if( nStop == 1 )
                newtio.c_cflag &= ~CSTOPB;
        else if ( nStop == 2 )
                newtio.c_cflag |= CSTOPB;
        /*设置等待时间和最小接收字符*/
        newtio.c_cc[VTIME] = 0;
        newtio.c_cc[VMIN] = 0;
        /*处理未接收字符*/
        tcflush(fd,TCIFLUSH);
        /*激活新配置*/
        if((tcsetattr(fd,TCSANOW,&newtio))!=0)
        {
                perror("com set error");
                return −1;
        }
        printf("set done!\n");
        return 0;
}
```

三、串口使用详解

在配置完串口的相关属性后，就可以对串口进行打开、读写操作了。它所使用的函数和普通文件读写的函数一样，都是open、write和read。它们的区别在于串口是一个终端设备，因此在函数具体参数的选择上会有一些区别。另外，这里会用到一些附加的函数，用于测试终端设备的连接情况等。下面将对其进行具体讲解。

1. 打开串口

打开串口和打开普通文件一样，使用的函数同打开普通文件一样，都是open函数。如下：

```
fd = open( "/dev/ttyS0", O_RDWR|O_NOCTTY|O_NDELAY);
```

可以看到，这里除了普通的读写参数外，还有两个参数O_NOCTTY 和O_NDELAY。

O_NOCTTY标志用于通知Linux系统，这个程序不会成为对应这个端口的控制终端。如果没有指定这个标志，那么任何一个输入（诸如键盘中止信号等）都将会影响用户的进程。O_NDELAY标志通知Linux系统，这个程序不关心DCD信号线所处的状态（端口的另一端是否激活或者停止）。如果用户指定了这个标志，则进程将会一直处在睡眠状态，直到DCD信号线被激活。

接下来可恢复串口的状态为阻塞状态，用于等待串口数据的读入。可用fcntl函数实现，如下：

```
fcntl(fd, F_SETFL, 0);
```

接着可以测试打开文件描述符是否引用一个终端设备，以进一步确认串口是否正确打开，如下：

```
isatty(STDIN_FILENO);
```

该函数调用成功则返回0，若失败则返回-1。

这时，一个串口就已经成功打开了。接下来就可以对这个串口进行读、写操作。下面给出了一个完整的打开串口的函数，同样考虑到了各种不同的情况。程序如下：

```
/*打开串口函数*/
int open_port(int com_port)
{
    int fd;
#if (COM_TYPE == GNR_COM) /* 使用普通串口 */
    char *dev[] = {"/dev/ttyS0", "/dev/ttyS1", "/dev/ttyS2"};
#else /* 使用USB转串口 */
    char *dev[] = {"/dev/ttyUSB0", "/dev/ttyUSB1", "/dev/ttyUSB2"};
#endif
    if ((com_port < 0) || (com_port > MAX_COM_NUM))
    {
        return −1;
    }
    /* 打开串口 */
    fd = open(dev[com_port − 1], O_RDWR|O_NOCTTY|O_NDELAY);
    if (fd < 0)
    {
        perror("open serial port");

        return(−1);

    }

    if (fcntl(fd, F_SETFL, 0) < 0) /*恢复串口为阻塞状态*/
    {
        perror("fcntl F_SETFL\n");
    }

    if (isatty(fd) == 0) /*测试打开的文件是否为终端设备*/
    {
        perror("This is not a terminal device");
    }
    return fd;
}
```

2. 读写串口

读写串口操作和读写普通文件一样，使用read、write函数即可，如下：

```
write(fd,buff,8);
read(fd,buff,8);
```

下面两个实例给出了串口读和写的两个程序的main函数部分，这里用到的函数有前面讲述到的open_port和set_opt函数。

```
/*写串口程序*/
#include <stdio.h>
#include <string.h>
#include <sys/types.h>
#include <errno.h>
#include <sys/stat.h>
#include <fcntl.h>
#include <unistd.h>
#include <termios.h>
#include <stdlib.h>
/*读串口程序*/
int main(void)
{
    int fd;
    int nread,i;
    char buff[]="Hello\n";
    if((fd=open_port(fd,1))<0){//打开串口
            perror("open_port error");
            return;
    }
    if((i=set_opt(fd,115200,8,'N',1))<0){//设置串口
            perror("set_opt error");
            return;
    }
    printf("fd=%d\n",fd);
    fd=3;
    nread=read(fd,buff,8);//读串口
    printf("nread=%d,%s\n",nread,buff);
    close(fd);
    return;
}
```

可以将该程序在宿主机上运行，然后用串口线将目标板和宿主机连接起来，之后将目标板上电，这样就可以看到宿主机上有目标板的串口输出。

```
[root@localhost file]# ./receive
fcntl=0
isatty success!
fd-open=3
set done
fd=3
nread=8,…
```

另外，还可以考虑一下如何使用select函数实现串口的非阻塞读写，具体实例会在后面的实验中给出。

任务四　　标准I/O开发

前面所述的文件及I/O读写都是基于文件描述符的。这些都是基本的I/O控制，是不带缓

存的。而本任务所要讨论的I/O操作都是基于流缓冲的，它是符合ANSI C的标准I/O处理，这里有很多函数读者已经非常熟悉了（如printf、scantf函数等），因此本任务仅简要介绍最主要的函数。

标准I/O提供流缓冲的目的是尽可能减少使用read和write调用的数量。标准I/O提供了3种类型的缓冲存储。

全缓冲：在这种情况下，当填满标准I/O缓存后才进行实际I/O操作。对于驻在磁盘上的文件通常是由标准I/O库实施全缓冲的。在一个流上执行第一次I/O操作时，通常调用malloc就是使用全缓冲。

行缓冲：在这种情况下，当在输入和输出中遇到新行符时，标准I/O库执行I/O操作。这允许用户一次输出一个字符（如fputc函数），但只有写了一行之后才进行实际I/O操作。当流涉及一个终端时（例如，标准输入和标准输出），使用行缓冲。

不带缓冲：标准I/O库不对字符进行缓冲。如果用标准I/O函数写若干字符到不带缓冲的流中，则相当于用write系统函数将这些字符写入打开的文件上。标准出错stderr通常不带缓存，这就使得出错信息可以尽快显示出来，而不管它们是否含有一个新行字符。

在下面讨论具体函数时，请读者注意区分这3种不同的情况。

一、打开和关闭文件

1. 打开文件

（1）函数说明

打开文件有3个标准函数，分别为fopen、fdopen和freopen。它们可以以不同的模式打开，但都返回一个指向FILE的指针，该指针将对应的I/O流相绑定，此后，对文件的读写都是通过这个FILE指针来进行。其中fopen可以指定打开文件的路径和模式，fdopen可以指定打开的文件描述符和模式，而freopen除了可以指定打开的文件、模式外，还可以指定特定的I/O流。

（2）函数格式定义

fopen函数格式见表6-11。

表6-11 fopen函数语法要点

所需头文件	#include <stdio.h>
函数原型	FILE * fopen(const char * path,const char * mode)
函数传入值	path：包含要打开的文件路径及文件名
	mode：文件打开状态（后面会具体说明）
函数返回值	成功：指向FILE的指针 失败：NULL

freopen函数格式见表6-12。

表6-12 freopen函数的语法要点

所需头文件	#include <stdio.h>
函数原型	FILE * freopen(const char *path,const char * mode,FILE * stream)
函数传入值	path：包含要打开的文件路径及文件名
	mode：文件打开状态（后面会具体说明）
	stream：已打开的文件指针
函数返回值	成功：指向FILE的指针
	失败：NULL

2. 关闭文件

（1）函数说明

关闭标准流文件的函数为fclose，这时缓冲区内的数据写入文件中，并释放系统所提供的文件资源。

（2）函数格式说明

fclose函数格式见表6-13。

表6-13 fclose函数的语法要点

所需头文件	#include <stdio.h>
函数原型	int fclose(FILE * stream)
函数传入值	stream：已打开的文件指针
函数返回值	成功：0
	失败：EOF

3. 使用实例

文件打开关闭的操作都比较简单，这里仅以fopen和fclose为例，代码如下：

```
/*fopen.c*/
#include <stdio.h>
main()
{
    FILE *fp;
    int c;
    /*调用fopen函数*/
    if((fp=fopen("exist","w"))!=NULL){
        printf("open success!");
    }
    fclose(fp);
}
```

大家可以尝试用其他文件打开函数进行练习。

二、文件读写

1. 读文件

（1）fread函数说明

在文件流打开之后，可对文件流进行读写等操作，其中读操作的函数为fread。

（2）fread函数格式

fread函数格式见表6-14。

表6-14　fread函数语法要点

所需头文件	#include <stdio.h>
函数原型	size_t fread(void * ptr,size_t size,size_t nmemb,FILE * stream)
函数传入值	ptr：存放读入记录的缓冲区
	size：读取的记录大小
	nmemb：读取的记录数
	stream：要读取的文件流
函数返回值	成功：返回实际读取到的nmemb数目 失败：EOF

2. 写文件

（1）fwrite函数说明

fwrite函数是用于对指定的文件流进行写操作。

（2）fwrite函数格式

fwrite函数格式见表6-15。

表6-15　fwrite函数语法要点

所需头文件	#include <stdio.h>
函数原型	size_t fwrite(const void * ptr,size_t size,size_t nmemb,FILE * stream)
函数传入值	ptr：存放写入记录的缓冲区
	size：写入的记录大小
	nmemb：写入的记录数
	stream：要写入的文件流
函数返回值	成功：返回实际写入的nmemb数目 失败：EOF

这里仅以fwrite为例简单说明：

```
/*fwrite.c*/
#include <stdio.h>
int main()
{
    FILE *stream;
    char s[3]={'a','b','c'};
    int I,nmemb=3;
    /*首先使用fopen打开文件，之后再调用fwrite写入文件*/
    stream=fopen("what","w");
    i=fwrite(s,sizeof(char),nmemb,stream);
    printf("i=%d\n",i);
    fclose(stream);
}
```

运行结果如下：

```
[root@localhost file]# ./write
i=3
[root@localhost file]# cat what
Abc
```

三、输入输出

文件打开之后，根据一次读写文件中字符的数目可分为字符输入输出、行输入输出和格式化输入输出。下面分别对这3种不同的方式进行讨论。

1. 字符输入输出

字符输入输出函数一次仅读写一个字符。其中字符输入输出函数见表6-16和表6-17。

表6-16 字符输出函数语法要点

所需头文件	#include <stdio.h>
函数原型	int getc(FILE * stream) int fgetc(FILE * stream) int getchar(void)
函数传入值	stream：要输入的文件流
函数返回值	成功：下一个字符 失败：EOF

表6-17 字符输入函数语法要点

所需头文件	#include <stdio.h>
函数原型	int putc(int c,FILE * stream) int fputc(int c,FILE * stream) int putchar(int c)
函数返回值	成功：字符c 失败：EOF

这几个函数功能类似，其区别仅在于getc和putc通常被实现为宏，而fgetc和fputc不能实现为宏，因此，函数的实现时间会有所差别。

下面这个实例结合fputc和fgetc，将标准输入复制到标准输出中。

```
/*fput.c*/
#include<stdio.h>
main()
{
    int c;
    /*把fgetc的结果作为fputc的输入*/
    fputc(fgetc(stdin),stdout);
}
```

运行结果如下：

```
[root@localhost file]# ./file
w（用户输入）
w（屏幕输出）
```

2. 行输入输出

行输入输出函数一次操作一行，见表6-18和表6-19。

表6-18 行输出函数语法要点

所需头文件	#include <stdio.h>
函数原型	char * gets(char *s) char fgets(char * s,int size,FILE * stream)
函数传入值	s：要输入的字符串 size：输入的字符串长度 stream：对应的文件流
函数返回值	成功：s 失败：NULL

表6-19　行输入函数语法要点

所需头文件	#include <stdio.h>
函数原型	int puts(const char *s) int fputs(const char * s,FILE * stream)
函数传入值	s：要输出的字符串 stream：对应的文件流
函数返回值	成功：s 失败：NULL

这里以gets和puts为例进行说明，本实例将标准输入复制到标准输出，如下：

```
/*gets.c*/
#include<stdio.h>
main()
{
    char s[80];
    /*同上例，把fgets的结果作为fputs的输入*/
    fputs(fgets(s,80,stdin),stdout);
}
```

运行该程序，结果如下：

```
[root@www yul]# ./file2
This is stdin（用户输入）
This is stdin（屏幕输出）
```

3. 格式化输入输出

格式化输入输出函数可以指定输入输出的具体格式，有大家已经非常熟悉的printf、scanf等函数，这里就简要介绍一下它们的格式，见表6-20～表6-22所示。

表6-20　格式化输出函数1

所需头文件	#include <stdio.h>
函数原型	int printf(const char *format,…) int fprintf(FILE *fp,const char *format,…) int sprintf(char *buf,const char *format,…)
函数传入值	format：记录输出格式 fp：文件描述符 buf：记录输出缓冲区
函数返回值	成功：输出字符数（sprintf返回存入数组中的字符数） 失败：NULL

表6-21　格式化输出函数2

所需头文件	#include <stdarg.h> #include <stdio.h>
函数原型	int vprintf(const char *format,va_list arg) int vfprintf(FILE *fp,const char *format,va_list arg) int vsprintf(char *buf,const char *format,va_list arg)
函数传入值	format：记录输出格式 fp：文件描述符 arg：相关命令参数
函数返回值	成功：存入数组的字符数 失败：NULL

表6-22 格式化输入函数

所需头文件	#include <stdio.h>
函数原型	int scanf(const char *format,…) int fscanf(FILE *fp,const char *format,…) int sscanf(char *buf,const char *format,…)
函数传入值	format：记录输出格式 fp：文件描述符 buf：记录输入缓冲区
函数返回值	成功：输出字符数（sprintf返回存入数组中的字符数） 失败：NULL

由于本任务的函数用法比较简单，并且比较常用，因此就不再举例了，请读者需要用到时自行查找其用法。

第七单元

进程控制开发

- ➤ 掌握Linux中进程的相关概念
- ➤ 掌握GDB调试器的使用方法
- ➤ 掌握Linux下的进程结构
- ➤ 掌握Linux下创建进程的系统调用方法

单元简介

　　本单元主要介绍了Linux中的进程控制开发，包含进程的创建、进程的结构、进程的管理、进程创建的系统调用。通过对本单元的学习，为后续程序开发打下基础。

任务一　Linux系统进程概述

一、认识进程

1. 进程的定义

进程是操作系统理论的核心与基础，操作系统中的许多概念都和进程相关。

进程的定义较多，现列举较为著名的几种。

● 进程是一个独立的可调度的活动。

● 进程是一个抽象实体，当它执行某个任务时，要分配和释放各种资源。

● 进程是可以并行执行的计算单位。

● 进程是一个具有一定独立功能的程序关于某个数据集合的一次运行活动。

● 进程是一个程序的一次执行过程，同时也是资源分配的最小单元。

进程和程序是有本质区别的：程序是静态的，它是一些保存在磁盘上的指令的有序集合，没有任何执行的概念；而进程是一个动态的概念，它是程序执行的过程，包括了动态创建、调度和消亡的整个过程；它是程序执行和资源管理的最小单位。

2. 进程分类

Linux操作系统包括三种不同类型的用户进程，每种类型的进程都有自己的特点和属性。

1）交互进程——由Shell启动的进程。交互进程既可以在前台运行，也可以在后台运行。

2）批处理进程——这种进程和终端没有联系，它是被提交到一个队列中的进程序列。

3）守护进程——又称监控进程，也就是通常说的Daemon进程，是Linux中的后台服务进程。它是一个生存期较长的进程，通常独立于控制终端并且周期性地执行某种任务或等待处理某些发生的事件。守护进程常常在系统引导装入时启动，在系统关闭时终止。

3. 进程控制块

Linux系统通过进程控制块来描述一个进程。进程控制块包含了进程的状态信息、控制信息以及资源信息等。进程控制块是进程存在的标志，每一个进程都有一个进程控制块，Linux中用数据结构task_struct表示，并将指向每个进程控制块的指针保存在数组task中。task_struct 结构中包含了许多字段，按照字段功能，可分成如下几类。

1）标识号。每个进程都有一个进程标识号（PID）和一个父进程标识号（PPID），其中PID唯一标识一个进程。另外，一个进程还有自己的用户标识号（UID）和组标识号（GID），系统通过这两个标识号判断进程对文件或设备的访问权。

2）状态信息。一个Linux进程可有如下几种状态：运行、等待、停止和僵死。

3）调度信息。调度器根据这些信息判定系统中哪个进程最迫切需要运行。

4）有关进程间通信的信息。系统利用这一信息实现进程间的通信。

5）进程与其他进程之间的关系：在Linux系统中，除根进程之外，任何一个进程都具有父进程也可能有兄弟进程或子进程。所以每个进程的PCB中包含了进程的父进程指针、和该进程具有相同父进程的兄弟进程指针以及进程的子进程指针。另外，Linux还利用一个双向链表记录系统中所有的进程，这个双向链表的根就是init进程。利用这个链表中的信息，内核可以很容易地找到某个进程。

6）时间和定时器信息。系统在这些字段中保存进程的建立时间以及在其生命周期中所花费的CPU时间。Linux也支持和进程相关的定时器，应用程序可通过系统调用建立定时器，当定时器到期时，操作系统会向该进程发送sigalrm信号。

7）文件系统信息。这类字段记录进程所打开的文件描述符信息。另外，还包含指向虚拟文件系统（Virtual File Systems，VFS）两个索引节点的指针，这两个索引节点分别是进程的主目录以及进程的当前目录。索引节点中有一个引用计数器，当有新的进程指向某个索引节点时，该索引节点的引用计数器会增加。未被引用的索引节点的引用计数为0，因此，当包含在某个目录中的文件正在运行时，就无法删除这一目录，因为这一目录的引用计数大于0。

8）虚拟内存与物理内存相关信息：每个进程均有自己的内存空间，为了让Linux内核随时了解和控制进程的内存空间，PCB中必须保存进程内存空间的相关信息。

9）和进程相关的上下文信息。进程上下文是用来保存进程相关的系统状态的字段。当调度程序将某个进程从运行状态切换到暂停状态时，会在上下文中保存当前的进程运行环境，包括CPU所有寄存器的值、进程的状态以及堆栈信息；当调度程序再次选择该进程运行时，会从进程上下文信息中恢复进程的运行环境。

4. 进程标识符

在Linux中最主要的进程标识：进程号（PID，Process Idenity Number）、父进程号（PPID，parent process ID）。

其中PID唯一地标识一个进程，内核通过这个标识符来识别不同的进程，用户程序通过PID对进程发号施令。PID和PPID都是32位的无符号整数。进程标识还有用户和用户组标识、进程时间、资源利用情况等。在Linux中获得当前进程的PID和PPID的系统调用函数为getpid()和getppid()。

```c
/* process.c */
#include<stdio.h>
#include<unistd.h>
#include<stdlib.h>

int main()
{
    /*获得当前进程ID和父进程ID*/
    printf("The PID of this process is %d \n",getpid());
    printf("The PPID of this process is %d \n",getppid());
    return 0;
}
```

编译:

```
[User@localhost process] $gcc process.c – o process
```

运行:

```
[User@localhost process]$ ./process
```

The PID of this process is 78
THe PPID of this process is 36

5. 进程运行的状态

进程是程序的执行过程，根据它的生命周期可以划分为5种状态（前3种为基本状态）。

执行态：该进程正在运行，即进程正在占用CPU。

就绪态：进程已经具备执行的一切条件，正在等待分配CPU的处理时间片。

等待态：进程正在等待某个事件或某个资源。等待态又分为可中断等待和不可中断等待两种。可中断的等待进程可被信号中断，而不可中断的等待进程不能被信号中断。

停止状态：当进程收到一个SIGSTOP信号后，便由运行态进入停止状态，当收到SIGCONT信号时又会恢复运行态，该状态主要用于调试。

僵死状态（终止状态）：进程已终止，但其task_struct结构仍在内存中。顾名思义，处于这种状态的进程实际是死进程。

进程运行的状态如图7-1所示。

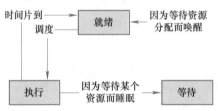

图7-1　进程的3种基本状态及其转换

二、Linux下进程的结构

Linux系统是一个多进程的系统，它的进程之间具有并行性、互不干扰等特点。也就是说，进程之间是分离的任务，拥有各自的权利和责任。其中，每一个进程都运行在各自独立的虚拟地址空间中，因此，即使一个进程发生异常，也不会影响到系统中的其他进程。

Linux中的进程包含3个段，分别为"数据段""代码段"和"堆栈段"，如图7-2所示。

"数据段"存放的是全局变量、常数以及动态数据分配的数据空间（如malloc函数取得的空间）等。

"代码段"存放的是程序代码的数据。

"堆栈段"存放的是子程序的返回地址、子程序的参数以及程序的局部变量。

代码段	数据段	堆栈段

图7-2　Linux中进程的结构

三、Linux中进程的运行模式

在Linux系统中，进程的执行模式划分为用户模式和内核模式。如果当前运行的是用户程序、应用程序或者内核之外的系统程序，那么对应进程就在用户模式下运行；如果在用户程执行过程中出现系统调用或者发生中断事件，那么就要运行操作系统（即核心）程序，进程模式就变成内核模式。在内核模式下运行的进程可以执行机器的特权指令，而且此时该进程的运行不受用户的干扰，即使是root用户也不能干扰内核模式下进程的运行。图7-3表明了用户进程的两种运行模式。

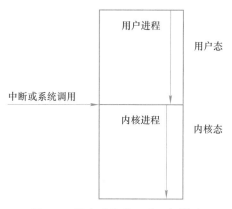

图7-3　用户进程的两种运行模式

任务二　　Linux进程控制编程

一、进程创建

1. fork()

在Linux中创建一个新进程的唯一方法是使用fork函数。fork函数是Linux中的一个非常重要的函数，和读者以往遇到的函数也有很大的区别，它执行一次却返回两个值。希望读者能认真地学习这一部分的内容。

（1）fork函数说明

fork函数用于从已存在进程中创建一个新进程。新进程称为子进程，而原进程称为父进程。这两个分别带回它们各自的返回值，其中父进程的返回值是子进程的进程号，而子进程则返回0。因此，可以通过返回值来判定该进程是父进程还是子进程。使用fork函数得到的子进程是父进程的一个复制品，它从父进程处继承了整个进程的地址空间，包括进程上下文、进程堆栈、内存信息、打开的文件描述符、信号控制设定、进程优先级、进程组号、当前工作目录、根目录、资源限制、控制终端等，而子进程所独有的只有它的进程号、资源使用和计时器等。因此，可以看出使用fork函数的代价是很大的，它复制了父进程中的代码段、数据段和堆栈段里的大部分内容，使得fork函数的执行速度并不快。

（2）fork函数语法

表7-1列出了fork函数的语法要点。

表7-1　fork函数的语法要点

所需头文件	#include <sys/types.h> // 提供类型pid_t 的定义#include <unistd.h>
函数原型	pid_t fork(void)
函数返回值	0:子进程
	子进程ID（大于0的整数):父进程
	−1：出错

（3）fork函数使用实例

```c
/*fork.c*/
#include <sys/types.h>
#include <unistd.h>
#include <stdio.h>
#include <stdlib.h>
int main(void)
{
    pid_t result;
    /*调用fork函数，其返回值为result*/
    result = fork();
    /*通过result的值来判断fork函数的返回情况，首先进行出错处理*/
    if(result == ~1){
        perror("fork");
        exit;
    }
    /*返回值为0代表子进程*/
    else if(result == 0){
        printf("The return value is %d\nIn child process!!\nMy PID is %d\n",result,getpid());
    }
    /*返回值大于0代表父进程*/
    else
    {
        printf("The return value is %d\nIn father process!!\nMy PID is %d\n",result,getpid());
    }
}
[User@localhost process]$ gcc fork.c – o fork
```

运行结果如下:

```
The return valud s 76
In father process!!
My PID is 75
The return value is :0
In child process!!
My PID is 76
```

从该实例中可以看出，使用fork函数新建了一个子进程，其中的父进程返回子进程的PID，而子进程的返回值为0。

（4）函数使用注意点

fork函数使用一次就创建一个进程，所以如果把fork函数放在了if else判断语句中则要小心，不能多次使用fork函数。

2．exec函数族

（1）exec函数族说明

fork函数是用于创建一个子进程，该子进程几乎复制了父进程的全部内容。但是，这个新创建的进程如何执行呢？这个exec函数族就提供了一个在进程中启动另一个程序执行的方法。

它可以根据指定的文件名或目录名找到可执行文件，并用它来取代原调用进程的数据段、代码段和堆栈段，在执行完之后，原调用进程的内容除了进程号外，其他全部被新的进程替换了。另外，这里的可执行文件既可以是二进制文件，也可以是Linux下任何可执行的脚本文件。

在Linux中使用exec函数族主要有两种情况：

当进程认为自己不能再为系统和用户作出任何贡献时，就可以调用任何exec函数族让自己重生。

如果一个进程想执行另一个程序，那么它就可以调用fork函数新建一个进程，然后调用任何一个exec，这样看起来就好像通过执行应用程序而产生了一个新进程（这种情况非常普遍）。

（2）exec函数族语法

实际上，在Linux中并没有exec()函数，而是有6个以exec开头的函数，它们之间的语法有细微差别，本书在下面会详细讲解。

表7-2列举了exec函数族的6个成员函数的语法。

表7-2　exec函数族成员函数语法

所需头文件	#include <unistd.h>
函数原型	int execl(const char *path, const char *arg, ...)
	int execv(const char *path, char *const argv[])
	int execle(const char *path, const char *arg, ..., char *const envp[])
	int execve(const char *path, char *const argv[], char *const envp[])
	int execlp(const char *file, const char *arg, ...)
	int execvp(const char *file, char *const argv[])
函数返回值	−1：出错

这6个函数在函数名和使用语法的规则上都有细微的区别，下面就可执行文件查找方式、参数表传递方式及环境变量这几个方面进行比较。

查找方式

读者可以注意到，表7-2中的前4个函数的查找方式都是完整的文件目录路径，而最后两个函数（也就是以p结尾的两个函数）可以只给出文件名，系统就会自动从环境变量"$PATH"所指出的路径中进行查找。

参数传递方式

exec函数族的参数传递有两种方式：一种是逐个列举的方式，而另一种则是将所有参数整体构造指针数组传递。在这里是以函数名的第5位字母来区分的，字母为"l"（list）的表示逐个列举的方式，其语法为char *arg；字母为"v"（vertor）的表示将所有参数整体构造指针数组传递，其语法为*const argv[]。读者可以观察execl、execle、execlp的语法与execv、execve、execvp的区别。它们的具体用法在后面的实例讲解中会举例说明。这里的参数实际上就是用户在使用这个可执行文件时所需的全部命令选项字符串（包括该可执行程序命令本身）。要注意的是，这些参数必须以NULL表示结束，如果使用逐个列举方式，那么要把它强制转化成一个字符指针，否则exec将会把它解释为一个整型参数，如果一个整型数的长度char *的长度不同，那么exec函数就会报错。

环境变量

exec函数族可以使用默认的系统环境变量，也可以传入指定的环境变量。以"e"（Environment）结尾的两个函数execle、execve就可以在envp []中指定当前进程所使用的环境变量。表7-3对这4个函数中的函数名和对应语法做一个总结，主要指出了函数名中每一位所表明的含义，希望读者结合此表加以记忆。

表7-3　exec函数名对应的含义

第4位	统一为：exec	
第5位	l：参数传递为逐个列举方式	execl、execle、execlp
	v：参数传递为构造指针数组方式	execv、execve、execvp
第6位	e：可传递新进程环境变量	execle、execve
	p：可执行文件查找方式为文件名	execlp、execvp

（3）exec使用实例

下面的第一个实例说明了如何使用文件名的方式来查找可执行文件，同时使用参数列表的方式。这里用的函数是execlp。

实例1：

```
/*execlp.c*/
#include <unistd.h>
#include <stdio.h>
#include <stdlib.h>
int main()
{
    if(fork()==0){
        /*调用execlp函数，这里相当于调用了"ps –ef"命令*/
        if(execlp("ps","ps","–ef",NULL)<0)
            perror("execlp error!");
    }
}
```

在该程序中，首先使用fork函数新建一个子进程，然后在子进程里使用execlp函数。读者可以看到，这里的参数列表就是在Shell中使用的命令名和选项。当使用文件名的方式进行查找时，系统会在默认的环境变量PATH中寻找该可执行文件。读者可将编译后的结果下载到目标板上，运行结果如下：

```
[root@(none) 1]#arm–linux–gcc execlp.c – o execlp
[root@(none) 1]# ./execlp
PID TTY Uid Size State Command
1 root 1832 S init
2 root 0 S [keventd]
3 root 0 S [ksoftirqd_CPU0]
4 root 0 S [kswapd]
5 root 0 S [bdflush]
6 root 0 S [kupdated]
7 root 0 S [mtdblockd]
8 root 0 S [khubd]
35 root 2104 S /bin/bash /usr/etc/rc.local
36 root 2324 S /bin/bash
41 root 1364 S /sbin/inetd
53 root 14260 S /Qtopia/qtopia–free–1.7.0/bin/qpe –qws
54 root 11672 S quicklauncher
65 root 0 S [usb–storage–0]
```

```
66 root 0 S [scsi_eh_0]
83 root 2020 R ps –ef
```

此程序的运行结果与在Shell中直接输入命令"ps –ef"是一样的，当然，在不同的系统不同时刻都可能会有不同的结果。接下来的实例2使用完整的文件目录来查找对应的可执行文件。注意目录必须以"/"开头，否则会将其视为文件名。

实例2：

```
/*execl.c*/
#include <unistd.h>
#include <stdio.h>
#include <stdlib.h>
int main()
{
    if(fork()==0){
        /*调用execl函数，注意这里要给出ps程序所在的完整路径*/
        if(execl("/bin/ps","ps","-ef",NULL)<0)
            perror("execl error!");
    }
}
```

同样下载到目标板上运行，运行结果同上例，如下：

```
[root@(none) 1]#arm–linux–gcc execl.c – o execl
[root@(none) 1]# ./execl
PID TTY Uid Size State Command
1 root 1832 S init
2 root 0 S [keventd]
3 root 0 S [ksoftirqd_CPU0]
4 root 0 S [kswapd]
5 root 0 S [bdflush]
6 root 0 S [kupdated]
```

实例3：利用函数execle将环境变量添加到新建的子进程中，这里的"env"是查看当前进程环境变量的命令，如下：

```
/*execle*/
#include <unistd.h>
#include <stdio.h>
#include <stdlib.h>
int main()
{
    /*命令参数列表，必须以NULL结尾*/
    char *envp[]={"PATH=/tmp","USER=sunq",NULL};
    if(fork()==0){
        /*调用execle函数，注意这里也要指出env的完整路径*/
        if(execle("/bin/env","env",NULL,envp)<0)
            perror("execle error!");
    }
}
```

下载到目标板后的运行结果如下：

```
[root@(none) 1]#arm–linux–gcc execle.c – o execle
[root@(none) 1]# ./execle
PATH=/tmp
USER=sunq
```

最后一个实例使用execve函数，通过构造指针数组的方式来传递参数，注意参数列表一定要以NULL作为结尾标识符。其代码和运行结果如下：

实例4：

```
[root@(none) 1]# arm–linux–gcc execle.c – o execle
[root@(none) 1]# ./execle
PATH=/tmp
```

USER=sunq

最后一个实例使用execve函数，通过构造指针数组的方式来传递参数，注意参数列表一定要以NULL作为结尾标识符。其代码和运行结果如下：

```
#include <unistd.h>
#include <stdio.h>
#include <stdlib.h>
int main()
{
    /*命令参数列表，必须以NULL结尾*/
    char *arg[]={"env",NULL};
    char *envp[]={"PATH=/tmp","USER=sunq",NULL};
    if(fork()==0){
        if(execve("/bin/env",arg,,envp)<0)
            perror("execve error!");
    }
}
```

下载到目标板后的运行结果如下：

```
[root@(none) 1]#arm-linux-gcc execve.c - o execve
[root@(none) 1]# ./execve
PATH=/tmp
USER=sunq
```

（4）exec函数族使用注意点

在使用exec函数族时，一定要加上错误判断语句。因为exec很容易执行失败，其中最常见的原因有：

1）找不到文件或路径，此时errno被设置为ENOENT。

2）数组argv和envp忘记用NULL结束，此时errno被设置为EFAULT。

3）没有对应可执行文件的运行权限，此时errno被设置为EACCES。

3. exit和_exit

（1）exit和_exit函数说明

exit和_exit函数都是用来终止进程的。当程序执行到exit或_exit时，进程会无条件地停止剩下的所有操作，清除包括PCB在内的各种数据结构，并终止本进程的运行。但是，这两个函数还是有区别的，这两个函数的调用过程如图7-4所示。

从图7-4中可以看出，_exit()函数的作用最为简单，直接使进程停止运行，清除其使用的内存空间，并销毁其在内核中的各种数据结构；exit()函数则在这些基础上作了一些包装，在执行退出之前加了若干道工序，也是因为这个原因，有些人认为exit已经不算是纯粹的系统调用。

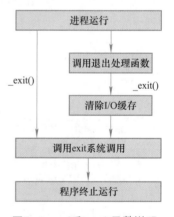

图7-4　exit和_exit函数说明

exit()函数与_exit()函数最大的区别就在于exit()函数在调用exit系统之前要检查文件的打开情况，把文件缓冲区中的内容写回文件，就是图7-4中的"清理I/O缓冲"一项。

由于在Linux的标准函数库中有一种被称作"缓冲I/O（buffered I/O）"的操作，其特征就是对应每一个打开的文件在内存中都有一片缓冲区。每次读文件时会连续读出若干条记录，这样在下次读文件时就可以直接从内存的缓冲区中读取；同样，每次写文件的时候也仅是写入内存中的缓冲区，等满足了一定的条件（如达到一定数量或遇到特定字符等），再将缓冲区中的内容一次性写入文件。

这种技术大大增加了文件读写的速度，但也为编程带来了一点麻烦。比如，有一些数据认为已经被写入了文件，实际上因为没有满足特定的条件，它们还只是保存在缓冲区内，这时用_exit()函数直接将进程关闭，缓冲区中的数据就会丢失。因此，若想保证数据的完整性，就一定要使用exit()函数。

（2）exit和_exit函数的语法

表7-4列出了exit和_exit函数的语法。

表7-4　exit和_exit函数的语法

所需头文件	exit：#include <stdlib.h>
	_exit：#include <unistd.h>
函数原型	exit：void exit(int status)
	_exit：void _exit(int status)
函数传入值	status是一个整型参数，可以利用这个参数传递进程结束时的状态。一般来说，0表示正常结束；其他数值表示出现了错误，进程非正常结束
	在实际编程时，可以用wait 系统调用接收子进程的返回值，从而针对不同的情况进行不同的处理

（3）exit和_exit使用实例

这两个实例比较了exit和_exit两个函数的区别。由于printf函数使用的是缓冲I/O方式，该函数在遇到"\n"换行符时自动从缓冲区中将记录读出。实例中就是利用这个性质来进行比较的。以下是实例1的代码：

```
/*exit.c*/
#include <stdio.h>
#include <stdlib.h>
int main()
{
    printf("Using exit...\n");
    printf("This is the content in buffer");
    exit(0);
}
[root@(none) 1]# arm-linux-gcc exit.c -o exit
[root@(none) 1]# ./exit
Using exit...
This is the content in buffer[root@(none) 1]#
```

读者从输出的结果中可以看到，调用exit函数时，缓冲区中的记录也能正常输出。

以下是实例2的代码：

```
/*_exit.c*/
#include <stdio.h>
#include <stdlib.h>
int main()
{
    printf("Using _exit...\n");
    printf("This is the content in buffer");
    _exit(0);
}
[root@(none) 1]# arm-linux-gcc _exit.c -o _exit
[root@(none) 1]# ./_exit
Using _exit...
```

读者从最后的结果中可以看到，调用_exit函数无法输出缓冲区中的记录。

在一个进程调用了exit之后，该进程并不马上就完全消失，而是留下一个称为僵尸进程（Zombie）的数据结构。僵尸进程是一种非常特殊的进程，它几乎已经放弃了所有内存空间，没有任何可执行代码，也不能被调度，仅在进程列表中保留一个位置，记载该进程的退出状态等信息供其他进程收集。除此之外，僵尸进程不再占有任何内存空间。

4. wait和waitpid

（1）wait和waitpid函数说明

wait函数是用于使父进程（也就是调用wait的进程）阻塞，直到一个子进程结束或者该进程接到了一个指定的信号为止。如果该父进程没有子进程或者他的子进程已经结束，则wait就会立即返回。waitpid的作用和wait一样，但它并不一定要等待第一个终止的子进程，它还有若干选项，如可提供一个非阻塞版本的wait功能，也能支持作业控制。实际上wait函数只是waitpid函数的一个特例，在Linux内部实现wait函数时直接调用的就是waitpid函数。

（2）wait和waitpid函数格式说明

表7-5和表7-6列出了wait函数和waitpid函数的语法。

表7-5　wait函数的语法

所需头文件	#include <sys/types.h> #include <sys/wait.h>
函数原型	pid_t wait(int *status)
函数传入值	这里的status是一个整型指针，是该子进程退出时的状态 ● status若为空，则代表任意状态结束的子进程 ● status若不为空，则代表指定状态结束的子进程 另外，子进程的结束状态可由Linux中一些特定的宏来测定
函数返回值	成功：子进程的进程号 失败：-1

表7-6　waitpid函数的语法

所需头文件		#include <sys/types.h> #include <sys/wait.h>
函数原型		pid_t waitpid(pid_t pid, int *status, int options)
函数传入值	pid	pid>0：只等待进程ID等于pid的子进程，不管是否已经有其他子进程运行结束退出了，只要指定的子进程还没有结束，waitpid就会一直等下去
		pid=-1：等待任何一个子进程退出，此时和wait作用一样
		pid=0：等待其组ID等于调用进程的组ID的任一子进程
函数传入值 函数传入值	status	同wait
	Options options	WNOHANG：若由pid指定的子进程不立即可用，则waitpid不阻塞，此时返回值为0
		WUNTRACED：若实现某支持作业控制，则由pid指定的任一子进程状态已暂停，且其状态自暂停以来还未报告过，则返回其状态
		0：同wait，阻塞父进程，等待子进程退出
函数返回值		正常：子进程的进程号
		使用选项WNOHANG且没有子进程退出：0
		调用出错：-1

（3）waitpid使用实例

由于wait函数的使用较为简单，在此仅以waitpid为例进行讲解。本例中首先使用fork新建一个子进程，然后让其子进程暂停5s（使用了sleep函数）。接下来对原有的父进程使用waitpid函数，并使用参数WNOHANG使该父进程不会阻塞。若有子进程退出，则waitpid返回子进程号；若没有子进程退出，则waitpid返回0，并且父进程每隔1s循环判断一次。

该程序的流程图如图7-5所示。

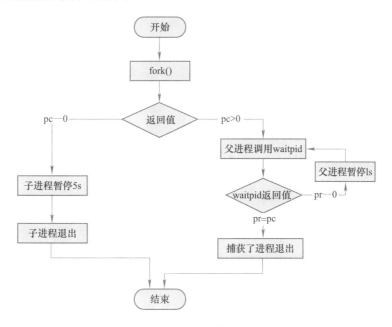

图7-5 waitpid使用实例

该程序的源代码如下：

```
/*waitpid.c*/
#include <sys/types.h>
#include <sys/wait.h>
#include <unistd.h>
#include <stdio.h>
#include <stdlib.h>
int main()
{
    pid_t pc,pr;
    pc=fork();
    if(pc<0)
        printf("Error fork.\n");
    /*子进程*/
    else if(pc==0){
        /*子进程暂停5s*/
        sleep(5);
        /*子进程正常退出*/
        exit(0);
    }
    /*父进程*/
    else{
        /*循环测试子进程是否退出*/
        do{
```

```
        /*调用waitpid，且父进程不阻塞*/
        pr=waitpid(pc,NULL,WNOHANG);
        /*若子进程还未退出，则父进程暂停1s*/
        if(pr==0){
            printf("The child process has not exited\n");
            sleep(1);
        }
    }while(pr==0);
    /*若发现子进程退出，打印出相应情况*/
    if(pr==pc)
        printf("Get child %d\n",pr);
    else
        printf("some error occured.\n");
    }
}
```

将该程序交叉编译，下载到目标板后的运行情况如下：

```
[root@(none) 1]#arm-linux-gcc waitpid.c - o waitpid
[root@(none) 1]# ./waitpid
The child process has not exited
The child process has not exited
The child process has not exited
The child process has not exited
The child process has not exited
Get child 75
```

可见，该程序在经过5次循环之后捕获到了子进程的退出信号，具体的子进程号在不同的系统上会有所区别。

读者还可以尝试把"pr=waitpid(pc，NULL，WNOHANG);"改为"pr=waitpid(pc，NULL，0);"和"pr=wait(NULL);"，运行的结果为：

```
[root@(none) 1]# ./waitpid
Get child 76
```

可见，在上述两种情况下，父进程在调用waitpid或wait之后就将自己阻塞，直到有子进程退出为止。

二、实验内容

1. 实验目的

通过编写多进程程序，使读者熟练掌握fork、exec、wait、waitpid等函数的使用方法，进一步理解在Linux中进行多进程编程的步骤。

2. 实验内容

该实验有3个进程，其中一个为父进程，其余两个是该父进程创建的子进程，其中一个子进程运行"ls-l"指令，另一个子进程在暂停5s之后异常退出，父进程并不阻塞自己并等待子进程的退出信息，待收集到该信息后父进程就返回。

3. 实验步骤

（1）画出该实验的流程图

该实验的流程图如图7-6所示。

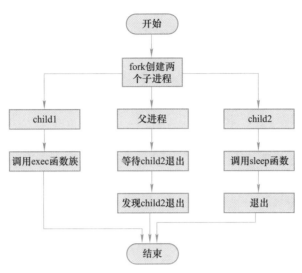

图7-6　流程图

（2）实验源代码

具体代码如下：

```c
/*exc.c实验一源码*/
#include <stdio.h>
#include <stdlib.h>
#include <sys/types.h>
#include <unistd.h>
#include <sys/wait.h>
int main(void)
{
    pid_t child1,child2,child;
    /*创建两个子进程*/
    child1 = fork();
    child2 = fork();
    /*子进程1的出错处理*/
    if( child1 == ˉ1 ){
        perror("child1 fork");
        exit(1);
    }
    /*在子进程1中调用execlp函数*/
    else if( child1 == 0 ){
        printf("In child1: execute 'ls ﹣l'\n");
        if(execlp("ls","ls","﹣l",NULL)<0)
            perror("child1 execlp");
    }
    /*子进程2的出错处理*/
    if( child2 == ˉ1 ){
        perror("child2 fork");
        exit(1);
    }
    /*在子进程2中使其暂停5s*/
    else if(child2 == 0 ){
        printf("In child2: sleep for 5 seconds and then exit\n");
        sleep(5);
        exit(0);
    }
    /*在父进程中等待子进程2退出*/
    else{
    printf("In father process:\n");
        do{
            child = waitpid( child2, NULL, WNOHANG );
```

```
            if( child ==0 ){
                printf("The child2 process has not exited!\n");
                sleep(1);
            }
        }while( child == 0 );
        if( child == child2 )
            printf("Get child2\n");
        else
            printf("Error occured!\n");
    }
}
```

（3）在宿主机上编译调试该程序

[root@localhost process]# gcc exc.c － o exc

（4）在确保没有编译错误后，交叉编译该程序

[root@localhost process]# arm－linux－gcc exc.c － o exc

（5）将生成的可执行程序下载到目标板上运行

4. 实验结果

在目标板上运行的结果如下（具体内容与各自的系统有关）。

```
[root@(none) 1]# ./exc
In child1: execute 'ls –l'
In child1: execute 'ls –l'
In child2: sleep for 5 seconds and then exit
total 57
－rwxr－xr－x 1 root root 14443 Jan 31 2006 exc
－rwxr－xr－x 1 root root 13512 Jan 29 2006 exit
－rwxr－xr－x 1 root root 13956 Jan 29 2006 fork
－rwxr－xr－x 1 root root 13999 Jan 30 2006 waitpid
total 57
－rwxr－xr－x 1 root root 14443 Jan 31 2006 exc
－rwxr－xr－x 1 root root 13512 Jan 29 2006 exit
－rwxr－xr－x 1 root root 13956 Jan 29 2006 fork
－rwxr－xr－x 1 root root 13999 Jan 30 2006 waitpid
In father process:
The child2 process has not exited!
The child2 process has not exited!
The child2 process has not exited!
The child2 process has not exited!
The child2 process has not exited!
Get child2
```

因为几个子进程的执行有竞争关系，因此，结果中的顺序没有完全按照流程来呈现。请思考怎样可以保证子进程的执行顺序呢？

任务三　　　　Linux守护进程

一、守护进程概述

守护进程也就是通常所说的Daemon进程，是Linux中的后台服务进程。它是一个生存期较长的进程，通常独立于控制终端并且周期性地执行某种任务或等待处理某些发生的事件。

守护进程常常在系统引导装入时启动，在系统关闭时终止。Linux系统有很多守护进程，大多数服务都是通过守护进程实现的，如本书在第二单元中讲到的系统服务都是守护进程。同时，守护进程还能完成许多系统任务，例如，作业规划进程crond、打印进程lqd等（这里的结尾字母d就是Daemon的意思）。

由于在Linux中，每一个系统与用户进行交流的界面称为终端，每一个从此终端开始运行的进程都会依附于这个终端，这个终端就称为这些进程的控制终端。当控制终端被关闭时，相应的进程都会自动关闭。但是守护进程却能够突破这种限制，它从被执行开始运转，直到整个系统关闭时才会退出。如果想让某个进程不因为用户或终端或其他变化而受到影响，那么就必须把这个进程变成一个守护进程。可见，守护进程是非常重要的。

二、编写守护进程

编写守护进程看似复杂，但实际上也遵循一个特定的流程。只要将此流程掌握了，就能很方便地编写出用户自己的守护进程。下面就分4个步骤来讲解怎样创建一个简单的守护进程。在讲解的同时，会配合介绍与创建守护进程相关的几个系统函数，希望读者能很好地掌握。

1. 创建子进程，父进程退出

这是编写守护进程的第一步。由于守护进程是脱离控制终端的，因此，完成第一步后就会在Shell终端里造成程序已经运行完毕的假象。之后的所有工作都在子进程中完成，而用户在Shell终端里可以执行其他命令，从而在形式上做到了与控制终端的脱离。到这里，有的读者可能会问，父进程创建了子进程，而父进程又退出了，此时该子进程不就没有父进程了吗？守护进程中确实会出现这么一个有趣的现象，由于父进程已经先于子进程退出，会造成子进程没有父进程，从而变成一个孤儿进程。在Linux中，每当系统发现一个孤儿进程，就会自动由1号进程（也就是init进程）收养它，这样，原来的子进程就会变成init进程的子进程了。其关键代码如下：

```
/*父进程退出*/
pid=fork();
if(pid>0){
    exit(0);
}
```

2. 在子进程中创建新会话

这个步骤是创建守护进程中最重要的一步，虽然它的实现非常简单，但它的意义却非常重大。在这里使用的是系统函数setsid。在具体介绍setsid之前，读者首先要了解两个概念：进程组和会话期。

进程组是一个或多个进程的集合。进程组由进程组ID来唯一标识。除了进程号（PID）之外，进程组ID也是一个进程的必备属性。每个进程组都有一个组长进程，其组长进程的进程号等于进程组ID。且该进程ID不会因组长进程的退出而受到影响。

会话组是一个或多个进程组的集合。通常，一个会话开始于用户登录，终止于用户退出，在此期间该用户运行的所有进程都属于这个会话期，它们之间的关系如图7-7所示。

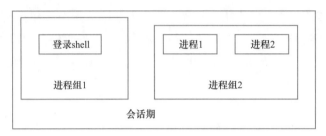

图7-7　调用setsid

接下来具体介绍setsid的相关内容。

（1）setsid函数的作用

setsid函数用于创建一个新的会话，并担任该会话组的组长。调用setsid有下面3个作用。

1）让进程摆脱原会话的控制。

2）让进程摆脱原进程组的控制。

3）让进程摆脱原控制终端的控制。

那么，在创建守护进程时为什么要调用setsid函数呢？读者可以回忆一下创建守护进程的第一步，在那里调用了fork函数来创建子进程再将父进程退出。由于在调用fork函数时，子进程全盘复制了父进程的会话期、进程组、控制终端等，虽然父进程退出了，但原来的会话期、进程组、控制终端等并没有改变，因此，还不是真正意义上独立开来，而setsid函数能够使进程完全独立出来，从而脱离所有其他进程的控制。图7-7表明了调用setid后进程间的关系

（2）setsid函数格式

表7-7列出了setsid函数的语法。

表7-7　setsid函数的语法

所需头文件	#include <sys/types.h> #include <unistd.h>
函数原型	pid_t setsid(void)
函数返回值	成功：该进程组ID 出错：~1

3. 改变当前目录为根目录

这一步也是必要的步骤。使用fork创建的子进程继承了父进程的当前工作目录。由于在进程运行过程中，当前目录所在的文件系统（比如，"/mnt/usb"等）是不能卸载的，这对以后的使用会造成诸多的麻烦（比如，系统由于某种原因要进入单用户模式）。因此，通常的做法是让"/"作为守护进程的当前工作目录，这样就可以避免上述问题，当然，如果有特殊需要，那么也可以把当前工作目录换成其他路径，如/tmp。改变工作目录的常见函数是chdir。

4. 重设文件权限掩码

文件权限掩码是指屏蔽掉文件权限中的对应位。比如，有一个文件权限掩码是050，它

就屏蔽了文件组拥有者的可读与可执行权限。由于使用fork函数新建的子进程继承了父进程的文件权限掩码，这就给该子进程使用文件带来了诸多麻烦。因此，把文件权限掩码设置为0可以大大增强该守护进程的灵活性。设置文件权限掩码的函数是umask。通常的使用方法为umask(0)。

5. 关闭文件描述符

同文件权限掩码一样，用fork函数新建的子进程会从父进程那里继承一些已经打开的文件。这些被打开的文件可能永远不会被守护进程读或写，但它们一样消耗系统资源，而且可能导致所在的文件系统无法卸下。在上面的第二步之后，守护进程已经与所属的控制终端失去了联系。因此，从终端输入的字符不可能达到守护进程，守护进程中用常规方法（如printf）输出的字符也不可能在终端上显示出来。所以，文件描述符为0、1和2的3个文件（常说的输入、输出和报错这3个文件）已经失去了存在的价值，也应被关闭。通常按如下方式关闭文件描述符：

```
for(i=0;i<MAXFILE;i++)
close(i);
```

这样，一个简单的守护进程就建立起来了，创建守护进程的流程如图7-8所示。

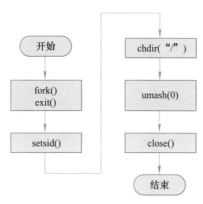

图7-8　流程

下面是实现守护进程的一个完整实例。

该实例首先建立了一个守护进程，然后让该守护进程每隔10s在/tmp/dameon.log中写入一句话。

```
/*dameon.c创建守护进程实例*/
#include<stdio.h>
#include<stdlib.h>
#include<string.h>
#include<fcntl.h>
#include<sys/types.h>
#include<unistd.h>
#include<sys/wait.h>
#define MAXFILE 65535
int main()
{
    pid_t pc;
    int i,fd,len;
```

```
char *buf="This is a Dameon\n";
len =strlen(buf);
pc=fork(); //第一步
if(pc<0){
    printf("error fork\n");
    exit(1);
}else if(pc>0)
exit(0);
/*第二步*/
setsid();
/*第三步*/
chdir("/");
/*第四步*/
umask(0);
for(i=0;i<MAXFILE;i++)
/*第五步*/
close(i);
/*这时创建完守护进程，以下开始正式进入守护进程工作*/
while(1){
    if((fd=open("/tmp/dameon.log",O_CREAT|O_WRONLY|O_APPEND,0600))<0){
        perror("open");
    exit(1);
    }
    write(fd, buf, len+1);
    close(fd);
    sleep(10);
    }
}
```

将该程序下载到开发板中，可以看到该程序每隔10s就会在对应的文件中输入相关内容。并且使用ps命令可以看到该进程在后台运行，如下：

```
[root@(none) 1]# tail –f /tmp/dameon.log
This is a Dameon
This is a Dameon
This is a Dameon
This is a Dameon
…
[root@(none) 1]# ps –ef|grep daemon
        76 root 1272 S ./daemon
        85 root 1520 S grep daemon
```

三、实验内容

1. 实验目的

通过编写一个完整的守护进程，使读者掌握守护进程编写和调试的方法，并且进一步熟悉编写多进程程序。

2. 实验内容

在该实验中，读者首先建立起一个守护进程，然后在该守护进程中新建一个子进程，该子进程暂停10s，然后自动退出，并由守护进程收集子进程退出的消息。在这里，子进程和守护进程的退出消息都在"/var/log/messages"中输出。子进程退出后，守护进程循环暂停，其间隔时间为10s。

---

3. 实验步骤

（1）画出该实验的流程图（见图7-9）

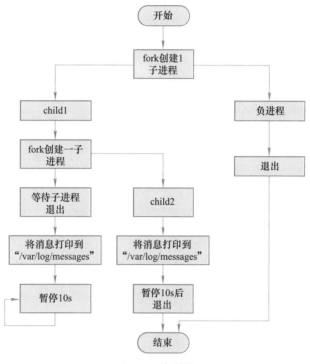

图7-9　流程图

（2）实验源代码

具体代码如下：

```
/*exc2.c实验二源代码*/
#include <stdio.h>
#include <stdlib.h>
#include <sys/types.h>
#include <unistd.h>
#include <sys/wait.h>
#include <syslog.h>
#define MAXFILE 65535
int main(void)
{
    pid_t child1,child2;
    int i;
    child1 = fork();
    /*创建子进程1*/
    if( child1 == -1 ){
        perror("child1 fork");
        exit(1);
    }
    else if( child1 > 0 )
    exit( 0 );
    /*打开日志服务*/
    openlog("exc2_info", LOG_PID, LOG_DAEMON);
    /*以下几步是编写守护进程的常规步骤*/
    setsid();
    chdir( "/" );
```

```
    umask( 0 );
    for( i = 0 ; i < MAXFILE ; i++ )
    {
        close( i );
    }
    /*创建子进程2*/
    child2 = fork();
    if( child2 == ˉ1 ){
        perror("child2 fork");
        exit(1);
    }
    else if( child2 == 0 ){
        /*在日志中写入字符串*/
        syslog( LOG_INFO, " child2 will sleep for 10s ");
        sleep(10);
        syslog( LOG_INFO, " child2 is going to exit! ");
        exit(0);
    }
    else{
        waitpid( child2, NULL, 0);
        syslog( LOG_INFO , " child1 noticed that child2 has exited " );
        /*关闭日志服务*/
        closelog();
        while(1){
            sleep(10);
        }
    }
}
```

（3）由于有些嵌入式开发板没有syslog服务，读者可以在宿主机上编译运行

[root@localhost process]# gcc exc2.c – o exc2

（4）运行该程序

（5）等待10s后，以root身份查看"/var/log/messages"文件

（6）使用ps–ef|grep exc2查看该守护进程是否在运行

4．实验结果

（1）在"/var/log/messages"中有类似如下的信息显示

Jan 31 13:59:11 localhost exc2_info[5517]: child2 will sleep for 10s
Jan 31 13:59:21 localhost exc2_info[5517]: child2 is going to exit!
Jan 31 13:59:21 localhost exc2_info[5516]: child1 noticed that child2 has
exited

读者可以从时间戳里清楚地看到child2确实暂停了10s。

（2）使用命令ps–ef|grep exc2可看到如下结果

root 5516 1 0 13:59 ? 00:00:00 ./exc2

可见，exc2确实一直在运行。

第八单元

进程间通信

➢ 掌握Linux中管道的概念
➢ 掌握Linux中管道的创建和读写
➢ 掌握Linux中消息队列的处理
➢ 掌握Linux共享内存的处理

单元简介

在上一单元中，读者已经知道了进程是一个程序的一次执行的过程。本单元主要
讲述如何建立这些不同的通话方式，就像人们有多种通信方式一样。

Linux中使用较多的进程间通信方式主要有以下几种。

1）管道（Pipe）及有名管道（Named Pipe）：管道可用于具有亲缘关系进程间的通信，有名管道除了具有管道所具有的功能外，还允许无亲缘关系进程间的通信。

2）信号（Signal）：信号是在软件层次上对中断机制的一种模拟，它是比较复杂的通信方式，用于通知接受进程有某事件发生，一个进程收到一个信号与处理器收到一个中断请求在效果上可以说是一样的。

3）消息队列：消息队列是消息的链接表，包括Posix消息队列systemV消息队列。它克服了前两种通信方式中信息量有限的缺点，具有写权限的进程可以向消息队列中按照一定的规则添加新消息；对消息队列有读权限的进程则可以从消息队列中读取消息。

4）共享内存：可以说这是最有用的进程间通信方式。它使得多个进程可以访问同一块内存空间，不同进程可以及时看到对方进程中对共享内存中数据的更新。这种通信方式需要依靠某种同步机制，如互斥锁和信号量等。

5）信号量：主要作为进程间以及同一进程不同线程之间的同步手段。

6）套接字（Socket）：这是一种更为一般的进程间通信机制，它可用于不同机器之间的进程间通信，应用非常广泛。

本单元会详细介绍前4种进程通信方式，对第5种通信方式将会在第十单元中单独介绍。

任务一　　管道通信

一、管道概述

在使用Shell的时候其实有意无意间就用到管道，比如，"ps-ef|grep ntp"。管道是Linux中很重要的一种通信方式，它是把一个程序的输出直接连接到另一个程序的输入，如图8-1所示。

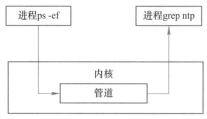

图8-1　"ps-ef|grep ntp"

管道是Linux中进程间通信的一种方式。这里所说的管道主要指无名管道，它具有如下特点。

1）它只能用于具有亲缘关系的进程之间的通信（也就是父子进程或者兄弟进程之间）。

2）它是一个半双工的通信模式，具有固定的读端和写端。

3）管道也可以看成是一种特殊的文件，对于它的读写也可以使用普通的read、write等函数。但是它不是普通的文件，并不属于其他任何文件系统，并且只存在于内存中。

二、管道的创建与关闭

1．说明

管道是基于文件描述符的通信方式，当一个管道建立时，它会创建两个文件描述符fds[0]和fds[1]，其中fds[0]固定用于读管道，而fd[1]固定用于写管道，这样就构成了一个半双工的通道。

管道关闭时只需将这两个文件描述符关闭即可，可使用普通的close函数逐个关闭各个文件描述符。

注意：一个管道共享了多对文件描述符时，若将其中的一对读写文件描述符都删除，则该管道就失效。

2．管道创建函数

创建管道可以通过调用pipe函数来实现。表8-1列出了pipe函数的语法要点。

表8-1　pipe函数的语法要点

所需头文件	#include <unistd.h>
函数原型	int pipe(int fd[2])
函数传入值	fd[2]：管道的两个文件描述符，之后就可以直接操作这两个文件描述符
函数返回值	成功：0
	出错：1

3．管道创建实例

创建管道非常简单，只需调用pipe函数即可

```
/*pipe.c*/
#include <unistd.h>
#include <errno.h>
#include <stdio.h>
#include <stdlib.h>
int main()
{
    int pipe_fd[2];
    /*创建一个无名管道*/
    if(pipe(pipe_fd)<0)
    {
        printf("pipe create error\n");
        return   1;
    }
    else
        printf("pipe create success\n");
    /*关闭管道描述符*/
    close(pipe_fd[0]);
    close(pipe_fd[1]);
}
```

程序运行后先成功创建一个无名管道，之后再将其关闭。

4．管道读写

用pipe函数创建的管道两端处于一个进程中，由于管道主要用于在不同进程间通信，因

此这在实际应用中没有太大意义。实际上，通常先是创建一个管道，再通过fork()函数创建一个子进程，该子进程会继承父进程所创建的管道，这时，父子进程管道的文件描述符的对应关系如图8-2所示。

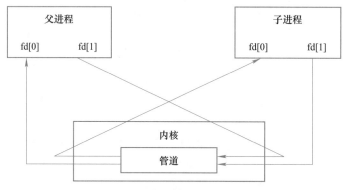

图8-2 对应关系

这时的关系看似非常复杂，实际上却已经给不同进程之间的读写创造了很好的条件。这时，父子进程分别拥有自己的读写通道，为了实现父子进程之间的读写，只需把无关的读端或写端的文件描述符关闭即可。例如，在图8-3中把父进程的写端fd[1]和子进程的读端fd[0]关闭。这时，父子进程之间就建立起了一条"子进程写入父进程读"的通道。

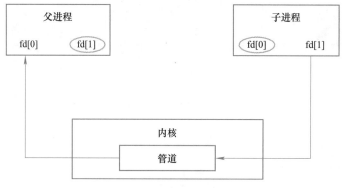

图8-3 建立通道

同样，也可以关闭父进程的fd[0]和子进程的fd[1]，这样就可以建立一条"父进程写，子进程读"的通道。另外，父进程还可以创建多个子进程，各个子进程都继承了相应的fd[0]和fd[1]，这时，只需要关闭相应端口就可以建立其各子进程之间的通道。

5. 管道读写实例

在本例中，首先创建管道，之后父进程使用fork函数创建子进程，之后通过关闭父进程的读描述符和子进程的写描述符建立起它们之间的管道通信。

实例1. 管道读写

```
/*pipe_rw.c*/
#include <unistd.h>
#include <sys/types.h>
#include <errno.h>
```

```c
#include <stdio.h>
#include <stdlib.h>
int main()
{
    int pipe_fd[2];
    pid_t pid;
    char buf_r[100];
    char* p_wbuf;
    int r_num;
    memset(buf_r,0,sizeof(buf_r));
    /*创建管道*/
    if(pipe(pipe_fd)<0)
    {
        printf("pipe create error\n");
        return    1;
    }
    /*创建一个子进程*/
    if((pid=fork())==0)
    {
        printf("\n");
        /*关闭子进程写描述符，并通过使父进程暂停2s确保父进程已关闭相应的读描述符*/
        close(pipe_fd[1]);
        sleep(2);
        /*子进程读取管道内容*/
        if((r_num=read(pipe_fd[0],buf_r,100))>0){
            printf("%d numbers read from the pipe is %s\n",r_num,buf_r);
        }
        /*关闭子进程读描述符*/
        close(pipe_fd[0]);
        exit(0);
    }
    else if(pid>0)
    {
        /*关闭父进程读描述符，并分两次向管道中写入Hello Pipe*/
        close(pipe_fd[0]);
        if(write(pipe_fd[1],"Hello",5)!= 1)
            printf("parent write1 success!\n");
        if(write(pipe_fd[1]," Pipe",5)!= 1)
            printf("parent write2 success!\n");
        /*关闭父进程写描述符*/
        close(pipe_fd[1]);
        sleep(3);
        /*收集子进程退出信息*/
        waitpid(pid,NULL,0);
        exit(0);
    }
}
```

将该程序交叉编译，下载到开发板上，运行结果如下：

```
[root@(none) 1]# ./pipe_rw2
parent write1 success!
parent write2 success!
10 numbers read from the pipe is Hello Pipe
```

实例2. 读写规则验证

管道两端可分别用描述字fd[0]以及fd[1]描述，需要注意的是，管道的两端是固定了任务的。

```c
#include <unistd.h>
#include <sys/types.h>
#include <errno.h>
main()
{
    int pipe_fd[2];
    pid_t pid;
    char r_buf[100];
    char w_buf[4];
```

```
            char* p_wbuf;
            int r_num;
            int cmd;
            memset(r_buf,0,sizeof(r_buf));
            memset(w_buf,0,sizeof(r_buf));
            p_wbuf=w_buf;
            if(pipe(pipe_fd)<0)
            {
                printf("pipe create error\n");
                return -1;
            }
            if((pid=fork())==0)
            {
                printf("\n");
                close(pipe_fd[1]);
                sleep(3);/*确保父进程关闭写端*/
                r_num=read(pipe_fd[0],r_buf,100);
                printf("read num is %d   the data read from the pipe is %d\n",r_num,atoi(r_buf));

                close(pipe_fd[0]);
                exit();
            }
            else if(pid>0)
            {
                close(pipe_fd[0]);
                strcpy(w_buf,"111");
                if(write(pipe_fd[1],w_buf,4)!=-1)
                    printf("parent write over\n");
                close(pipe_fd[1]);
                    printf("parent close fd[1] over\n");
                sleep(10);
            }
}
```

编译运行：

```
[root@(none) 1]# gcc read.c - o read
[root@(none) 1]# ./read
parent write over
parent close fd[1] over
Read num is 4 the data read from the pioe is 111
```

6. 管道读写注意点

只有在管道的读端存在时向管道中写入数据才有意义。否则，向管道中写入数据的进程将收到内核传来的SIFPIPE信号（通常为Broken pipe错误）。

向管道中写入数据时，Linux将不保证写入的原子性，管道缓冲区一有空闲区域，写进程就会试图向管道写入数据。如果读进程不读取管道缓冲区中的数据，那么写操作将会一直阻塞。

父子进程在运行时，它们的先后次序并不能保证，因此，在这里为了保证父进程已经关闭了读描述符，可在子进程中调用sleep函数。

7. 管道的局限性

管道主要的局限正体现在它的特性上，只支持单向数据流，只能用于具有亲缘关系的进程之间，没有名字。管道的缓冲区是有限的（管道只存在于内存中，在管道创建时为缓冲区分配一个页面大小的存储空间）。管道所传送的是无格式字节流，这就要求管道的读出方和写入方必须事先约定好数据的格式，比如，多少字节算作一个消息（或命令或记录）等。

8. 有名管道概述

前面介绍的管道是无名管道，它只能用于具有亲缘关系的进程之间，这就大大限制了管道的使用。有名管道的出现突破了这种限制，它可以使互不相关的两个进程实现彼此之间的通信。该管道可以通过路径名来指出，并且在文件系统中是可见的。在建立了管道之后，两个进程就可以把它当作普通文件一样进行读写操作，使用非常方便。不过值得注意的是，FIFO是严格地遵循先进先出规则的，对管道及FIFO的读总是从开始处返回数据，对它们的写则把数据添加到末尾，它们不支持如lseek()等文件定位操作。有名管道的创建可以使用函数mkfifo()，该函数类似于文件中的open()操作，可以指定管道的路径和打开的模式。

在创建管道成功之后，就可以使用open、read、write这些函数了。与普通文件的开发设置一样，对于为读而打开的管道可在open中设置O_RDONLY，对于为写而打开的管道可在open中设置O_WRONLY，在这里与普通文件不同的是阻塞问题。由于普通文件在读写时不会出现阻塞问题，而在管道的读写中却有阻塞的可能，这里的非阻塞标志可以在open函数中设定为O_NONBLOCK。下面分别对阻塞打开和非阻塞打开的读写进行一定的讨论。

对于读进程

若该管道是阻塞打开，且当前FIFO内没有数据，则对读进程而言将一直阻塞直到有数据写入。

若该管道是非阻塞打开，则不论FIFO内是否有数据，读进程都会立即执行读操作。

对于写进程

若该管道是阻塞打开，则写进程将一直阻塞直到有读进程读出数据。

若该管道是非阻塞打开，则当前FIFO内没有读操作，写进程会立即执行读操作。

（1）mkfifo函数格式

表8-2列出了mkfifo函数语法要点。表8-3列出了相关的出错信息。

表8-2　mkfifo函数语法要点

所需头文件	#include <sys/types.h> #include <sys/state.h>	
函数原型	int mkfifo(const char *filename,mode_t mode)	
函数传入值	filename：要创建的管道	
函数传入值	mode：	O_RDONLY：读管道
		O_WRONLY：写管道
		O_RDWR：读写管道
		O_NONBLOCK：非阻塞
		O_CREAT：如果该文件不存在，那么就创建一个新的文件，并用第3个参数为其设置权限
		O_EXCL：如果使用O_CREAT时文件存在，那么可返回错误消息 这一参数可测试文件是否存在
函数返回值	成功：0	
	出错：1	

表8-3　FIFO相关的出错信息

EACCESS	参数filename所指定的目录路径无可执行的权限
EEXIST	参数filename所指定的文件已存在
ENAMETOOLONG	参数filename的路径名称太长
ENOENT	参数filename包含的目录不存在
ENOSPC	文件系统的剩余空间不足
ENOTDIR	参数filename路径中的目录存在但却非真正的目录
EROFS	参数filename指定的文件存在于只读文件系统内

（2）实例

下面的实例包含了两个程序，一个用于读管道，另一个用于写管道。其中，在写管道的程序里创建管道，并且作为main函数里的参数由用户输入要写入的内容。读管道读出了用户写入管道的内容。这两个函数用的是非阻塞读写管道。

```c
/*fifo_write.c*/
#include <sys/types.h>
#include <sys/stat.h>
#include <errno.h>
#include <fcntl.h>
#include <stdio.h>
#include <stdlib.h>
#include <string.h>
#define FIFO "/tmp/myfifo"
main(int argc,char** argv)
/*参数为即将写入的字节数*/
{
    int fd;
    char w_buf[100];
    int nwrite;
    if(fd==1)
    if(errno==ENXIO)
        printf("open error; no reading process\n");
    /*打开FIFO管道，并设置非阻塞标志*/
    fd=open(FIFO_SERVER,O_WRONLY|O_NONBLOCK,0);
    if(argc==1)
        printf("Please send something\n");
    strcpy(w_buf,argv[1]);
    /*向管道中写入字符串*/
    if((nwrite=write(fd,w_buf,100))==1)
    {
        if(errno==EAGAIN)
            printf("The FIFO has not been read yet.Please try later\n");
    }
    else
        printf("write %s to the FIFO\n",w_buf);
}

/*fifl_read.c*/
#include <sys/types.h>
#include <sys/stat.h>
#include <errno.h>
#include <fcntl.h>
#include <stdio.h>
#include <stdlib.h>
#include <string.h>
#define FIFO "/tmp/myfifo"
main(int argc,char** argv)
{
    char buf_r[100];
    int fd;
    int nread;
```

```
    /*创建有名管道，并设置相应的权限*/
    if((mkfifo(FIFO,O_CREAT|O_EXCL)<0)&&(errno!=EEXIST))
        printf("cannot create fifoserver\n");
    printf("Preparing for reading bytes...\n");
    memset(buf_r,0,sizeof(buf_r));
    /*打开有名管道，并设置非阻塞标志*/
    fd=open(FIFO,O_RDONLY|O_NONBLOCK,0);
    if(fd==1)
    {
        perror("open");
        exit(1);
    }
    while(1)
    {
        memset(buf_r,0,sizeof(buf_r));
        if((nread=read(fd,buf_r,100))==1){
            if(errno==EAGAIN)
                printf("no data yet\n");
        }
        printf("read %s from FIFO\n",buf_r);
        sleep(1);
    }
    pause();
    unlink(FIFO);
}
```

为了能够较好地观察运行结果，需要把这两个程序分别在两个终端里运行，在这里首先启动读管道程序。由于这是非阻塞管道，因此在建立管道之后程序就开始循环从管道里读出内容。在启动了写管道程序后，读进程能够从管道里读出用户的输入内容，程序运行结果如下。

终端一：

```
[root@localhost FIFO]# ./read
Preparing for reading bytes…
read from FIFO
read from FIFO
read from FIFO
read from FIFO
read from FIFO
read hello from FIFO
read from FIFO
read from FIFO
read FIFO from FIFO
read from FIFO
read from FIFO
…
```

终端二：

```
[root@localhost]# ./write hello
write hello to the FIFO
[root@localhost]# ./read FIFO
write FIFO to the FIFO
```

任务二　　　信 号 通 信

一、信号概述

信号是UNIX中所使用的进程通信的一种最古老的方法。它是在软件层次上对中断机制的一种模拟，是一种异步通信方式。信号可以直接进行用户空间进程和内核进程之间的交互，内核进程也可以利用它来通知用户空间进程发生了哪些系统事件。它可以在任何时候发给某一进程，而无须知道该进程的状态。如果该进程当前并未处于执行态，则该信号就由内核保存起来，直到该进程恢复执行再传递给它为止。如果一个信号被进程设置为阻塞，则该信号的传递被延迟，直到其阻塞被取消时才被传递给进程。在kill命令中有一个"–l"选项，这个选项可以列出该系统所支持的所有信号列表。在笔者的系统中，信号值在32之前的有不同的名称，而信号值在32以后的都是用"SIGRTMIN"或"SIGRTMAX"开头的，这就是两类典型的信号。前者是从UNIX系统中继承下来的信号，为不可靠信号（也称为非实时信号）；后者是为了解决前面"不可靠信号"的问题而进行了更改和扩充的信号，称为"可靠信号"（也称为实时信号）。那么为什么之前的信号不可靠呢？这里首先要介绍一下信号的生命周期。一个完整的信号生命周期可以分为3个重要阶段，这3个阶段由4个重要事件来刻画的：信号产生、信号在进程中注册、信号在进程中注销、执行信号处理函数，如图8-4所示。相邻两个事件的时间间隔构成信号生命周期的一个阶段。要注意这里的信号处理有多种方式，一般是由内核完成的，当然也可以由用户进程来完成，故在此没有明确画出。

一个不可靠信号的处理过程是这样的：如果发现该信号已经在进程中注册，那么就忽略该信号。因此，若前一个信号还未注销又产生了相同的信号就会产生信号丢失。而当可靠信号发送给一个进程时，不管该信号是否已经在进程中注册，都会被再注册一次，因此信号就不会丢失。所有可靠信号都支持排队，而不可靠信号则都不支持排队。

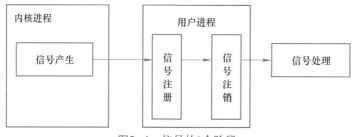

图8-4　信号的3个阶段

注意：

这里信号的产生、注册、注销等是指信号的内部实现机制，而不是信号的函数实现。因此，信号注册与否与本任务后面讲到的发送信号函数（如kill()等）以及信号安装函数（如signal()等）无关，只与信号值有关。

用户进程对信号的响应可以有3种方式。

1）忽略信号，即对信号不做任何处理，但是有两个信号不能忽略，即SIGKILL及SIGSTOP。

2）捕捉信号，定义信号处理函数，当信号发生时，执行相应的处理函数。

3）执行默认操作，Linux对每种信号都规定了默认操作。

Linux中的大多数信号是提供给内核的。表8-4列出了Linux中最为常见的信号的含义及其默认操作。

表8-4 常见的信号的含义及其默认操作

信号名	含义	默认操作
SIGHUP	该信号在用户终端连接（正常或非正常）结束时发出，通常是在终端的控制进程结束时，通知同一会话内的各个作业与控制终端不再关联	终止
SIGINT	该信号在用户输入INTR字符（也可以是<Ctrl+C>组合键）时发出，终端驱动程序发送此信号并送到前台进程中的每一个进程	终止
SIGQUIT	该信号和SIGINT类似，但由QUIT字符（也可以是<Ctrl+\>组合键）来控制	终止
SIGILL	该信号在一个进程企图执行一条非法指令时（可执行文件本身出现错误或者试图执行数据段、堆栈溢出时）发出	终止
SIGFPE	该信号在发生致命的算术运算错误时发出。这里不仅包括浮点运算错误，还包括溢出及除数为0 等其他所有的算术错误	终止
SIGKILL	该信号用来立即结束程序的运行，并且不能被阻塞、处理和忽略	终止
SIGALRM	该信号当一个定时器到时的时候发出	终止
SIGSTOP	该信号用于暂停一个进程，且不能被阻塞、处理或忽略	暂停和终止
SIGTSTP	该信号用于交互停止进程，用户输入SUSP字符时（也可以是<Ctrl+Z>组合键）发出这个信号	停止进程
SIGCHLD	子进程改变状态时，父进程会收到这个信号	忽略
SIGABORT		

二、信号的发送与捕捉

发送信号的函数主要有kill()、raise()、alarm()以及pause()，下面就依次对其进行介绍。

1. kill()和raise()

（1）函数说明

kill函数同读者熟知的kill系统命令一样，可以发送信号给进程或进程组（实际上，kill系统命令只是kill函数的一个用户接口）。这里要注意的是，它不仅可以中止进程（实际上发出SIGKILL信号），也可以向进程发送其他信号。与kill函数所不同的是，raise函数允许进程向自身发送信号。

（2）函数格式

表8-5列出了kill函数的语法要点，表8-6列出了raise函数的语法要点。

表8-5 kill函数的语法要点

所需头文件	#include <signal.h> #include <sys/types.h>	
函数原型	int kill(pid_t pid,int sig)	
函数传入值	pid:	正数：要发送信号的进程号
		信号被发送到所有和pid进程在同一个进程组的进程
		1：信号发给所有的进程表中的进程（除了进程号最大的进程外）
	sig：信号	
函数返回值	成功：0	
	出错：1	

表8-6　raise函数的语法要点

所需头文件	#include <signal.h>
	#include <sys/types.h>
函数原型	int raise(int sig)
函数传入值	sig：信号
函数返回值	成功：0
	出错：1

（3）函数实例

下面这个示例首先使用fork创建了一个子进程，接着为了保证子进程不在父进程调用kill之前退出，在子进程中使用raise函数向子进程发送SIGSTOP信号，使子进程暂停。接下来再在父进程中调用kill向子进程发送信号，在该示例中使用的是SIGKILL，也可以使用其他信号进行练习。

```
/*kill.c*/
#include <stdio.h>
#include <stdlib.h>
#include <signal.h>
#include <sys/types.h>
#include <sys/wait.h>
int main()
{
    pid_t pid;
    int ret;
    /*创建一个子进程*/
    if((pid=fork())<0){
        perror("fork");
        exit(1);
    }
    if(pid == 0){
        /*在子进程中使用raise函数发出SIGSTOP信号*/
        raise(SIGSTOP);
        exit(0);
    }
    else{
    /*在父进程中收集子进程发出的信号，并调用kill函数进行相应的操作*/
        printf("pid=%d\n",pid);
        if((waitpid(pid,NULL,WNOHANG))==0){
            if((ret=kill(pid,SIGKILL))==0)
                printf("kill %d\n",pid);
            else{
                perror("kill");
            }
        }
    }
}
```

该程序运行结果如下：

```
[root@(none) tmp]# ./kill
pid=78
kill 78
```

2. alarm()和pause()

（1）函数说明

alarm也称为闹钟函数，它可以在进程中设置一个定时器，当定时器指定的时间到时，它就向进程发送SIGALARM信号。要注意的是，一个进程只能有一个闹钟时间，如果在调用alarm之前已设置过闹钟时间，则任何以前的闹钟时间都被新值所代替。pause函数是用于将调用进程挂起直至捕捉到信号为止。这个函数很常用，通常可以用于判断信号是否已到。

（2）函数格式

表8-7列出了alarm函数的语法要点，表8-8列出了pause函数的语法要点。

表8-7　alarm函数的语法要点

所需头文件	#include <unistd.h>
函数原型	unsigned int alarm(unsigned int seconds)
函数传入值	seconds：指定秒数
函数返回值	成功：如果调用此alarm()前，进程中已经设置了闹钟时间，则返回上一个闹钟时间的剩余时间，否则返回0
	出错：1

表8-8　pause函数的语法要点

所需头文件	#include <unistd.h>
函数原型	int pause(void)
函数返回值	1，并且把error值设为EINTR

（3）函数实例

该实例实际上已完成了一个简单的sleep函数的功能，由于SIGALARM默认的系统动作为终止该进程，因此在程序调用pause之后，程序就终止了。如下：

```
/*alarm.c*/
#include <unistd.h>
#include <stdio.h>
#include <stdlib.h>
int main()
{
    int ret;
    /*调用alarm定时器函数*/
    ret=alarm(5);
    pause();
    printf("I have been waken up.\n",ret);
}
[root@(none) tmp]#./alarm
Alarm clock
```

三、信号的处理

在了解了信号的产生与捕获之后，接下来就要对信号进行具体操作了。从前面的信号概述中读者也可以看到，特定的信号是与一定的进程相联系的。也就是说，一个进程可以决定在该进程中需要对哪些信号进行什么样的处理。例如，一个进程可以选择忽略某些信号而只处理其他一些信号，另外，一个进程还可以选择如何处理信号。总之，这些都是与特定的进程相联系的。因此，首先就要建立其信号与进程之间的对应关系，这就是信号的处理。

注意：

请读者区分信号的注册与信号的处理之间的差别，前者的主动方是信号，而后者的主动方是进程。信号的注册是在进程选择了特定信号处理之后特定信号的主动行为。

信号处理的主要方法有两种，一种是使用简单的signal函数，另一种是使用信号集函数组。下面分别介绍这两种处理方式。

1. signal()

（1）函数说明

使用signal函数处理时，只需把要处理的信号和处理函数列出来即可。它主要是用于前32种非实时信号的处理，不支持信号传递信息，但是由于使用简单、易于理解，因此也受到很多程序员的欢迎。

（2）函数格式

signal函数的语法要点见表8-9。

表8-9　signal函数的语法要点

所需头文件	#include <signal.h>		
函数原型	void (*signal(int signum, void (*handler)(int)))(int)		
函数传入值	signum：指定信号		
	handler：	SIG_IGN：忽略该信号	
		SIG_DFL：采用系统默认方式处理信号	
		自定义的信号处理函数指针	
函数返回值	成功：以前的信号处理配置		
	出错：1		

这里需要对这个函数原型进行说明。这个函数原型非常复杂，可先用如下的typedef进行替换说明：

```
typedef void sign(int);
sign *signal(int, handler *);
```

可见，首先该函数原型整体指向一个无返回值带一个整型参数的函数指针，也就是信号的原始配置函数。接着该原型又带有两个参数，其中的第二个参数可以是用户自定义的信号处理函数的函数指针。

（3）实例

该实例表明了如何使用signal函数捕捉相应的信号，并作出给定的处理。这里，my_func就是信号处理的函数指针。读者还可以将其改为SIG_IGN或SIG_DFL以查看运行结果。

```
/*mysignal.c*/
#include <signal.h>
#include <stdio.h>
#include <stdlib.h>
/*自定义信号处理函数*/
void my_func(int sign_no)
{
    if(sign_no==SIGINT)
        printf("I have get SIGINT\n");
    else if(sign_no==SIGQUIT)
        printf("I have get SIGQUIT\n");
}
int main()
{
    printf("Waiting for signal SIGINT or SIGQUIT \n ");
    /*发出相应的信号，并跳转到信号处理函数处*/
    signal(SIGINT, my_func);
    signal(SIGQUIT, my_func);
    pause();
```

```
    exit(0);
}
[root@www yul]# ./mysignal
Waiting for signal SIGINT or SIGQUIT
I have get SIGINT
[root@www yul]# ./mysignal
Waiting for signal SIGINT or SIGQUIT
    I have get SIGQUIT
```

2. 信号集函数组

（1）函数说明

使用信号集函数组处理信号时涉及一系列函数，这些函数按照调用的先后次序可分为以下几大功能模块：创建信号集、登记信号处理器以及检测信号。

其中，创建信号集主要用于创建用户感兴趣的信号，其函数包括以下几个。

1）sigemptyset：初始化信号集为空。

2）sigfillset：初始化信号集为所有信号的集合。

3）sigaddset：将指定信号加入信号集中。

4）sigdelset：将指定信号从信号集中删除。

5）sigismember：查询指定信号是否在信号集中。

登记信号处理器主要用于决定进程如何处理信号。这里要注意的是，信号集里的信号并不是真正可以处理的信号，只有当信号的状态处于非阻塞状态时才真正起作用。因此，首先就要判断出当前阻塞能不能传递给该信号的信号集。这里首先使用sigprocmask函数判断检测或更改信号屏蔽字，然后使用sigaction函数用于改变进程接收到特定信号之后的行为。检测信号是信号处理的后续步骤，但不是必需的。由于内核可以在任何时刻向某一进程发出信号，因此，若该进程必须保持非中断状态且希望将某些信号阻塞，这些信号就处于"未决"状态（也就是进程不清楚它的存在）。所以，在希望保持非中断进程完成相应的任务之后，就应该将这些信号解除阻塞。sigpending函数就允许进程检测"未决"信号，并进一步决定对它们作何处理。

（2）函数格式

首先介绍创建信号集的函数格式，表8-10列举了这一组函数的语法要点。表8-11列举了sigprocmask函数的语法要点。表8-12列举了sigaction函数的语法要点。

表8-10 创建信号集合函数的语法要点

函数所需头文件	#include <signal.h>
函数原型	int sigemptyset(sigset_t *set)
	int sigfillset(sigset_t *set)
	int sigaddset(sigset_t *set,int signum)
	int sigdelset(sigset_t *set,int signum)
	int sigismember(sigset_t *set,int signum)
函数传入值	set：信号集
	signum：指定信号值
函数返回值	成功：0（sigismember成功则返回1，失败则返回0）
	出错：1

表8-11　sigprocmask函数的语法要点

所需头文件	#include <signal.h>	
函数原型	int sigprocmask(int how,const sigset_t *set,sigset_t *oset)	
函数传入值	how：决定函数的操作方式	SIG_BLOCK：增加一个信号集到当前进程的阻塞集中
		SIG_UNBLOCK：从当前的阻塞集中删除一个信号集
		SIG_SETMASK：将当前的信号集设置为信号阻塞集
函数传入值	set：指定信号集	
	oset：信号屏蔽字	
函数返回值	成功：0（sigismember成功则返回1，失败则返回0）	
	出错：1	

表8-12　sigaction函数的语法要点

所需头文件	#include <signal.h>
函数原型	int sigaction(int signum,const struct sigaction *act,struct sigaction *oldact)
函数传入值	signum：信号的值，可以为除SIGKILL 及SIGSTOP 之外的任何一个特定有效的信号
	act：指向结构sigaction的一个实例的指针，指定对特定信号的处理
	oldact：保存原来对相应信号的处理
函数返回值	成功：0
	出错：1

这里要说明的是sigaction函数中第2个和第3个参数用到的sigaction结构。这是一个看似非常复杂的结构，希望读者能够慢慢阅读相关内容。

首先给出了sigaction的定义，如下：

```
struct sigaction {
    void (*sa_handler)(int signo);
    sigset_t sa_mask;
    int sa_flags;
    void (*sa_restore)(void);
}
```

sa_handler是一个函数指针，指定信号关联函数，这里除了可以是用户自定义的处理函数外，还可以为SIG_DFL（采用默认的处理方式）或SIG_IGN（忽略信号）。它的处理函数只有一个参数，即信号值。

sa_mask是一个信号集，它可以指定在信号处理程序执行过程中哪些信号应当被阻塞，在调用信号捕获函数之前，该信号集要加入到信号的信号屏蔽字中。

sa_flags中包含了许多标志位，是对信号进行处理的各个选择项。它的常见可选值见表8-13，表8-14列举了sigpending函数的语法要点。

表8-13　常见信号的含义及其默认操作

选项	含义
SA_NODEFER\SA_NOMASK	当捕捉到此信号时，在执行其信号捕捉函数时，系统不会自动阻塞此信号
SA_NOCLDSTOP	进程忽略子进程产生的任何SIGSTOP、SIGTSTP、SIGTTIN 和SIGTTOU信号
SA_RESTART	可让重启的系统调用重新起作用
SA_ONESHOT\SA_RESETHAND	自定义信号只执行一次，在执行完毕后恢复信号的系统默认动作

表8-14　sigpending函数的语法要点

所需头文件	#include <signal.h>
函数原型	int sigpending(sigset_t *set)
函数传入值	set：要检测的信号集
函数返回值	成功：0
	出错：1

图8-5说明了信号集函数使用的流程及相互之间的关系。

图8-5　信号集函数使用的流程及相互之间的关系

（3）使用实例

该实例首先把SIGQUIT、SIGINT两个信号加入信号集，然后将该信号集设为阻塞状态，并在该状态下使程序暂停5s。接下来将信号集设置为非阻塞状态，再对这两个信号分别操作，其中SIGQUIT执行默认操作，而SIGINT执行用户自定义函数的操作。源代码如下：

```
/*sigaction.c*/
#include <sys/types.h>
#include <unistd.h>
#include <signal.h>
#include <stdio.h>
#include <stdlib.h>
/*自定义的信号处理函数*/
void my_func(int signum)
{
    printf("If you want to quit,please try SIGQUIT\n");
}
int main()
{
    sigset_t set,pendset;
    struct sigaction action1,action2;
    /*初始化信号集为空*/
    if(sigemptyset(&set)<0)
        perror("sigemptyset");
    /*将相应的信号加入信号集*/
    if(sigaddset(&set,SI QUIT)<0)
        perror("sigaddset");
    if(sigaddset(&set,SIGINT)<0)
        perror("sigaddset");
    /*设置信号集屏蔽字*/
    if(sigprocmask(SIG_BLOCK,&set,NULL)<0)
        perror("sigprocmask");
    else
    {
        printf("blocked\n");
        sleep(5);
    }
    if(sigprocmask(SIG_UNBLOCK,&set,NULL)<0)
        perror("sigprocmask");
    else
        printf("unblock\n");
    /*对相应的信号进行循环处理*/
    while(1){
    if(sigismember(&set,SIGINT)){
```

```
            sigemptyset(&action1.sa_mask);
            action1.sa_handler=my_func;
            sigaction(SIGINT,&action1,NULL);
        }else if(sigismember(&set,SIGQUIT)){
            sigemptyset(&action2.sa_mask);
            action2.sa_handler = SIG_DFL;
            sigaction(SIGTERM,&action2,NULL);
        }
    }
}
```

该程序的运行结果如下，可以看到，在信号处于阻塞状态时，所发出的信号对进程不起作用。读者需等待5s，在信号接触阻塞状态之后，用户发出的信号才能正常运行。这里SIGINT已按照用户自定义的函数运行。

```
[root@(none) tmp]# ./sigaction
blocked
unblock
If you want to quit,please try SIGQUIT
Quit
```

任务三　共享内存

一、共享内存概述

可以说，共享内存是一种最为高效的进程间通信方式。因为进程可以直接读写内存，不需要任何数据的复制。为了在多个进程间交换信息，内核专门留出了一块内存区。这段内存区可以由需要访问的进程将其映射到自己的私有地址空间。因此，进程就可以直接读写这一内存区而不需要进行数据的复制，从而大大提高了效率。当然，由于多个进程共享一段内存，所以也需要依靠某种同步机制，如互斥锁和信号量等。其原理示意图如图8-6所示。

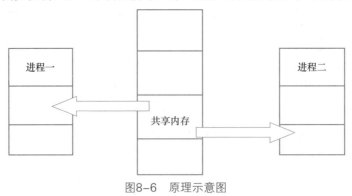

图8-6　原理示意图

二、共享内存实现

1. 函数说明

共享内存的实现分为两个步骤，第一步是创建共享内存，这里用到的函数是shmget，也就是从内存中获得一段共享内存区域。第二步是映射共享内存，也就是把这段创建的共享内存映射到具体的进程空间中，这里使用的函数是shmat。到这里，就可以使用这段共享内存了，也就是可以使用不带缓冲的I/O读写命令对其进行操作。除此之外，当然还有撤消映射的操作，其函数为shmdt。这里主要介绍这3个函数。表8-15～表8-17列举了3个函数的语法要点。

2. 函数格式

表8-15　shmget函数的语法要点

所需头文件	#include <sys/types.h>
	#include <sys/ipc.h>
	#include <sys/shm.h>
函数原型	int shmget(key_t key,int size,int shmflg)
函数传入值	key：IPC_PRIVATE
	size：共享内存区大小
	shmflg：同open函数的权限位，也可以用八进制表示法
函数返回值	成功：共享内存段标识符
	出错：1

表8-16　shmat函数的语法要点

所需头文件		#include <sys/types.h>
		#include <sys/ipc.h>
		#include <sys/shm.h>
函数原型		char *shmat(int shmid,const void *shmaddr,int shmflg)
函数传入值		shmid：要映射的共享内存区标识符
		shmaddr：将共享内存映射到指定位置（若为0则表示把该段共享内存映射到调用进程的地址空间）
	shmflg	SHM_RDONLY：共享内存只读
		默认0：共享内存可读写
函数返回值		成功：被映射的段地址
		出错：1

表8-17　shmdt函数的语法要点

所需头文件	#include <sys/types.h>
	#include <sys/ipc.h>
	#include <sys/shm.h>
函数原型	int shmdt(const void *shmaddr)
函数传入值	shmaddr：被映射的共享内存段地址
函数返回值	成功：0
	出错：1

3. 使用实例

该实例说明了如何使用基本的共享内存函数，首先是创建一个共享内存区，之后将其映射到本进程中，最后再解除这种映射关系。这里要介绍的一个命令是ipcs，这是用于报告进程间通信机制状态的命令。它可以查看共享内存、消息队列等各种进程间通信机制的情况，这里使用了system函数用于调用Shell命令"ipcs"。程序源代码如下：

```
/*shmadd.c*/
#include <sys/types.h>
```

```
#include <sys/ipc.h>
#include <sys/shm.h>
#include <stdio.h>
#include <stdlib.h>
#define BUFSZ 2048
int main()
{
    int shmid;
    char *shmadd;
    /*创建共享内存*/
    if((shmid=shmget(IPC_PRIVATE,BUFSZ,0666))<0){
        perror("shmget");
        exit(1);
    }
    else
        printf("created shared-memory: %d\n",shmid);
    system("ipcs -m");
    /*映射共享内存*/
    if((shmadd=shmat(shmid,0,0))<(char *)0){
        perror("shmat");
        exit(1);
    }
    else
        printf("attached shared-memory\n");
    /*显示系统内存情况*/
    system("ipcs -m");
    /*删除共享内存*/
    if((shmdt(shmadd))<0){
        perror("shmdt");
    exit(1);
    }
    else
        printf("deleted shared-memory\n");
    system("ipcs -m");
    exit(0);
}
```

下面是运行结果。从该结果可以看出，nattch的值随着共享内存状态的变化而变化，共享内存的值根据不同的系统会有所不同。

```
created shared-memory: 229383
------ Shared Memory Segments --------
key shmid owner perms bytes nattch status
0x00000000 229383 root 666 2048 0
attached shared-memory
------ Shared Memory Segments --------
key shmid owner perms bytes nattch status
0x00000000 229383 root 666 2048 1
deleted shared-memory
------ Shared Memory Segments --------
key shmid owner perms bytes nattch status
0x00000000 229383 root 666 2048 0
```

任务四　消　息　队　列

一、消息队列概述

消息队列就是一个消息的列表。用户可以从消息队列中添加消息、读取消息等。消息队

列具有FIFO的特性，但是它可以实现消息的随机查询，比FIFO具有更大的优势。同时，这些
消息又是存在于内核中的，由"队列ID"来标识。

二、消息队列的实现

1. 函数说明

消息队列的实现包括创建或打开消息队列、添加消息、读取消息和控制消息队列这四种
操作。其中创建或打开消息队列使用的函数是msgget，这里创建的消息队列的数量会受到系
统消息队列数量的限制；添加消息使用的函数是msgsnd函数，它把消息添加到已打开的消息
队列末尾；读取消息使用的函数是msgrcv，它把消息从消息队列中取走，与FIFO不同的是，
这里可以指定取走某一条消息；最后，控制消息队列使用的函数是msgctl，它可以完成多项
功能。表8-18～表8-21列举了上述几个函数的语法要点。

2. 函数格式

表8-18 msgget函数的语法要点

所需头文件	#include <sys/types.h> #include <sys/ipc.h> #include <sys/shm.h>
函数原型	int msgget(key_t key,int flag)
函数传入值	key：返回新的或已有队列的队列ID、IPC_PRIVATE
	flag：标志
函数返回值	成功：消息队列ID
	出错：1

表8-19 msgsnd函数的语法要点

所需头文件	#include <sys/types.h> #include <sys/ipc.h> #include <sys/shm.h>	
函数原型	int msgsnd(int msqid,const void *prt,size_t size,int flag)	
函数传入值	msqid：消息队列的队列ID	

	prt：指向消息结构的指针。该消息结构msgbuf为：
	struct msgbuf{
	long mtype;//消息类型
	char mtext[1];//消息正文
	}	

	size：消息的字节数，不要以null结尾	
	flag:	IPC_NOWAIT若消息并没有立即发送则调用进程会立即返回
		0：msgsnd调用阻塞直到条件满足为止
函数返回值	成功：0	
	出错：1	

表8-20　msgrcv函数的语法要点

所需头文件	#include <sys/types.h>	
	#include <sys/ipc.h>	
	#include <sys/shm.h>	
函数原型	int msgrcv(int msgid,struct msgbuf *msgp,int size,long msgtype,int flag)	
函数传入值	msqid：消息队列的队列ID	
	msgp：消息缓冲区	
	size：消息的字节数，不要以null结尾	
	msgtype：	0：接收消息队列中第一个消息
		大于0：接收消息队列中第一个类型为msgtyp的消息
		小于0：接收消息队列中第一个类型值不小于msgtyp绝对值且类型值又最小的消息
	flag：	MSG_NOERROR：若返回的消息比size字节多，则消息就会截短到size字节，且不通知消息发送进程
		IPC_NOWAIT：若消息并没有立即发送则调用进程会立即返回
		0：msgsnd调用阻塞直到条件满足为止
函数返回值	成功：0	
	出错：1	

表8-21　msgctl函数的语法要点

所需头文件	#include <sys/types.h>	
	#include <sys/ipc.h>	
	#include <sys/shm.h>	
函数原型	int msgctl (int msgqid, int cmd, struct msqid_ds *buf)	
函数传入值	msqid：消息队列的队列ID	
	cmd：	IPC_STAT：读取消息队列的数据结构msqid_ds，并将其存储在buf指定的地址中
		IPC_SET：设置消息队列的数据结构msqid_ds 中的ipc_perm 元素的值。这个值取自buf参数
		IPC_RMID：从系统内核中移走消息队列
	buf：消息队列缓冲区	
函数返回值	成功：0	
	出错：1	

3. 使用实例

这个实例体现了如何使用消息队列进行进程间通信，包括消息队列的创建、消息发送与读取、消息队列的撤消等多种操作。注意这里使用了函数ftok，它可以根据不同的路径和关键表示产生标准的key。程序源代码如下：

```
/*msg.c*/
#include <sys/types.h>
#include <sys/ipc.h>
#include <sys/msg.h>
#include <stdio.h>
#include <stdlib.h>
#include <unistd.h>
#include <string.h>
#define BUFSZ 512
struct message{
    long msg_type;
    char msg_text[BUFSZ];
};
int main()
```

```
{
    int qid;
    key_t key;
    int len;
    struct message msg;
    /*根据不同的路径和关键表示产生标准的key*/
    if((key=ftok(".",'a'))==1){
        perror("ftok");
    exit(1);
    }
    /*创建消息队列*/
    if((qid=msgget(key,IPC_CREAT|0666))==1){
        perror("msgget");
    exit(1);
    }
    printf("opened queue %d\n",qid);
    puts("Please enter the message to queue:");
    if((fgets((&msg)->msg_text,BUFSZ,stdin))==NULL){
        puts("no message");
        exit(1);
    }
    msg.msg_type = getpid();
    len = strlen(msg.msg_text);
    /*添加消息到消息队列*/
    if((msgsnd(qid,&msg,len,0))<0){
        perror("message posted");
        exit(1);
    }
    /*读取消息队列*/
    if(msgrcv(qid,&msg,BUFSZ,0,0)<0){
        perror("msgrcv");
        exit(1);
    }
    printf("message is:%s\n",(&msg)->msg_text);
    /*从系统内核中移走消息队列。*/
    if((msgctl(qid,IPC_RMID,NULL))<0){
        perror("msgctl");
        exit(1);
    }
    exit(0);
}
```

以下是程序的运行结果。

```
[root@(none) tmp]# ./msg
opened queue 262146
Please enter the message to queue:
hello
message is:hello
```

第九单元

多线程编程

任务一　Linux下线程概述

一、线程概述

在前面的单元中已经了解进程是系统中程序执行和资源分配的基本单位。每个进程都拥有自己的数据段、代码段和堆栈段，这就造成了进程在进行切换等操作时都需要有比较负责的上下文切换等动作。为了进一步减少处理机的空转时间、支持多处理器和减少上下文切换开销，进程在演化过程中出现了另一个概念——线程。它是一个进程内的基本调度单位，也可以称为轻量级进程。线程是在共享内存空间中并发的多道执行路径，它们共享一个进程的资源，如文件描述和信号处理。因此，大大减少了上下文切换的开销。

同进程一样，线程也将相关的变量值放在线程控制表内。一个进程可以有多个线程，也就是有多个线程控制表及堆栈寄存器，但却共享一个用户地址空间。要注意的是，由于线程共享了进程的资源和地址空间，因此，任何线程对系统资源的操作都会给其他线程带来影响，因此，多线程中的同步就是非常重要的问题了。在多线程系统中，进程与进程的关系如图9-1所示。

图9-1　进程与线程的关系

二、线程分类

线程按照其调度者可以分为用户级线程和核心级线程两种。

1. 用户级线程

用户级线程主要解决的是上下文切换的问题，它的调度算法和调度过程全部由用户自行选择决定，在运行时不需要特定的内核支持。在这里，操作系统往往会提供一个用户空间的线程库，该线程库提供了线程的创建、调度、撤消等功能，而内核仍然仅对进程进行管理。如果一个进程中的某一个线程调用了一个阻塞的系统调用，那么该进程包括该进程中的其他所有线程也同时被阻塞。这种用户级线程的主要缺点是在一个进程中的多个线程的调度中无法发挥多处理器的优势。

2. 核心级线程

这种线程允许不同进程中的线程按照同一相对优先调度方法进行调度，这样就可以发挥多处理器的并发优势。现在大多数系统都采用用户级线程与核心级线程并存的方法。一个用户级线程可以对应一个或几个核心级线程，也就是"一对一"或"多对一"模型。这样既可满足多处理机系统的需要，也可以最大限度地减少调度开销。

三、Linux线程实现

1. 线程基本操作

这里要讲的线程相关操作都是用户空间线程的操作。在Linux中，一般Pthread线程库是一套通用的线程库，是由POSIX提出的，因此具有很好的可移植性。

2. 线程创建和退出

（1）函数说明

创建线程实际上就是确定调用该线程函数的入口点，这里通常使用的函数是pthread_create()。在线程创建以后，就开始运行相关的线程函数，在该函数运行完之后，该线程也就退出了，这也是线程退出的一种方法。另一种退出线程的方法是使用函数pthread_exit()，这是线程的主动行为。这里要注意的是，在使用线程函数时，不能随意使用exit()退出函数进行出错处理，由于exit的作用是使调用进程终止，往往一个进程包含多个线程，因此，在使用exit()之后，该进程中的所有线程都终止了。因此，在线程中就可以使用pthread_exit()来代替进程中的exit()。

由于一个进程中的多个线程是共享数据段的，因此通常在线程退出之后，退出线程所占用的资源并不会随着线程的终止而得到释放。正如进程之间可以用wait()系统调用来同步终止并释放资源一样，线程之间也有类似机制，那就是pthread_join()函数。pthread_join()可以用于将当前线程挂起，等待线程的结束。这个函数是一个线程阻塞的函数，调用它的函数将一直等待到被等待的线程结束为止，当函数返回时，被等待线程的资源就被收回。

（2）函数格式

表9-1～表9-3列举了pthread_create()、pthread_exit()和pthread_join()函数的语法要点。

表9-1　pthread_create函数的语法要点

所需文件	#include <pthread.h>
函数原型	int pthread_create ((pthread_t *thread, pthread_attr_t *attr, void *(*start_routine)(void *), void *arg))
函数传入值	thread：线程标识符
	attr：线程属性设置（具体设定在下一个任务中会进行讲解）
	start_routine：线程函数的起始地址
	arg：传递给start_routine的参数
函数返回值	成功：0
	出错：1

表9-2　pthread_exit函数的语法要点

所需头文件	#include <pthread.h>
函数原型	void pthread_exit(void *retval)
函数传入值	Retval：pthread_exit()调用者线程的返回值，可由其他函数如pthread_join来检索获取

表9-3　pthread_join函数的语法要点

所需头文件	#include <pthread.h>
函数原型	int pthread_join ((pthread_t th, void **thread_return))
函数传入值	th：等待线程的标识符
	thread_return：用户定义的指针，用来存储被等待线程的返回值（不为NULL时）
函数返回值	成功：0
	出错：1

（3）函数使用

以下实例创建了两个线程，其中第一个线程是在程序运行到中途时调用pthread_exit函数退出，第二个线程正常运行退出。在主线程中收集这两个线程的退出信息并释放资源。从这个实例中可以看出这两个线程是并发运行的。

```c
/*thread.c*/
#include <stdio.h>
#include <pthread.h>
/*线程一*/
void thread1(void)
{
    int i=0;
    for(i=0;i<6;i++){
        printf("This is a pthread1.\n");
        if(i==2)
            pthread_exit(0);
        sleep(1);
    }
}
/*线程二*/
void thread2(void)
{
    int i;
    for(i=0;i<3;i++)
        printf("This is a pthread2.\n");
    pthread_exit(0);
}
int main(void)
{
    pthread_t id1,id2;
    int i,ret;
    /*创建线程一*/
    ret=pthread_create(&id1,NULL,(void *) thread1,NULL);
    if(ret!=0){
        printf ("Create pthread error!\n");
        exit (1);
    }
    /*创建线程二*/
    ret=pthread_create(&id2,NULL,(void *) thread2,NULL);
    if(ret!=0){
        printf ("Create pthread error!\n");
        exit (1);
    }
    /*等待线程结束*/
    pthread_join(id1,NULL);
    pthread_join(id2,NULL);
    exit (0);
}
```

以下是程序运行结果：

```
[root@(none) tmp]# ./thread
This is a pthread1.
This is a pthread2.
```

```
This is a pthread2.
This is a pthread2.
This is a pthread1.
This is a pthread1.
```

3. 修改线程属性

（1）函数说明

读者是否还记得pthread_create()函数的第二个参数——线程的属性。在上一个实例中，将该值设为NULL，也就是采用默认属性，线程的多项属性都是可以更改的。这些属性主要包括绑定属性、分离属性、堆栈地址、堆栈大小、优先级。其中系统默认的属性为非绑定、非分离、默认1MB大小的堆栈、与父进程同样级别的优先级。下面首先对绑定属性和分离属性的基本概念进行讲解。

绑定属性

前面已经提到，Linux中采用"一对一"的线程机制，也就是一个用户线程对应一个内核线程。绑定属性就是指一个用户线程固定地分配给一个内核线程，因为CPU时间片的调度是面向内核线程（也就是轻量级进程）的，因此具有绑定属性的线程可以保证在需要的时候总有一个内核线程与之对应。而与之相对的非绑定属性就是指用户线程和内核线程的关系不是始终固定的，而是由系统来控制分配的。

分离属性

分离属性是用来决定一个线程以什么样的方式来终止自己。在非分离情况下，当一个线程结束时，它所占用的系统资源并没有被释放，也就是没有真正的终止。只有当pthread_join()函数返回时，创建的线程才能释放自己占用的系统资源。而在分离属性情况下，一个线程结束时立即释放它所占有的系统资源。这里要注意的一点是，如果设置一个线程的分离属性，而这个线程运行又非常快，那么它很可能在pthread_create()函数返回之前就终止了，它终止以后就可能将线程号和系统资源移交给其他线程使用，这时调用pthread_create()的线程就得到了错误的线程号。

这些属性的设置都是通过一定的函数来完成的，通常首先调用pthread_attr_init()函数进行初始化，之后再调用相应的属性设置函数。设置绑定属性的函数为pthread_attr_setscope()，设置线程分离属性的函数为pthread_attr_setdetachstate()，设置线程优先级的相关函数为pthread_attr_getschedparam()（获取线程优先级）和pthread_attr_setschedparam()（设置线程优先级）。在设置完这些属性后，就可以调用pthread_create()函数来创建线程了。表9-4～9-8列举了相关函数的语法要点。

（2）函数格式

表9-4　pthread_attr_init函数的语法要点

所需头文件	#include <pthread.h>	
函数原型	int pthread_attr_init(pthread_attr_t *attr)	
函数传入值	attr：线程属性	
函数返回值	成功：0	
	出错：1	

表9-5　pthread_attr_setscope函数的语法要点

所需头文件	#include <pthread.h>	
函数原型	int pthread_attr_setscope(pthread_attr_t *attr, int scope)	
函数传入值	attr：线程属性	
	scope	PTHREAD_SCOPE_SYSTEM：绑定
		PTHREAD_SCOPE_PROCESS：非绑定
函数返回值	成功：0	
	出错：1	

表9-6　pthread_attr_setdetachstate函数的语法要点

所需头文件	#include <pthread.h>	
函数原型	int pthread_attr_setscope(pthread_attr_t *attr, int detachstate)	
函数传入值	attr：线程属性	
	detachstate	PTHREAD_CREATE_DETACHED：分离
		PTHREAD _CREATE_JOINABLE：非分离
函数返回值	成功：0	
	出错：1	

表9-7　pthread_attr_getschedparam函数的语法要点

所需头文件	#include <pthread.h>
函数原型	int pthread_attr_getschedparam (pthread_attr_t *attr, struct sched_param *param)
函数传入值	attr：线程属性
	param：线程优先级
函数返回值	成功：0
	出错：1

表9-8　pthread_attr_setschedparam函数的语法要点

所需头文件	#include <pthread.h>
函数原型	int pthread_attr_setschedparam (pthread_attr_t *attr, struct sched_param *param)
函数传入值	attr：线程属性
	param：线程优先级
函数返回值	成功：0
	出错：1

4. 使用实例

该实例将上一任务中的第一个线程设置为分离属性，并将第二个线程设置为始终运行状态，这样就可以在第二个线程运行过程中查看内存值的变化。其源代码如下：

```c
/*pthread.c*/
#include <stdio.h>
#include <pthread.h>
#include <time.h>
/*线程一*/
void thread1(void)
{
    int i=0;
    for(i=0;i<6;i++){
```

```
        printf("This is a pthread1.\n");
        if(i==2)
            pthread_exit(0);
        sleep(1);
    }
}
/*线程二*/
void thread2(void)
{
    int i;
    while(1){
        for(i=0;i<3;i++)
            printf("This is a pthread2.\n");
        sleep(1);
    }
    pthread_exit(0);
}
int main(void)
{
    pthread_t id1,id2;
    int i,ret;
    pthread_attr_t attr;
    /*初始化线程*/
    pthread_attr_init(&attr);
    /*设置线程绑定属性*/
    pthread_attr_setscope(&attr, PTHREAD_SCOPE_SYSTEM);
    /*设置线程分离属性*/
    pthread_attr_setdetachstate(&attr,PTHREAD_CREATE_DETACHED);
    /*创建线程*/
    ret=pthread_create(&id1,&attr,(void *) thread1,NULL);
    if(ret!=0){
        printf ("Create pthread error!\n");
        exit (1);
    }
    ret=pthread_create(&id2,NULL,(void *) thread2,NULL);
    if(ret!=0){
        printf ("Create pthread error!\n");
    exit (1);
    }
    pthread_join(id2,NULL);
    return (0);
}
```

接下来可以在线程一运行前及运行后使用"free"命令查看内存使用情况。以下是运行结果：

```
[root@(none) tmp]# ./thread3
This is a pthread1.
This is a pthread2.
This is a pthread2.
This is a pthread2.
This is a pthread1.
This is a pthread2.
This is a pthread2.
This is a pthread2.
This is a pthread1.
This is a pthread2.
…
[root@www yul]# free
total used free shared buffers cached
Mem: 1028428 570212 458216 48 204292 93196
–/+ buffers/cache: 272724 755704
Swap: 1020116 0 1020116
[root@www yul]# free
total used free shared buffers cached
Mem: 1028428 570220 458208 48 204296 93196
–/+ buffers/cache: 272728 755700
Swap: 1020116 0 1020116
```

```
[root@www yul]# free
total used free shared buffers cached
Mem: 1028428 570212 458216 48 204296 93196
–/+ buffers/cache: 272720 755708
Swap: 1020116 0 1020116
```

可以看到，线程一在运行结束后就收回了系统资源，并释放了内存。

5. 线程访问控制

由于线程共享进程的资源和地址空间，因此在对这些资源进行操作时，必须考虑到线程间资源访问的唯一性问题，这里主要介绍POSIX中线程同步的方法，主要有互斥锁和信号量的方式。

6. mutex互斥锁线程控制

（1）函数说明

mutex是一种简单的加锁方法，可以控制对共享资源的存取。这个互斥锁只有两种状态，也就是上锁和解锁，可以把互斥锁看作某种意义上的全局变量。在同一时刻只能有一个线程掌握某个互斥上的锁，拥有上锁状态的线程能够对共享资源进行操作。若其他线程希望上锁一个已经上锁了的互斥锁，则该线程就会挂起，直到上锁的线程释放掉互斥锁为止。可以说，这把互斥锁使得共享资源按序在各个线程中操作。

互斥锁的操作主要包括以下几个步骤：

互斥锁初始化：pthread_mutex_init()；

互斥锁上锁：pthread_mutex_lock()；

互斥锁判断上锁：pthread_mutex_trylock()；

互斥锁接锁：pthread_mutex_unlock()；

消除互斥锁：pthread_mutex_destroy()。

其中，互斥锁可以分为快速互斥锁、递归互斥锁和检错互斥锁。这三种锁的区别主要在于其他未占有互斥锁的线程在希望得到互斥锁时是否需要阻塞等待。快速锁是指调用线程会阻塞直至拥有互斥锁的线程解锁为止。递归互斥锁能够成功地返回并且增加调用线程在互斥上加锁的次数，而检错互斥锁为快速互斥锁的非阻塞版本，它会立即返回并返回一个错误信息。表9-9和表9-10列举了上述几个函数的语法要点。

（2）函数格式

表9-9　pthread_mutex_init函数的语法要点

所需头文件	#include <pthread.h>		
函数原型	int pthread_mutex_init(pthread_mutex_t *mutex, const pthread_mutexattr_t *mutexattr)		
函数传入值	mutex：互斥锁		
	mutexattr	PTHREAD_MUTEX_INITIALIZER：创建快速互斥锁	
		PTHREAD_RECURSIVE_MUTEX_ INITIALIZER_NP：创建递归互斥锁	
		PTHREAD_ERRORCHECK_MUTEX_INITIALIZER_NP：创建检错互斥锁	
函数返回值	成功：0		
	出错：1		

表9-10　pthread_mutex_lock等函数的语法要点

所需头文件	#include <pthread.h>
函数原型	int pthread_mutex_lock(pthread_mutex_t *mutex,)
	int pthread_mutex_trylock(pthread_mutex_t *mutex,)
	int pthread_mutex_unlock(pthread_mutex_t *mutex,)
	int pthread_mutex_destroy(pthread_mutex_t *mutex,)
函数传入值	mutex：互斥锁
函数返回值	成功：0
	出错：1

（3）使用实例

该实例使用互斥锁来实现对变量lock_var的加一和打印操作。

```c
/*mutex.c*/
#include <stdio.h>
#include <stdlib.h>
#include <unistd.h>
#include <pthread.h>
#include <errno.h>
pthread_mutex_t mutex = PTHREAD_MUTEX_INITIALIZER;
int lock_var;
time_t end_time;
void pthread1(void *arg);
void pthread2(void *arg);
int main(int argc, char *argv[])
{
    pthread_t id1,id2;
    pthread_t mon_th_id;
    end_time = time(NULL)+10;
    /*互斥锁初始化*/
    pthread_mutex_init(&mutex,NULL);
    /*创建两个线程*/
    ret=pthread_create(&id1,NULL,(void *)pthread1, NULL);
    if(ret!=0)
        perror("pthread cread1");
    ret=pthread_create(&id2,NULL,(void *)pthread2, NULL);
    if(ret!=0)
        perror("pthread cread2");
    pthread_join(id1,NULL);
    pthread_join(id2,NULL);
    exit(0);
}
void pthread1(void *arg)
{
    int i;
    while(time(NULL) < end_time){
    /*互斥锁上锁*/
    if(pthread_mutex_lock(&mutex)!=0){
        perror("pthread_mutex_lock");
    }
    else
        printf("pthread1:pthread1 lock the variable\n");
    for(i=0;i<2;i++){
        sleep(1);
        lock_var++;
    }
    /*互斥锁接锁*/
    if(pthread_mutex_unlock(&mutex)!=0){
        perror("pthread_mutex_unlock");
    }
    else
        printf("pthread1:pthread1 unlock the variable\n");
```

```
            sleep(1);
        }
    }
void pthread2(void *arg)
{
    int nolock=0;
    int ret;
    while(time(NULL) < end_time){
        /*测试互斥锁*/
        ret=pthread_mutex_trylock(&mutex);
        if(ret==EBUSY)
            printf("pthread2:the variable is locked by pthread1\n");
        else
            if(ret!=0){
                perror("pthread_mutex_trylock");
                exit(1);
            }
        else{
            printf("pthread2:pthread2 got lock.The variable is%d\n",lock_var);
            /*互斥锁接锁*/
            if(pthread_mutex_unlock(&mutex)!=0){
                perror("pthread_mutex_unlock");
            }
            else
            printf("pthread2:pthread2 unlock the variable\n");
        }
    sleep(3);
    }
}
```

该实例的运行结果如下：

```
[root@(none) tmp]# ./mutex2
pthread1:pthread1 lock the variable
pthread2:the variable is locked by pthread1
pthread1:pthread1 unlock the variable
pthread:pthread2 got lock.The variable is 2
pthread2:pthread2 unlock the variable
pthread1:pthread1 lock the variable
pthread1:pthread1 unlock the variable
pthread:pthread2 got lock.The variable is 4
pthread2:pthread2 unlock the variable
pthread1:pthread1 lock the variable
```

7. 信号量线程控制

（1）信号量说明

在第八单元中已经讲到，信号量也就是操作系统中所用到的PV原语，它广泛用于进程或线程间的同步与互斥。信号量本质上是一个非负的整数计数器，它被用来控制对公共资源的访问。这里先来简单复习一下PV原语的工作原理。PV原语是对整数计数器信号量sem的操作。一次P操作使sem减一，而一次V操作使sem加一。进程（或线程）根据信号量的值来判断是否对公共资源具有访问权限。当信号量sem的值大于等于零时，该进程（或线程）具有公共资源的访问权限；相反，当信号量sem的值小于零时，该进程（或线程）就将阻塞直到信号量sem的值大于等于0为止。PV原语主要用于进程或线程间的同步和互斥这两种典型情况。若用于互斥，则几个进程（或线程）往往只设置一个信号量sem，它们的操作流程如图9-2所示。当信号量用于同步操作时，往往会设置多个信号量，并安排不同的初始值来实现它们之间的顺序执行，它们的操作流程如图9-3所示。

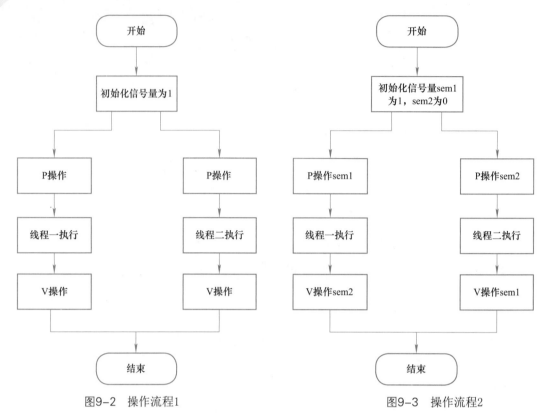

图9-2　操作流程1　　　　　　　　　　图9-3　操作流程2

（2）函数说明

Linux实现了POSIX的无名信号量，主要用于线程间的互斥同步。这里主要介绍几个常见函数。

sem_init用于创建一个信号量，并能初始化它的值。

sem_wait和sem_trywait相当于P操作，它们都能将信号量的值减一，两者的区别在于若信号量小于零，则sem_wait将会阻塞进程，而sem_trywait会立即返回。

sem_post相当于V操作，它将信号量的值加一，同时发出信号唤醒等待的进程。

sem_getvalue用于得到信号量的值。

sem_destroy用于删除信号量。

表9-11和表9-12列举了上述函数的语法要点。

（3）函数格式

表9-11　sem_init函数的语法要点

所需头文件	#include <semaphore.h>
函数原型	int sem_init(sem_t *sem,int pshared,unsigned int value)
函数传入值	sem：信号量
	pshared：决定信号量能否在几个进程间共享。由于目前Linux还没有实现进程间共享信号量，所以这个值只能够取0
	value：信号量初始化值
函数返回值	成功：0
	出错：1

表9-12   sem_wait等函数的语法要点

所需头文件	#include <pthread.h>
函数原型	int sem_wait(sem_t *sem)
	int sem_trywait(sem_t *sem)
	int sem_post(sem_t *sem)
	int sem_getvalue(sem_t *sem)
	int sem_destroy(sem_t *sem)
函数传入值	sem：信号量
函数返回值	成功：0
	出错：1

（4）使用实例

下面的实例使用信号量实现了上一实例中对lock_var的操作，在这里使用的是互斥操作，也就是只使用一个信号量来实现。代码如下：

```c
/*sem_mutex.c*/
#include <stdio.h>
#include <stdlib.h>
#include <unistd.h>
#include <pthread.h>
#include <errno.h>
#include <sys/ipc.h>
#include <semaphore.h>
int lock_var;
time_t end_time;
sem_t sem;
void pthread1(void *arg);
void pthread2(void *arg);
int main(int argc, char *argv[])
{
    pthread_t id1,id2;
    pthread_t mon_th_id;
    int ret;
    end_time = time(NULL)+30;
    /*初始化信号量为1*/
    ret=sem_init(&sem,0,1);
    if(ret!=0)
    {
        perror("sem_init");
    }
    /*创建两个线程*/
    ret=pthread_create(&id1,NULL,(void *)pthread1, NULL);
    if(ret!=0)
        perror("pthread cread1");
    ret=pthread_create(&id2,NULL,(void *)pthread2, NULL);
    if(ret!=0)
        perror("pthread cread2");
    pthread_join(id1,NULL);
    pthread_join(id2,NULL);
    exit(0);
}
void pthread1(void *arg)
{
    int i;
    while(time(NULL) < end_time){
    /*信号量减一，P操作*/
    sem_wait(&sem);
    for(i=0;i<2;i++){
        sleep(1);
        lock_var++;
        printf("lock_var=%d\n",lock_var);
    }
```

```
        printf("pthread1:lock_var=%d\n",lock_var);
        /*信号量加一，V操作*/
        sem_post(&sem);
        sleep(1);
        }
}
void pthread2(void *arg)
{
        int nolock=0;
        int ret;
        while(time(NULL) < end_time){
            /*信号量减一，P操作*/
            sem_wait(&sem);
            printf("pthread2:pthread1 got lock;lock_var=%d\n",lock_var);
            /*信号量加一，V操作*/
            sem_post(&sem);
            sleep(3);
        }
}
```

程序运行结果如下：

```
[root@(none) tmp]# ./sem_num
lock_var=1
lock_var=2
pthread1:lock_var=2
pthread2:pthread1 got lock;lock_var=2
lock_var=3
lock_var=4
pthread1:lock_var=4
pthread2:pthread1 got lock;lock_var=4
```

接下来通过两个信号量来实现两个线程间的同步，仍然完成了以上实例中对lock_var的操作。代码如下：

```
/*sem_syn.c*/
#include <stdio.h>
#include <stdlib.h>
#include <unistd.h>
#include <pthread.h>
#include <errno.h>
#include <sys/ipc.h>
#include <semaphore.h>
int lock_var;
time_t end_time;
sem_t sem1,sem2;
void pthread1(void *arg);
void pthread2(void *arg);
int main(int argc, char *argv[])
{
        pthread_t id1,id2;
        pthread_t mon_th_id;
        int ret;
        end_time = time(NULL)+30;
        /*初始化两个信号量，一个信号量为1，一个信号量为0*/
        ret=sem_init(&sem1,0,1);
        ret=sem_init(&sem2,0,0);
        if(ret!=0)
        {
            perror("sem_init");
        }
        /*创建两个线程*/
        ret=pthread_create(&id1,NULL,(void *)pthread1, NULL);
        if(ret!=0)
            perror("pthread cread1");
        ret=pthread_create(&id2,NULL,(void *)pthread2, NULL);
        if(ret!=0)
            perror("pthread cread2");
```

```
        pthread_join(id1,NULL);
        pthread_join(id2,NULL);
        exit(0);
}
void pthread1(void *arg)
{
        int i;
        while(time(NULL) < end_time){
            /*P操作信号量2*/
            sem_wait(&sem2);
            for(i=0;i<2;i++){
                sleep(1);
                lock_var++;
                printf("lock_var=%d\n",lock_var);
            }
            printf("pthread1:lock_var=%d\n",lock_var);
            /*V操作信号量1*/
            sem_post(&sem1);
            sleep(1);
        }
}
void pthread2(void *arg)
{
        int nolock=0;
        int ret;
        while(time(NULL) < end_time){
            /*P操作信号量1*/
            sem_wait(&sem1);
            printf("pthread2:pthread1 got lock;lock_var=%d\n",lock_var);
            /*V操作信号量2*/
            sem_post(&sem2);
            sleep(3);
        }
}
```

从以下结果中可以看出，该程序确实实现了先运行线程二，再运行线程一。

```
[root@(none) tmp]# ./sem_sync
pthread2:pthread1 got lock;lock_var=0
lock_var=1
lock_var=2
pthread1:lock_var=2
pthread2:pthread1 got lock;lock_var=2
lock_var=3
lock_var=4
pthread1:lock_var=4
```

任务二　　生产者消费者问题

一、实验目的

"生产者消费者"问题是一个著名的同时性编程问题的集合。通过编写经典的"生产者消费者"问题的实验，读者可以进一步熟悉Linux中的多线程编程，并且掌握用信号量处理线程间的同步互斥问题。

二、实验内容

"生产者消费者"问题描述：有一个有限缓冲区和两个线程：生产者和消费者。它们分别把产品放入缓冲区和从缓冲区中拿走产品。一个生产者在缓冲区满时必须等待，一个消费者在缓冲区空时也必须等待。它们之间的关系如图9-4所示。

图9-4　生产者消费者

这里要求用有名管道来模拟有限缓冲区，用信号量来解决生产者消费者问题中的同步和互斥问题。

三、实验步骤

（1）信号量的考虑

这里使用3个信号量，其中两个信号量avail和full分别用于解决生产者和消费者线程之间的同步问题，mutex是用于这两个线程之间的互斥问题。其中，avail初始化为N（有界缓冲区的空单元数），mutex初始化为1，full初始化为0。

（2）画出流程图

本实验的流程图如图9-5所示。

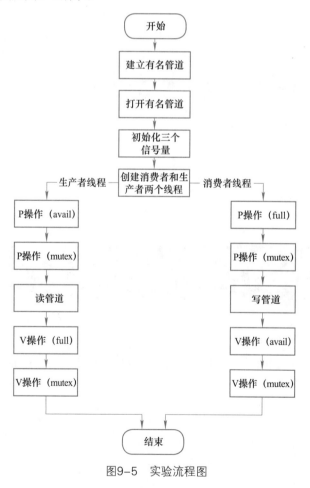

图9-5　实验流程图

（3）编写代码

本实验代码如下：

```c
/*product.c*/
#include <stdio.h>
#include <stdlib.h>
#include <unistd.h>
#include <pthread.h>
#include <errno.h>
#include <sys/ipc.h>
#include <semaphore.h>
#include <fcntl.h>
#define FIFO "myfifo"
#define N 5
int lock_var;
time_t end_time;
char buf_r[100];
sem_t mutex,full,avail;
int fd;
void pthread1(void *arg);
void pthread2(void *arg);
int main(int argc, char *argv[])
{
    pthread_t id1,id2;
    pthread_t mon_th_id;
    int ret;
    end_time = time(NULL)+30;
    /*创建有名管道*/
    if((mkfifo(FIFO,O_CREAT|O_EXCL)<0)&&(errno!=EEXIST))
        printf("cannot create fifoserver\n");
    printf("Preparing for reading bytes...\n");
    memset(buf_r,0,sizeof(buf_r));
    /*打开管道*/
    fd=open(FIFO,O_RDWR|O_NONBLOCK,0);
    if(fd==-1)
    {
        perror("open");
        exit(1);
    }
    /*初始化互斥信号量为1*/
    ret=sem_init(&mutex,0,1);
    /*初始化avail信号量为N*/
    ret=sem_init(&avail,0,N);
    /*初始化full信号量为0*/
    ret=sem_init(&full,0,0);
    if(ret!=0)
    {
        perror("sem_init");
    }
    /*创建两个线程*/
    ret=pthread_create(&id1,NULL,(void *)producer, NULL);
    if(ret!=0)
        perror("pthread cread1");
    ret=pthread_create(&id2,NULL,(void *)consumer, NULL);
    if(ret!=0)
        perror("pthread cread2");
    pthread_join(id1,NULL);
    pthread_join(id2,NULL);
    exit(0);
}
/*生产者线程*/
void producer(void *arg)
{
    int i,nwrite;
```

```
    while(time(NULL) < end_time){
        /*P操作信号量avail和mutex*/
        sem_wait(&avail);
        sem_wait(&mutex);
        /*生产者写入数据*/
        if((nwrite=write(fd,"hello",5))==−1)
        {
            if(errno==EAGAIN)
                printf("The FIFO has not been read yet.Please try later\n");
        }
        else
        printf("write hello to the FIFO\n");
        /*V操作信号量full和mutex*/
        sem_post(&full);
        sem_post(&mutex);
        sleep(1);
    }
}
/*消费者线程*/
void consumer(void *arg)
{
    int nolock=0;
    int ret,nread;
    while(time(NULL) < end_time){
    /*P操作信号量full和mutex*/
    sem_wait(&full);
    sem_wait(&mutex);
    memset(buf_r,0,sizeof(buf_r));
    if((nread=read(fd,buf_r,100))==−1){
        if(errno==EAGAIN)
            printf("no data yet\n");
    }
    printf("read %s from FIFO\n",buf_r);
    /*V操作信号量avail和mutex*/
    sem_post(&avail);
    sem_post(&mutex);
    sleep(1);
    }
}
```

四、实验结果

运行该程序，得到如下结果：

```
[root@(none) tmp]#./exec
Preparing for reading bytes…
write hello to the FIFO
read hello from FIFO
write hello to the FIFO
read hello from FIFO
write hello to the FIFO
read hello from FIFO
write hello to the FIFO
read hello from FIFO
```

第十单元

网络编程

目　标

➢ 掌握TCP/IP的基础知识

➢ 掌握嵌入式Linux的基础网络编程方法

➢ 掌握嵌入式Linux的TCP网络编程方法

➢ 掌握嵌入式Linux的UDP网络编程方法

单元简介

本单元将介绍嵌入式Linux网络编程的基础知识。由于网络在嵌入式中的应用非常广泛，基本上常见的应用都会与网络有关，因此，掌握这一部分的内容是非常重要的。主要包含TCP/IP编程与Socket编程。

任务一　认识TCP/IP

一、OSI参考模型及TCP/IP参考模型

读者一定都听说过著名的OSI协议参考模型，它是基于国际标准化组织（ISO）的建议发展起来的，从上到下共分为7层：应用层、表示层、会话层、传输层、网络层、数据链路层及物理层。这个7层的协议模型虽然规定得非常细致和完善，但在实际中却得不到广泛的应用，原因之一就在于它过于复杂。但它仍是此后很多协议模型的基础，这种分层架构的思想在很多领域都得到了广泛的应用。与此相区别的TCP/IP模型从一开始就遵循简单明确的设计思路，它将TCP/IP的7层协议模型简化为4层，从而更有利于实现和使用。TCP/IP的协议参考模型和OSI协议参考模型的对应关系如图10-1所示。

下面分别对TCP/IP的4层模型进行简要介绍。

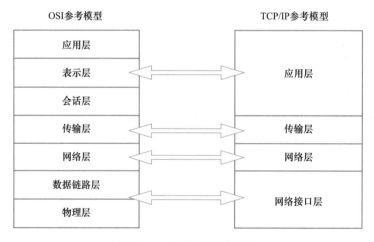

图10-1　OSI协议参考模型

网络接口层：负责将二进制流转换为数据帧，并进行数据帧的发送和接收。要注意的是数据帧是独立的网络信息传输单元。

网络层：负责将数据帧封装成IP数据报，并运行必要的路由算法。

传输层：负责端对端之间的通信会话连接与建立。传输协议的选择根据数据传输方式而定。

应用层：负责应用程序的网络访问，这里通过端口号来识别各个不同的进程。

二、TCP/IP族

虽然TCP/IP从名称上看只包含了两个协议，但实际上，TCP/IP是一个庞大的协议族，它包括了各个层次上的众多协议，图10-2列举了各层中一些重要的协议，并给出了各个协议在不同层次中所处的位置。

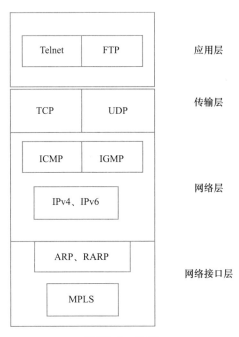

图10-2　协议

> ➤　ARP：用于获得同一物理网络中的硬件主机地址。
> ➤　MPLS：多协议标签协议，是很有发展前景的下一代网络协议。
> ➤　IP：负责在主机和网络之间寻址和路由数据包。
> ➤　ICMP：用于发送报告有关数据包的传送错误的协议。
> ➤　IGMP：被IP主机用来向本地多路广播路由器报告主机组成员的协议。
> ➤　TCP：为应用程序提供可靠的通信连接。适合于一次传输大批数据的情况。并适用于

要求得到响应的应用程序。

> ➤　UDP：提供了无连接通信，且不对传送包进行可靠的保证。适合于一次传输少量数

据，可靠性则由应用层来负责。

三、TCP和UDP

在此主要介绍在网络编程中涉及的TCP和UDP。

1. TCP

（1）概述

同其他任何协议栈一样，TCP向相邻的高层提供服务。因为TCP的上一层就是应用层，因此，TCP数据传输实现了从一个应用程序到另一个应用程序的数据传递。应用程序通过编程调用TCP并使用TCP服务，提供需要准备发送的数据，用来区分接收数据应用的目的地址和端口号。

通常应用程序通过打开一个socket来使用TCP服务，TCP管理到其他socket的数据传递。可以说，通过IP的源/目的可以唯一区分网络中的两个设备的关联，通过socket的源/目

的可以唯一区分网络中两个应用程序的关联。

（2）三次握手协议

TCP对话通过三次握手来初始化的。三次握手的目的是使数据段的发送和接收同步，告诉其他主机其一次可接收的数据量，并建立虚连接。

下面描述了这三次握手的简单过程。

1）初始化主机通过一个同步标志置位的数据段发出会话请求。

2）接收主机通过发回具有以下项目的数据段表示回复：同步标志置位、即将发送的数据段的起始字节的顺序号、应答并带有将收到的下一个数据段的字节顺序号。

3）请求主机再回送一个数据段，并带有确认顺序号和确认号。

图10-3就是这个流程的简单示意图。

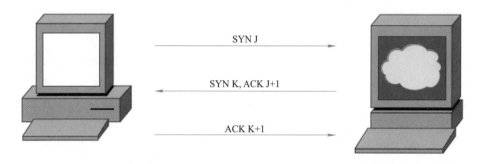

图10-3　示意图

TCP实体所采用的基本协议是滑动窗口协议。当发送方传送一个数据报时，它将启动计时器。当该数据报到达目的地后，接收方的TCP实体往回发送一个数据报，其中包含有一个确认序号，表示希望收到的下一个数据报的顺序号。如果发送方的定时器在确认信息到达之前超时，那么发送方会重发该数据报。

（3）TCP数据报头

图10-4给出了TCP数据报头的格式。

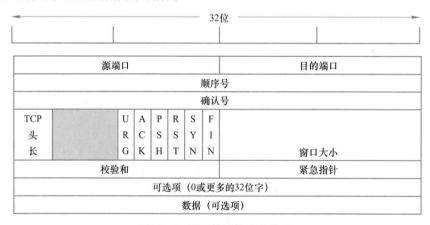

图10-4　TCP数据报头的格式

TCP数据报头的含义如下。

1）源端口、目的端口：16位长。标识出远端和本地的端口号。

2）序号：32位长。标识发送的数据报的顺序。

3）确认号：32位长。希望收到的下一个数据报的序列号。

4）TCP头长：4位长。表明TCP头中包含多少个32位字。

5）6位未用。

6）ACK：ACK为1表明确认号是合法的。如果ACK为0，那么数据报不包含确认信息，确认字段被省略。

7）PSH：表示是带有PUSH标志的数据。接收方因此请求数据报一到便可送往应用程序而不必等到缓冲区装满时才传送。

8）RST：用于复位由于主机崩溃或其他原因而出现的错误的连接。还可以用于拒绝非法的数据报或拒绝连接请求。

9）SYN：用于建立连接。

10）FIN：用于释放连接。

11）窗口大小：16位长。窗口大小字段表示在确认了字节之后还可以发送多少个字节。

12）校验和：16位长。是为了确保高可靠性而设置的。它校验头部、数据和伪TCP头部之和。

- 可选项：0个或多个32位字。包括最大TCP载荷、窗口比例、选择重发数据报等选项。

2. UDP

（1）概述

UDP即用户数据报协议，它是一种无连接协议，因此不需要像TCP那样通过三次握手来建立一个连接。同时，一个UDP应用可同时作为应用的客户或服务器方。由于UDP并不需要建立一个明确的连接，所以建立UDP应用要比建立TCP应用简单得多。

UDP从问世至今已经被使用了很多年，虽然其最初的光彩已经被一些类似协议所掩盖，但是如今网络质量越来越高，UDP的应用得到了大大的增强。它比TCP更为高效，也能更好地解决实时性的问题。如今，包括网络视频会议系统在内的众多客户/服务器模式的网络应用都使用UDP。

（2）UDP数据包头

UDP数据包头如图10-5所示。

图10-5　UDP数据包头

- 源地址、目的地址：16位长。标识出远端和本地的端口号。
- 数据报的长度是指包括报头和数据部分在内的总的字节数。因为报头的长度是固定的，所以该域主要用来计算可变长度的数据部分（又称为数据负载）。

3. 协议的选择

协议的选择应该考虑到以下3个方面。

（1）对数据可靠性的要求

对数据要求高可靠性的应用需选择TCP，如验证、密码字段的传送都是不允许出错的，而对数据的可靠性要求不那么高的应用可选择UDP。

（2）应用的实时性

由于TCP在传送过程中要进行三次握手、重传确认等手段来保证数据传输的可靠性。使用TCP会有较大的时延，因此不适合对实时性要求较高的应用，如VoIP、视频监控等。相反，UDP则在这些应用中能发挥很好的作用。

（3）网络的可靠性

由于TCP的提出主要是解决网络的可靠性问题，它通过各种机制来减少错误发生的概率。因此，在网络状况不是很好的情况下需选用TCP（如在广域网等情况下），但是若在网络状况很好的情况下（如局域网等）就不需要再采用TCP，而选择UDP来减少网络负荷。

四、socket基础编程

（1）函数说明

进行socket编程的基本函数有socket、bind、listen、accept、send、sendto、recv、recvfrom这几个，其中对于客户端和服务器端以及TCP和UDP的操作流程都有所区别，这里先对每个函数进行一定的说明，再给出不同情况下使用的流程图。

socket：该函数用于建立一个socket连接，可指定socket类型等信息。在建立了socket连接之后，可对socketadd或sockaddr_in进行初始化，以保存所建立的socket信息。

bind：该函数是用于将本地IP地址绑定端口号的，若绑定其他地址则不能成功。另外，它主要用于TCP的连接，而在UDP的连接中则无必要。

connect：该函数在TCP中是用于bind之后的client端，用于与服务器端建立连接，而在UDP中由于没有了bind函数，因此用connect有点类似于bind函数的作用。

send和recv：这两个函数用于接收和发送数据，可以用在TCP中，也可以用在UDP中。当用在UDP中时，可以在connect函数建立连接之后再用。

sendto和recvfrom：这两个函数的作用与send和recv函数类似，也可以用在TCP和UDP中。当用在TCP中时，后面的几个与地址有关的参数不起作用，函数作用等同于send和recv；当用在UDP中时，可以用在之前没有使用connect的情况中，这两个函数可以自动寻找指定地址并进行连接。表10-1～表10-9列举了上述函数的语法要点。

（2）函数格式

表10-1　socket函数的语法要点

所需头文件	#include <sys/socket.h>		
函数原型	int socket (int family, int type, int protocol)		
函数传入值	family： 协议族		AF_INET：IPv4协议
			AF_INET6：IPv6协议
			AF_LOCAL：UNIX域协议
			AF_ROUTE：路由套接字（socket）
			AF_KEY：密钥套接字（socket）
	type： 套接字类型		SOCK_STREAM：字节流套接字socket
			SOCK_DGRAM：数据报套接字socket
			SOCK_RAW：原始套接字socket
	protoco：0（原始套接字除外）		
函数返回值	成功：非负套接字描述符		
	出错：1		

表10-2　bind函数的语法要点

所需头文件	#include <sys/socket.h>
函数原型	int bind (int sockfd, struct sockaddr *my_addr, int addrlen)
函数传入值	socktd：套接字描述符
	my_addr：本地地址
	addrlen：地址长度
函数返回值	成功：0
	出错：1

端口号和地址在my_addr中给出了，若不指定地址，则内核随意分配一个临时端口给该应用程序。

表10-3　listen函数的语法要点

所需头文件	#include <sys/socket.h>
函数原型	int listen (int sockfd, int backlog)
函数传入值	socktd：套接字描述符
	Backlog：请求队列中允许的最大请求数，大多数系统的默认值为20
函数返回值	成功：0
	出错：−1

表10-4　accept函数的语法要点

所需头文件	#include <sys/socket.h>
函数原型	int accept (int sockfd, struct sockaddr *addr, socklen_t *addrlen)
函数传入值	socktd：套接字描述符
	addr：客户端地址
	addrlen：地址长度
函数返回值	成功：0
	出错：−1

表10-5　connect函数的语法要点

所需头文件	#include <sys/socket.h>
函数原型	int connect (int sockfd, struct sockaddr *serv_addr, int addrlen)
函数传入值	socktd：套接字描述符
	serv_addr：服务器端地址
	addrlen：地址长度
函数返回值	成功：0
	出错：−1

表10-6　send函数的语法要点

所需头文件	#include <sys/socket.h>
函数原型	int send (int sockfd, const void *msg, int len, int flags)
函数传入值	socktd：套接字描述符
	msg：指向要发送数据的指针
	len：数据长度
	flags：一般为0
函数返回值	成功：发送的字节数
	出错：1

表10-7　recv函数的语法要点

所需头文件	#include <sys/socket.h>
函数原型	int recv (int sockfd, void *buf, int len, unsigned int flags)
函数传入值	socktd：套接字描述符
	buf：存放接收数据的缓冲区
	len：数据长度
	flags：一般为0
函数返回值	成功：接收的字节数
	出错：1

表10-8　sendto函数的语法要点

所需头文件	#include <sys/socket.h>
函数原型	int sendto (int sockfd, const void *msg, int len, unsigned int flags, const struct sockaddr *to, int tolen)
函数传入值	socktd：套接字描述符
	msg：指向要发送数据的指针
	len：数据长度
	flags：一般为0
	to：目地主机的IP地址和端口号信息
	tolen：地址长度
函数返回值	成功：发送的字节数
	出错：1

表10-9　recvfrom函数的语法要点

所需头文件	#include <sys/socket.h>
函数原型	int recvfrom (int sockfd, void *buf, int len, unsigned int flags, struct sockaddr *from, int *fromlen)
函数传入值	socktd：套接字描述符
	buf：存放接收数据的缓冲区
	len：数据长度
	flags：一般为0
	from：源主机的IP地址和端口号信息
	tolen：地址长度
函数返回值	成功：接收的字节数
	出错：1

任务二　TCP程序设计

一、TCP流程图

服务器端和客户端使用TCP的流程图如图10-6所示。

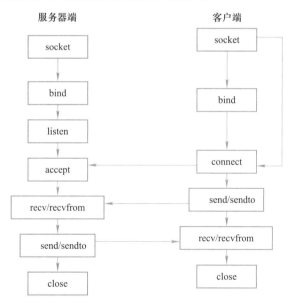

图10-6　使用TCP的流程图

二、TCP程序实例

该实例分为客户端和服务器端，其中服务器端首先建立起socket，然后调用本地端口的绑定，接着就开始与客户端建立联系并接收客户端发送的消息。客户端则在建立socket之后调用connect函数来建立连接。

```c
/*server.c*/
#include <sys/types.h>
#include <sys/socket.h>
#include <stdio.h>
#include <stdlib.h>
#include <errno.h>
#include <string.h>
#include <unistd.h>
#include <netinet/in.h>
#define PORT                    4321
#define BUFFER_SIZE             1024
#define MAX_QUE_CONN_NM         5

int main()
{
    struct sockaddr_in server_sockaddr,client_sockaddr;
    int sin_size,recvbytes;
    int sockfd, client_fd;
    char buf[BUFFER_SIZE];

    /*建立socket连接*/
    if ((sockfd = socket(AF_INET,SOCK_STREAM,0))== -1)
    {
        perror("socket");
        exit(1);
    }
    printf("Socket id = %d\n",sockfd);

    /*设置sockaddr_in 结构体中的相关参数*/
    server_sockaddr.sin_family = AF_INET;
    server_sockaddr.sin_port = htons(PORT);
    server_sockaddr.sin_addr.s_addr = INADDR_ANY;
    bzero(&(server_sockaddr.sin_zero), 8);

    int i = 1;/* 允许重复使用本地地址与套接字进行绑定 */
    setsockopt(sockfd, SOL_SOCKET, SO_REUSEADDR, &i, sizeof(i));

    /*绑定函数bind()*/
    if (bind(sockfd, (struct sockaddr *)&server_sockaddr,
    sizeof(struct sockaddr)) == -1)
    {
        perror("bind");
        exit(1);
    }
    printf("Bind success!\n");

    /*调用listen()函数，创建未处理请求的队列*/
    if (listen(sockfd, MAX_QUE_CONN_NM) == -1)
    {
        perror("listen");
        exit(1);
    }
    printf("Listening....\n");

    /*调用accept()函数，等待客户端的连接*/
    if ((client_fd = accept(sockfd,
    (struct sockaddr *)&client_sockaddr, &sin_size)) == -1)
    {
        perror("accept");
        exit(1);
    }

    /*调用recv()函数接收客户端的请求*/
    memset(buf , 0, sizeof(buf));
    if ((recvbytes = recv(client_fd, buf, BUFFER_SIZE, 0)) == -1)
    {
        perror("recv");
```

```
        exit(1);
    }
    printf("Received a message: %s\n", buf);
    close(sockfd);
    return 0;
}

/*client.c*/
#include <sys/types.h>
#include <sys/socket.h>
#include <stdio.h>
#include <stdlib.h>
#include <errno.h>
#include <string.h>
#include <unistd.h>
#include <netinet/in.h>
#define PORT          4321
#define BUFFER_SIZE 1024
int main(int argc, char *argv[])
{
    int sockfd,sendbytes;
    char buf[BUFFER_SIZE];
    struct hostent *host;
    struct sockaddr_in serv_addr;

    if(argc < 3)
    {
        fprintf(stderr,"USAGE: ./client Hostname(or ip address) Text\n");
        exit(1);
    }
    /*地址解析函数*/
    if ((host = gethostbyname(argv[1])) == NULL)
    {
        perror("gethostbyname");
        exit(1);
    }

    memset(buf, 0, sizeof(buf));
    sprintf(buf, "%s", argv[2]);
    /*创建socket*/
    if ((sockfd = socket(AF_INET, SOCK_STREAM, 0)) == −1)
    {
        perror("socket");
        exit(1);
    }

    /*设置sockaddr_in 结构体中的相关参数*/
    serv_addr.sin_family = AF_INET;
    serv_addr.sin_port = htons(PORT);
    serv_addr.sin_addr = *((struct in_addr *)host->h_addr);
    bzero(&(serv_addr.sin_zero), 8);
    /*调用connect函数主动发起对服务器端的连接*/
    if(connect(sockfd,(struct sockaddr *)&serv_addr,
    sizeof(struct sockaddr))== −1)
    {
        perror("connect");
        exit(1);
    }
    /*发送消息给服务器端*/
    if ((sendbytes = send(sockfd, buf, strlen(buf), 0)) == −1)
    {
        perror("send");
        exit(1);
    }
    close(sockfd);
    exit(0);
}
```

在运行时需要先启动服务器端，再启动客户端。这里可以把服务器端下载到开发板上，客户端在宿主机上运行，然后配置双方的IP地址，确保在双方可以通信（如使用ping命令验证）的情况下运行该程序即可。

```
[root@(none) tmp]# ./server
socket success!,sockfd=3
bind success!
listening....
received a connection :hello
[root@www yul]# ./client 59.64.128.1
```

任务三　UDP程序设计

一、UDP流程图

服务器端和客户端使用UDP的流程图如图10-7所示。

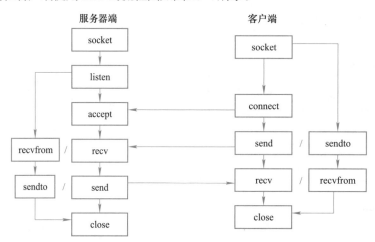

图10-7　UDP流程图

二、UDP程序设计实例

UDP与TCP C/S通信的区别在于：服务器端没有设置监听和等待连接的过程，客户端没有连接服务器端的过程。基于UDP的通信是不可靠的、面向无连接的，发送的数据无法确切知道对方是否已收到，就算对方根本不存在，也可以发送数据出去。这样的通信通常用在对可靠性、安全性要求不高的地方，比如，语音通信（没听清楚可以让对方再说一遍）。

```c
/*udp_server.c*/
#include <sys/types.h>
#include <sys/socket.h>
#include<pthread.h>
#include <netinet/in.h>
#include <stdio.h>
#include <string.h>
#include <unistd.h>
#include <stdlib.h>
```

```
int main(int argc, char **argv)
{
    if (argc != 2)
    {
        printf("Usage: %s port\n", argv[0]);
        exit(1);
    }
    printf("Welcome! This is a UDP server, I can only received message from client and reply
with same message\n");

    struct sockaddr_in addr;
    addr.sin_family = AF_INET;
    addr.sin_port = htons(atoi(argv[1]));
    addr.sin_addr.s_addr = htonl(INADDR_ANY);

    int sock;
    if ( (sock = socket(AF_INET, SOCK_DGRAM, 0)) < 0)
    {
        perror("socket");
        exit(1);
    }
    if (bind(sock, (struct sockaddr *)&addr, sizeof(addr)) < 0)
    {
        perror("bind");
        exit(1);
    }
    char buff[512];
    struct sockaddr_in clientAddr;
    int n;
    int len = sizeof(clientAddr);
    while (1)
    {
        n = recvfrom(sock, buff, 511, 0, (struct sockaddr*)&clientAddr, &len);
        if (n>0)
        {
            buff[n] = 0;
            printf("%s %u says: %s\n", inet_ntoa(clientAddr.sin_addr), ntohs(clientAddr.sin_
port), buff);

            n = sendto(sock, buff, n, 0, (struct sockaddr *)&clientAddr, sizeof(clientAddr));
            if (n < 0)
            {
                perror("sendto");
                break;
            }
        }
        else
        {
            perror("recv");
            break;
        }
    }
    return 0;
}

/* udp_client.c */
#include <sys/types.h>
#include <sys/socket.h>
#include<pthread.h>
#include <netinet/in.h>
#include <stdio.h>
#include <string.h>
#include <unistd.h>
#include <stdlib.h>


int main(int argc, char **argv)
```

```
{
    if (argc != 3)
    {
        printf("Usage: %s ip port", argv[0]);
        exit(1);
    }
    printf("This is a UDP client\n");
    struct sockaddr_in addr;
    int sock;

    if ( (sock=socket(AF_INET, SOCK_DGRAM, 0)) <0)
    {
        perror("socket");
        exit(1);
    }
    addr.sin_family = AF_INET;
    addr.sin_port = htons(atoi(argv[2]));
    addr.sin_addr.s_addr = inet_addr(argv[1]);
    if (addr.sin_addr.s_addr == INADDR_NONE)
    {
        printf("Incorrect ip address!");
        close(sock);
        exit(1);
    }

    char buff[512];
    int len = sizeof(addr);
    while (1)
    {
        gets(buff);
        int n;
        n = sendto(sock, buff, strlen(buff), 0, (struct sockaddr *)&addr, sizeof(addr));
        if (n < 0)
        {
            perror("sendto");
            close(sock);
            break;
        }
        n = recvfrom(sock, buff, 512, 0, (struct sockaddr *)&addr, &len);
        if (n>0)
        {
            buff[n] = 0;
            printf("received:");
            puts(buff);
        }
        else if (n==0)
        {
            printf("server closed\n");
            close(sock);
            break;
        }
        else if (n == −1)
        {
            perror("recvfrom");
            close(sock);
            break;
        }
    }

    return 0;
}
```

在运行时需要先启动服务器端，再启动客户端。这里可以把服务器端下载到NEWLab
开发板上，客户端在宿主机上运行，然后配置双方的IP地址，确保在双方可以通信（如使用
ping命令验证）的情况下运行该程序即可。

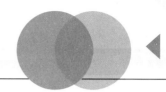

第十一单元

应用开发

目　标

> 掌握Linux应用程序的设计方法
> 掌握键盘模块应用程序的开发方法
> 掌握GPRS模块应用程序的开发方法
> 掌握3G/4G模块应用程序的开发方法
> 掌握条码识读模块应用程序的开发方法
> 掌握IC/SAM卡模块应用程序的开发方法
> 掌握液晶模块应用程序的开发方法
> 掌握Wi-Fi模块应用程序的开发方法
> 掌握蓝牙模块应用程序的开发方法

单元简介

　　本单元主要介绍了嵌入式Linux系统应用程序的开发，引入实际应用案例进行介绍，包括GPRS模块、蓝牙模块和Wi-Fi模块应用程序等。

任务一 　　　　应用程序设计基础

本任务主要介绍应用程序接口的内容，本单元所有的代码都位于/opt/newlab/App/目录下，读者可进入相应的程序目录进行编译和下载。

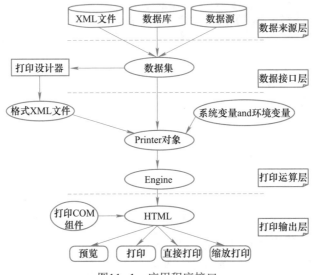

图11-1　应用程序接口

应用程序接口（Application Programming Interface，API）又称为应用编程接口，就是对软件系统不同组成部分衔接的约定。由于近年来软件的规模日益庞大，常常需要把复杂的系统划分成小的组成部分，这就使得编程接口的设计十分重要，如图11-1所示。

应用程序接口是一组数量上千、极其复杂的函数和副程序，可让程序员实现很多任务操作，比如"读取文件""显示菜单"和"在视窗中显示网页"等等。操作系统的API可用来分配存储器或读取文件。许多系统应用程序都是调用API接口来实现的，如图形系统、数据库、网络Web服务，甚至是在线游戏。

API目的是提供应用程序与开发人员之间基于某软件或硬件得以访问一组例程的方法，而无须访问源码。API本身是抽象的，它仅定义了一个接口，而不涉及应用程序在实际实现过程中的具体操作。

API分为四种类型：远程过程调用（RPC）、标准查询语言（SQL）、文件传输和信息交付。

1）远程过程调用（RPC）：通过作用在共享数据缓存器上的过程（或任务）实现程序间的通信。

2）标准查询语言（SQL）：是标准的数据查询语言，通过通用数据库实现应用程序间的数据共享。

3）文件传输：文件传输通过发送格式化文件实现应用程序间数据或文件共享。

4）信息交付：指松耦合或紧耦合应用程序间的小型格式化信息，通过程序间的直接通信实现数据共享。

例如，图形库中的一组API定义了绘制指针的方式，可用于图形输出设备上显示指针。当应用程序需要指针功能时，可在引用、编译时链接到这组API，而运行时就会调用这组API来实现显示指针。

在Linux中，用户编程接口API遵循了UNIX中最流行的应用编程界面标准——POSIX标准。POSIX标准是由IEEE和ISO/IEC共同开发的标准系统。该标准基于当时的UNIX实践和经验，描述了操作系统的系统调用编程接口API，用于保证应用程序可以在源程序一级上在多种操作系统上移植运行。这些系统调用编程接口主要是通过C库（Libc）来实现的。

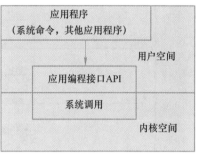

在Linux中，API和Linux系统调用有一定的区别。Linux系统调用是指操作系统提供给用户程序调用的一组"特殊"接口，用户程序可以通过这组"特殊"接口来获得操作系统内核提供的服务。系统命令相对于API更高了一层，它实际上是一个可执行程序，它的内部引用了应用编程接口（API）来实现相应的功能，它们之间的关系如图11-2所示。

图11-2　API接口

任务二　键盘模板应用

一、实验目的

1）了解矩阵键盘电路原理。

2）了解Linux下矩阵键盘扫描程序的编写方法。

3）掌握Linux下使用应用程序如何操作矩阵键盘。

二、实验原理

1. 键盘模块简介

本模块使用的是5×5矩阵键盘，由5根行线和5根列线组成，分别使用CPU的10个通用输入/输出GPIO接口（General Purpose I/O port）。键盘按键使用锅片式，当按下某键时，对应行和列的GPIO接口相互导通。

2. 矩阵键盘电路原理

矩阵键盘使用GPIO接口，但键盘本身需要外部的输入，矩阵键盘硬件驱动原理如图11-3所示。

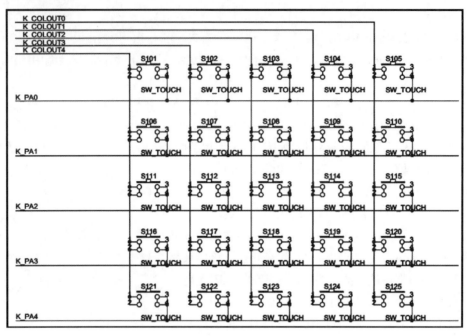

图11-3 矩阵键盘硬件驱动原理图

矩阵键盘入口对应于核心板的GPG6至GPG15接口，当其中一个按键被按下设备有数据的时候，主动通知应用程序，应用程序再去读取数据，从而控制相应的按键。中断入口对应的核心板接口电路如图11-4所示。

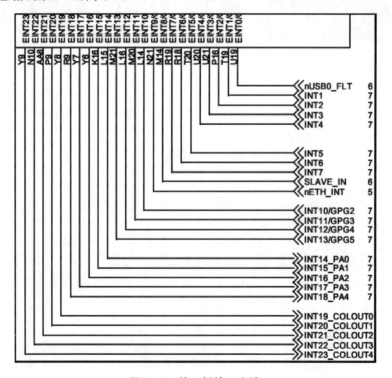

图11-4 核心板接口电路

3. 矩阵键盘工作原理

在没有按键情况下，COLOUT0至COLOUT4通过下拉保持低电平，检测时通过K_PA0至K_PA4中的某一行输入高电平。如果该行没有键按下时，那么该行读取到的值应该为低电平，如果该行有键按下时，那么该行读取到的值应该为高电平。

以上讨论都是在按键的理想状态下进行的，但实际的按键动作会在短时间内产生信号抖动。按键稳定闭合时间的长短则是由操作人员的按键动作决定，一般为零点几秒至数秒。按键抖动会引起一次按键被误读多次。为确保CPU对键的一次闭合仅作一次处理，必须去除键抖动，本模块采用延时工作队列消除键盘抖动。

4. 键盘模块与核心板接线（颜色相同的接在一起，见图11-5）

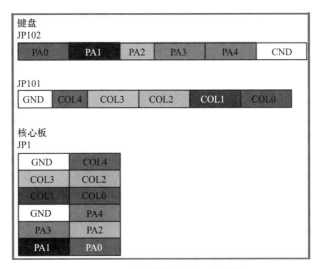

图11-5　键盘模块与核心板接线

三、实验步骤

1. 硬件连接

图11-6就是硬件实物连线图。

2. 实验操作演示

1）使用cd命令进入虚拟机的root目录。使用vi命令，在/root目录创建keyboard_demo.c和Makefile文件。

2）在/root目录下使用ls命令，若出现keyboard_demo.c和Makefile文件，说明文件创建成功。

3）在/root目录下使用命令make进行编译。在/root目录下，使用ls命令，若出现keyboard_demo文件，说明编译成功。

4）把3）中生成的keyboard_demo文件下载到开发板中，可以使用设置共享文件夹或者使用nfs网络文件系统方法实现虚拟机和主机之间的文件共享。此处使用的是设置共享文件夹

图11-6　硬件实物连线图

的方法。

5）用串口线连接实验箱和计算机，打开SecureCRT5.5软件，单击"Connect"按钮，输入登录名：root，登录开发板。进入/root目录，将keyboard_demo文件下载到开发板。

6）在/root目录下使用命令chmod+x keyboard_demo赋予权限，然后使用命令./keyboard_demo执行应用程序。如按下键"左"，则会同时打印出字符串"Left key is down"和"Left key is up"；长按任一个键，如键"上"，则会打印字符串"Up key is hold"。其他按键同理，如图11-7所示。

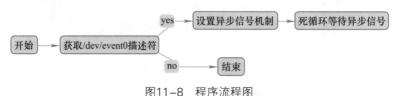

图11-7　执行命令

3. 程序流程图

图11-8所示的就是程序流程图。

```
                    ┌─ yes ─→ 设置异步信号机制 ──→ 死循环等待异步信号
开始 ──→ 获取/dev/event0描述符 ─┤
                    └─ no ──→ 结束
```

图11-8　程序流程图

4. 部分代码分析（以keyboard_demo.c程序为例）

```c
/*===========================================================
#程序功能：按下矩阵键盘中的任意一个键，则会打印相应按键的信息。
#如按下键"左"，则会同时打印出字符串"Left key is down"和"Left key is up"；
#长按任一个键，如键"上"，则会打印字符串"up key is hord"。其他按键同理。
===========================================================*/
/*库函数*/
#include <stdio.h>
#include <stdlib.h>
#include <unistd.h>
#include <fcntl.h>
#include <errno.h>
#include <sys/select.h>
#include <linux/input.h>
#include <signal.h>
#include <sys/time.h>
#include < sys/types.h>

#define KEY_IS_UP        0
#define KEY_IS_DOWN      1
#define KEY_IS_HOLD      2

/*主函数*/
int main(void)
{
    int ret;
```

```
        struct input_event input_evt_inf;
        keyboard_fd=open(" /dev/event0",O_RDWRl O_NONBLOCK);//打开/dev/event0设备
        if(-1=keyboard_fd)
        {
            printf("open keyboard err:%d\n",keyboard_fd);
        }//打开后会返回设备文件描述符keyboard_fd。如果返回-1，说明打开失败。
        else
        {
            printf("open keyboard ok\n");
            set_sigio_signal(keyboard_fd);//设置异步I/O信号机制
            while(1)
            {
                sleep(10);
            }
        }
        close(keyboard_fd);
        return  0;
}


/*注册中断函数，设置信号处理函数，建立信号机制。*/
int set_sigio_signal(int fd)
{
    long flags;

    if(signal(SIGIO,keyboard_signal_handler)=SIG_ERR)
    {
        printf("set_sigio_signal error\n");
    }//如果返回的值是SIG_ERR，说明信号处理函数设置失败
    else
    {
        printf("set_sigio_signal ok\n");
    }
    fcntl(fd,F_SETOWN,getpid());//设置应用程序进程接受来自fd的SIGIO信号
    flags=fcntl(fd,F_GETFL);//切换到设备（fd）的异步操作模式
    fcntl(fd,F_SETFL,flags  |  FASYNC);//设置异步通知机制
    return  0;
}


/*这个函数会进行判断是否为异步信号SIGIO。如果是，则执行下面的函数。
*当有按键按下，判断按键类型，如果是EV_KEY，就打印相应按键信息。
*/
int read_input_evt(int fd)
{
    struct input event input_evt_inf;
    /*读取按键值。并保存在input_evt_inf结构体内*/
    while(read(fd, &input_evt_inf, sizeof (input_evt_inf)) >0)
    {
        switch(input_evt_inf.type)
        {
            case EV_KEY:
                print_key_inf(input_evt_inf.code, input_evt_inf.value);
```

```
                    break;
            case EV_SYN:
            case EV MSC:
                    break;
            default;
                    printf("not support event!!!!\n");
                    break;
        }
    }
    return 0;
}
```

任务三　　GPRS模块应用

一、实验目的

1）了解GPRS模块的基本知识方法。

2）掌握GPRS模块的使用方法。

二、实验原理

1. GPRS背景知识

移动通信是当前发展最快、应用最广和最前沿的通信领域之一。通常把移动通信分为三代：第一代是模拟的无线网络（1G）；第二代是窄带数字通信（2G），包括GSM、CDMA（IS95）等；第三代是宽带数字通信（3G），包括WCDMA、CDMA2000及TD-DCDMA等，支持分组型的业务。GPRS是介于第二代和第三代之间的一种技术，通常称为2.5G，可通过升级GSM网络实现。GPRS称为2.5G是比较恰当的，因为它是一个混合体，采用TDMA方式传输语音，采用分组的方式传输数据。GSM是全球移动通信系统（Global System of Mobile communication）的简称，它是由欧洲电信标准组织ETSI制订的一个数字移动通信标准，它的空中接口采用时分多址技术。

GPRS是通用分组无线业务（General Packet Radio Service）的英文简称，是在现有的GSM上发展出来的一种新的分组数据承载业务。GPRS是欧洲电信协会GSM系统中有关分组数据所规定的标准。它可提供最高达115kbit/s的空中接口传输速率。

2. GPRS的优点

GPRS采用分组交换技术，不但具有覆盖范围广、数据传输速度快、通信质量高、永远在线和按流量计费等优点，而且其本身就是一个分组型数据网，支持TCP/IP，可以直接与Internet互通。因此，GPRS在无线上网、便携型环境监测、交通监控、移动办公等领域中具有无可比拟的性价比优势。

3. GPRS协议模型

Um接口是GSM的空中接口。Um接口上的通信协议有5层，自下而上依次为物理层、MAC（Media Access Control）层、LLG（Logical Link Control）层、SNDC层和网络层。

Um接口的物理层为射频接口部分，而物理链路层则负责提供空中接口的各种逻辑信道。

MAC为介质访问控制层。MAC的主要作用是定义和分配空中接口的GPRS逻辑信道，使得这些信道能被不同的移动终端共享。

LLG层为逻辑链路控制层。它是一种基于高速数据链路规程HDLG的无线链路协议。

SNDC被称为子网依赖结合层。它的主要作用是完成传送数据的分组、打包，确定TCP/IP地址和加密方式。

网络层的协议目前主要是Phase1阶段提供的TCP/IP和X.25协议。TCP/IP和X.25协议对于传统的GSM网络设备（如，BSS、NSS等设备）是透明的。

4. GPRS的网络结构

GPRS网络是基于现有的GSM网络来实现的。在现有的GSM网络中需要增加一些节点，如GGSN（Gateway GPRSSupporting Node，网关GPRS支持节点）和SGSN（Serving GSN，服务GPRS支持节点）。GSN是GPRS网络中最重要的网络节点。GSN具有移动路由管理功能，它可以连接各种类型的数据网络，并可以连接到GPRS寄存器。GSN可以完成移动平台和各种数据网络之间的数据传送和格式转换。GSN可以是一种类似于路由器的独立设备，也可以与GSM中的MSC集成在一起。GSN有两种类型：一种为SGSN（Serving GSN，服务GSN），另一种为GGSN（GatewayGSN，网关GSN），SGSN的主要作用是记录移动平台的当前位置信息，并且在移动平台和GGSN之间完成移动分组数据的发送和接收。GGSN主要是起网关作用，它可以和多种不同的数据网络连接，如ISDN、PSPDN和LAN等。有的文献中，把GGSN称为GPRS路由器。GGSN可以把GSM网中的GPRS分组数据包进行协议转换，从而可以把这些分组数据包传送到远端的TCP/IP或X.25网络。

5. GPRS工作原理

GPRS工作时是通过路由管理来进行寻址和建立数据链接的，而GPRS的路由管理表现在以下3个方面：移动终端发送数据的路由建立；移动终端接收数据的路由建立；以及移动终端处于漫游时数据路由的建立。对于第一种情况，当移动终端产生了一个PDU（分组数据单元），这个PDU经过SNDC层处理，称为SNDC数据单元。然后经过LLC层处理为LLC帧，通过空中接口（空中接口（Air Interface）是指用户终端（UT）和无线接入网络（RAN）之间的接口）送到GSM网络中移动终端所处的SGSN。SGSN把数据送到GGSN。GGSN把收到的消息进行解封装处理，转换为可在公用数据网中传送的格式（如

PSPDN的PDU），最终送给公用数据网的用户。为了提高传输效率，并保证数据传输的安全，可以对空中接口上的数据做压缩和加密处理。在第二种情况中，一个公用数据网用户传送数据到移动终端时，首先通过数据网的标准协议建立数据网和GGSN之间的路由。数据网用户发出的数据单元（如PSPDN中的PDU），通过建立好的路由把数据单元PDU送给GGSN。而GGSN再把PDU送给移动终端所在的SGSN上，GSN把PDU封装成SNDC数据单元，再经过LLC层处理为LLC帧单元，最终通过空中接口送给移动终端。第三种情况是一个数据网用户传送数据给一个正在漫游的移动用户。这种情况下的数据传送必须要经过归属地的GGSN，然后送到移动终端。

6. GPRS模块概述

本实验使用的GPRS模块是深圳市广和通实业发展有限公司生产的FIBOCOM G510。该款GPRS模块具有很高的性能，适合无线支付、远程信息处理、手持设备（如手机）和工业物联网的应用程序。表11-1是GPRS模块的特性，表11-2是GPRS模块的接口。

表11-1　模块特性

支持频段	GSM 850/900/1800/1900MHz
输出功率	800/900MHz——4类（2W） 1800/1900MHz——1类（1W）
使用AT命令控制	GSM 07.05 GSM 07.07 GSM 07.10 嵌入式TCP / IP栈
电源范围	3.3～4.5V
工作电流	休眠模式：最大1.0mA
尺寸	20.2mm×22.2mm×2.5mm
重量	2.5g
工作温度范围	–40～85℃

表11-2　模块接口

42pin LCC连接器
SIM卡1.8V/3.0V供电
UART波特率2 400～460 800bit/s

要获得更多信息，请参考该模块的详细资料。

7. GPRS模块的使用

连接天线，插入中国移动SIM卡到GPRS的卡槽（要一张可以上网的移动SIM卡）。GPRS模块只要连接如下4根信号线和1根电源线（mini USB），将电源线（mini USB）连接到计算机的USB口。

8. GPRS模块与核心板接线（颜色相同的线连接在一起，见图11-9）

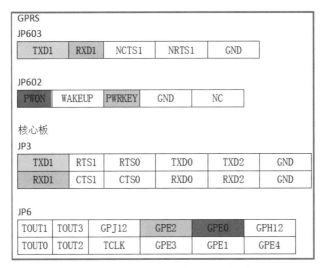

图11-9　GPRS模块与核心板接线

三、实验步骤

1. 硬件连接

图11-10是GPRS模块的硬件连接图。

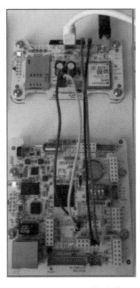

图11-10　硬件连接

2. 实验操作演示

注意：如果运行的时候出现乱码（如图11-11出现的情况），则修改设置就可以，如图11-12所示。

修改设置步骤如下：

1）选择"选项"→"会话选项"命令。

2）单击"会话选项"按钮打开选项对话框，然后在左侧选择"外观"，在字符编码中选择"UTF-8"，如图11-13所示。

运行gprs_demo程序，会输出如下信息，如图11-14所示。

图11-11　实验操作演示

图11-12　"会话选项"命令

图11-13　字符编码

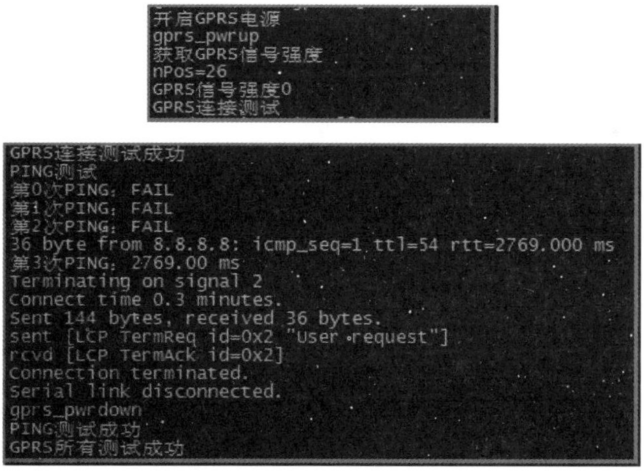

图11-14　运行gprs_demo程序

3. 程序流程图

图11-15所示是GPRS模块的程序流程图。

图11-15　程序流程图

4. 部分代码（以gprs_demo.c为例）

```c
/*================================================================
#程序功能：执行程序，GPRS模块会依次进行信号强度、连接测试和PING测试。
#PING测试通过之后，则可以拨号上网。
================================================================*/
/*库函数*/
#include <stdio.h>
#include <stdlib. h>
#include <unistd. h>
#include <sys/types.h>
#include <sys/stat.h>
#include <fcnt1.h>
#include <termios.h>
#include <errno.h>
#include <limits.h>
#include <asm/ioctls.h>
#include <time.h>
#include <pthread.h>

#include <stdio.h>
#Include <sys/select.h>
#include <termios.h>
#itinciude <stropts.h>
#include <unistd. h>
#include <fcntl.h>
#include <sys/select.h>
#include <stdio.h>
#include <stdlib.h>

/*主函数*/
int main(void)
{
    printf("开启GPRS电源\n");
    //GPRS模块上电
    gprs_pwrup();
    printf("获取GPRS信号强度\n");
    //获取GPRS信号强度
    int nCsq=gprs_getcsq();
    if(nCsq==-1){
        //GPRS模块下电
        gprs_pwrdown();
        printf("GPRS获取信号强度失败\n");

        return 1;
    }

    printf("GPRS信号强度d\n",nCsq);
    printf("GPRS连接测试\n");
    //开始GPRS连接测试
    if ( 0!=gprs_PPPStart() ) {
        //返回非0,GPRS连接测试失败
        //停止GPRS连接测试
        gprs_PPPStop();
        //GPRS模块下电
        gprs_pwrdown();
        printf("GPRS连接测试失败\n");
        return l;
    }
    printf("GPRS连接测试成功\n");
    printf ("PING测试\n");

    int i;
    //进行21次ping测试
    for (i=0; i<=20; i++) {
        float delay;
        //ping STR_PING_ADDRESS(8.8.8.8)成功返回0
```

```
        if (ping (STR_PING_ADDRESS, 1000, &delay)==0){
            printf("第%d次PING： %0.2f ms\n",i,delay);
            i=1;
            break;
        }else{
            printf("第%d次PING:FAIL\n",i);
        }
    }
    //如果i==21，说明PING失败
    if(i==21){
        gprs_PPPStop();
        gprs_pwrdown();
        printf("PING测试失败\n");
        return 1;
    }
    gprs_PPPStop();
    gprs_pwrdown();
    printf("PING测试成功\n");
    printf("GPRS所有测试成功\n");
    return 0;
}
```

任务四　　3G/4G模块应用

一、实验目的

1）了解3G/4G无线通信模块的基本知识。

2）掌握3G/4G模块的使用方法。

二、实验原理

1. 3G/4G背景知识

3G是指支持高速数据传输的蜂窝移动通信技术，属于第三代移动通信技术，速率一般在几百kbit/s以上。3G下行速度峰值理论可达3.6Mbit/s，上行速度峰值也可达384kbit/s。

目前3G存在3种标准：CDMA2000、WCDMA、TD-SCDMA，分别是中国电信的CDMA2000，中国联通的WCDMA，中国移动的TD-SCDMA。GSM设备采用的是时分多址，而CDMA使用码分扩频技术，先进功率和话音激活至少可提供大于3倍GSM网络容量，业界将CDMA技术作为3G的主流技术，原中国联通的CDMA卖给中国电信，中国电信已经将CDMA升级到3G网络。3G主要特征是可提供移动宽带多媒体业务，能够同时传送声音及数据信息。

4G指的是第四代移动通信技术。4G能够以100Mbit/s以上的速度下载，比目前的家用宽带ADSL（4兆）快25倍，并能够满足几乎所有无线服务的要求。该技术包括TD-LTE和FDD-LTE两种制式（严格意义上来讲，LTE只是3.9G，尽管被宣传为4G无线标准，但它其实并未被3GPP认可为国际电信联盟所描述的下一代无线通信标准IMT-Advanced，因此在严格意义上其还未达到4G的标准。只有升级版的LTE Advanced才满足国际电信联盟对4G的要求）。

4G是集3G与WLAN于一体，并能够快速传输数据、高质量音频、视频和图像等。此外，4G可以在DSL和有线电视调制解调器没有覆盖的地方部署，然后再扩展到整个地区。很明显，4G有着不可比拟的优越性。

2. 4G网络结构

4G移动系统网络结构可分为三层：物理网络层、中间环境层和应用网络层。物理网络层提供接入和路由选择功能，它们由无线和核心网的结合格式完成。中间环境层的功能有QoS映射、地址变换和完全性管理等。物理网络层与中间环境层及其应用环境之间的接口是开放的，它使发展和提供新的应用及服务变得更为容易，并可提供无缝高数据率的无线服务，并运行于多个频带。

3. 3G/4G模块概述

（1）3G模块

MW7880-C2I无线模块是一款适用于HSPA+/UMTS/EDGE/GPRS/GSM多种网络制式的无线产品，采用LCC+LGA封装形式，支持中国联通3G及全球WCDMA网络。MW7880可支持HSPA+高速接入，最大速率42Mbit/s（DL）/11Mbit/s（UL），可提供短信、通讯录和高速数据等多种功能，广泛应用于移动宽带接入、视频监控、手持终端和车载设备等产品。产品外观如图11-16所示。

产品特性如图11-17和图11-18所示。

（2）4G模块

图11-16 3G产品外观

ML7810-M无线模块是一款适用FDD-LTE/TD-LTE/TD-SCDMA/EDGE/GPRS/GSM多种网络制式的无线产品，采用LCC+LGA封装形式，支持中国移动三模所有频段以及中国联通、中国电信的4G FDD-LTE频段。提供短信、通讯录和高速数据等多种功能，广泛应用于移动宽带接入、视频监控、手持终端和车载设备等产品。产品外观如图11-19所示。

产品特性		描述	
电源电压		3.4～4.2V（推荐值3.8V）	
工作频段		见配置表，分-C、-E、-S三种配置	
数据业务	HSPA+	R8，下行速率42Mbit/s	上行速率11Mbit/s
		R7，下行速率21Mbit/s	上行速率11Mbit/s
	HSPA	R6，下行速率14.4Mbit/s	上行速率5.76Mbit/s
	UMTS	下行速率384kbit/s	上行速率384kbit/s
	EDGE	Class12，下行速率236.8kbit/s	上行速率236.8kbit/s
	GPRS	Class10，下行速率85.6kbit/s	上行速率85.6kbit/s
	GSM	CSD：14.4kbit/s	
语音业务		不支持	
短信业务		点对点MO、MT 短信小区广播 支持Text和PDU模式	
GPS功能		NA	
其他功能		USSD功能	
工作温度		正常工作温度：-20～70℃ 扩展工作温度：-30～75℃ 存储温度：-40～85℃	

图11-17 3G模块的产品特性1

最大发射功率	UMTS/HSPA+:+24dBm (Power class 3) EDGE 850/900: +27dBm (Power class E2) EDGE 1800/1900: +26dBm (Power class E2) GSM 850/900: +33dBm (Power class 4) GSM 1800/1900: +30dBm (Power class 1)
接口形式	LCC+LGA
LCC主要接口	1. 电源接口 2. USB2.0 High-Speed接口 3. UART接口 4. 标准USIM、SIM卡接口（支持3V、1.8V USIM/SIM） 5. 硬件复位接口 6. 休眠/唤醒接口 7. 模块状态指示灯LED接口 8. GP10接口
LGA主要接口	1. SDCC接口
天线连接口	1个主RF连接器，匹配50Ω阻抗特性天线 1个分集接收RF连接器，匹配50Ω阻抗特性天线 连接方式：焊盘
结构尺寸	30mm×32mm×2.3mm
重量	<4.2g
AT命令	支持标准AT指令集（3GPP TS 27.007和27.005） 支持ThinkWill扩展AT指令集
USB Driver	1. Windows 2000、XP、Vista、7、8 2. LinuX/Android
认证	1. 满足CTA（包括入网许可、型号核准和3C认证）标准 2. 满足RoHS标准

图11-18 3G模块的产品特性2

图11-19 4G模块

4G模块的产品特性如图11-20～图11-22所示。

产品特性		描述	
电源电压		3.4～4.2V（推荐值3.8V）	
工作频段		TD-LTE: Band38/39/40/41 FDD-LTE: Band1/3（可选） TD-SCDMA: Band34/39 GSM/GPRS/EDGE: Band2/3/8	
数据业务	TDD	3GPP R9 GAT4下行速率150Mbit/s	上行速率50Mbit/s
	FDD	3GPP R9 GAT4下行速率150Mbit/s	上行速率50Mbit/s
	TD-SCDMA	下行速率2.8Mbit/s，上行速率2.2Mbit/s	
	EDGE	Class12，下行速率236.8kbit/s	上行速率118kbit/s
	GPRS	Class10，下行速率85.6kbit/s	上行速率85.6kbit/s
	GSM	CSD：9.6kbit/s	
语音业务		PCM语音	
短信业务		点对点MO、MT 短信小区广播 支持Text和PDU模式	
GPS功能		NA	
其他功能		NDIS拨号 USSD功能	
工作温度		正常工作温度：−20～70℃ 扩展工作温度：−30～75℃ 存储温度：−40～85℃	

图11-20 4G模块的产品特性1

最大发射功率	TD-LTE/FDD-LTE: +23dBm (Power class 3) TD-SCDMA: +24dBm (Power class 2) GSM B8: +33dBm (Power class 4) GSM B3: +30dBm (Power class 1)
接口形式	LCC+LGA
LCC主要接口	1．电源接口 2．USB 2.0 High-Speed接口 3．UART接口 4．标准USIM/SIM卡接口（支持3V、1.8V USIM/SIM），支持SIM热插拔功能 5．硬件复位接口 6．PCM语音接口 7．模块状态指示灯LED接口 8．GP10接口 9．12C接口
LGA主要接口	1．HSIC接口 2．SD10接口 3．SDCC接口 4．模拟语音接口（预留） 5．通用GP10接口

图11-21 4G模块的产品特性2

天线连接口	1个主RF连接器，匹配50Ω阻抗特性天线 1个分集接收RF连接器，匹配50Ω阻抗特性天线
	连接方式：焊盒
结构尺寸	30mm×32mm×2.3mm
重量	<4.2g
AT命令	支持标准AT指令集（3GPP TS 27.007和27.005） 支持ThinkWill扩展AT指令集
USB Driver	1．Windows 2000、XP、Vista、Win7、Win8 2．Linux/Android
认证	1．满足CTA （包括入网许可、型号核准和3C认证）标准 2．满足RoHS标准

图11-22 4G模块的产品特性3

4．3G/4G模块的使用方法

1）3G模块：连接天线，插入中国联通SIM卡到卡槽（要一张可以3G上网的联通SIM卡），需要连接2根USB线（一根电源线，一根数据线）和1根信号线，电源线的一端需要连接到计算机的USB口，数据线的一端则要连接到ARM核心模块的USB口。

2）4G模块：连接天线，插入中国移动SIM卡到卡槽（要一张可以4G上网的移动SIM卡），需要连接2根USB线（一根电源线，一根数据线）和1根信号线。电源线的一端需要连接到计算机的USB口，数据线的一端则要连接到ARM核心模块的USB口。

5．3G/4G模块与核心板接线（颜色相同的连接在一起）如图11-23所示。

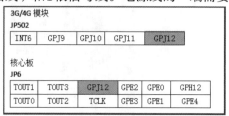

图11-23 连接图

三、实验步骤

1．硬件连接

1）3G模块，如图11-24所示。

2）4G模块，如图11-25所示。

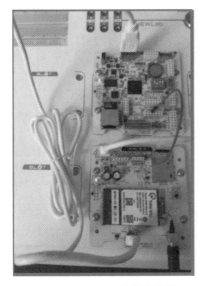

图11-24　3G连接实物图

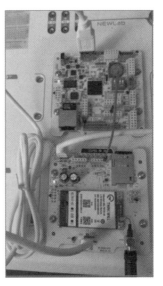

图11-25　4G连接实物图

2. 实验操作演示

（1）3G模块

运行3G_demo程序，可以看到下面的输出，如图11-26和图11-27所示（部分截图）。

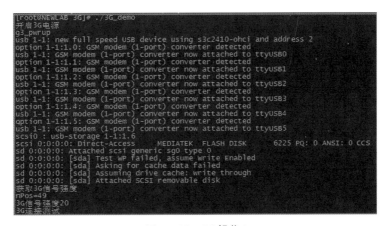

```
[root@NEWLAB 3G]# ./3G_demo
开启3G电源
g3_pwrup
usb 1-1: new full speed USB device using s3c2410-ohci and address 2
option 1-1:1.0: GSM modem (1-port) converter detected
usb 1-1: GSM modem (1-port) converter now attached to ttyUSB0
option 1-1:1.1: GSM modem (1-port) converter detected
usb 1-1: GSM modem (1-port) converter now attached to ttyUSB1
option 1-1:1.2: GSM modem (1-port) converter detected
usb 1-1: GSM modem (1-port) converter now attached to ttyUSB2
option 1-1:1.3: GSM modem (1-port) converter detected
usb 1-1: GSM modem (1-port) converter now attached to ttyUSB3
option 1-1:1.4: GSM modem (1-port) converter detected
usb 1-1: GSM modem (1-port) converter now attached to ttyUSB4
option 1-1:1.5: GSM modem (1-port) converter detected
usb 1-1: GSM modem (1-port) converter now attached to ttyUSB5
scsi0 : usb-storage 1-1:1.6
scsi 0:0:0:0: Direct-Access     MEDIATEK  FLASH DISK       6225 PQ: 0 ANSI: 0 CCS
sd 0:0:0:0: Attached scsi generic sg0 type 0
sd 0:0:0:0: [sda] Test WP failed, assume Write Enabled
sd 0:0:0:0: [sda] Asking for cache data failed
sd 0:0:0:0: [sda] Assuming drive cache: write through
sd 0:0:0:0: [sda] Attached SCSI removable disk
获取3G信号强度
nPos=49
3G信号强度20
3G连接测试
```

图11-26　3G操作1

```
PING测试成功
3G所有测试成功
option 1-1:1.1: device disconnected
[root@NEWLAB 3G]# option1 ttyUSB2: GSM modem (1-port) converter now disconnected from ttyUSB2
option 1-1:1.2: device disconnected
option1 ttyUSB3: GSM modem (1-port) converter now disconnected from ttyUSB3
option 1-1:1.3: device disconnected
option1 ttyUSB4: GSM modem (1-port) converter now disconnected from ttyUSB4
option 1-1:1.4: device disconnected
option1 ttyUSB5: GSM modem (1-port) converter now disconnected from ttyUSB5
option 1-1:1.5: device disconnected
```

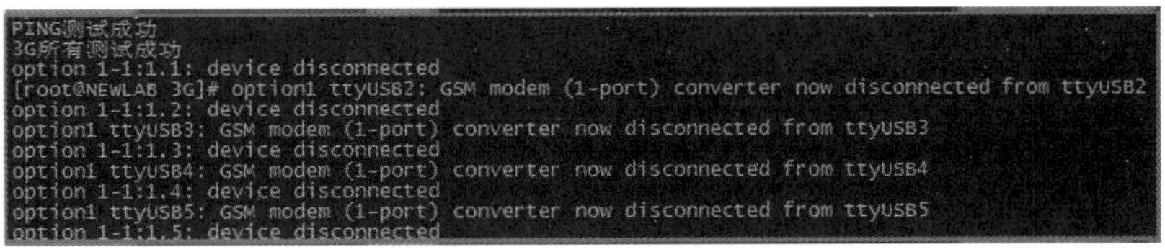

图11-27　3G操作2

（2）4G模块

运行4G_demo程序，可以看到下面的输出，如图11-28和图11-29所示（部分截图）。

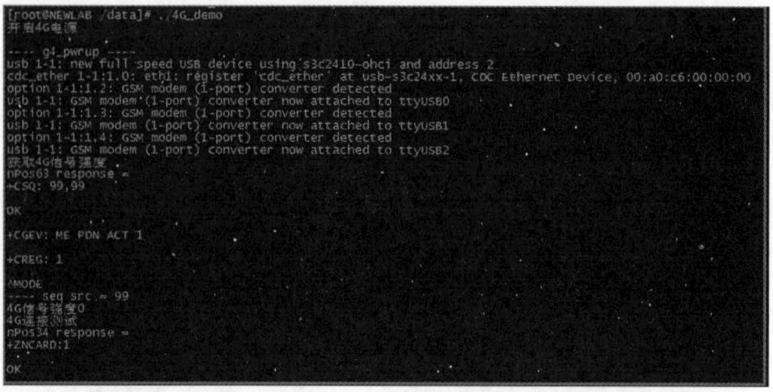

图11-28　4G操作1

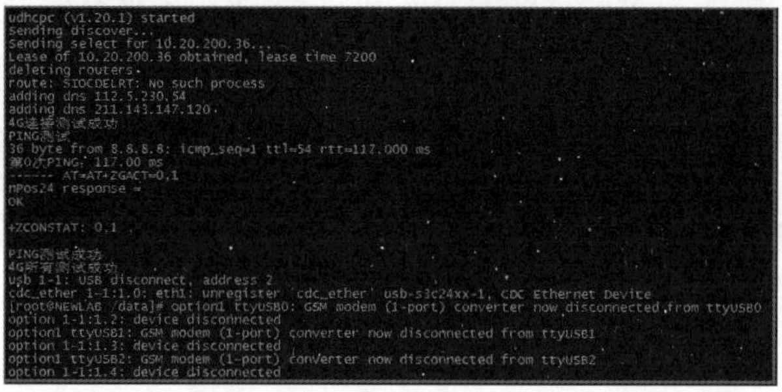

图11-29　4G操作2

3. 程序流程图

图11-30所示是3G模块程序流程图。

模块上电 → 获取信号强度 → no → 模块下电 → 结束

获取信号强度 → yes → 连接测试 → no → 模块下电

连接测试 → yes → Ping测试 → 模块下电

图11-30　3G模块程序流程图

4. 部分代码分析

（1）3G模块（以3G_demo.c程序为例）

```
/*========================================================
#程序功能：执行程序，3G模块会依次进行信号强度、连接测试和PING测试，
#PING测试通过之后，则可以拨号上网。
========================================================*/
/*库函数*/
#include <stdio.h>
#include <stdlib.h>
#include <unistd.h>
#include <sys/types.h>
#include <sys/stat.h>
#include <termios.h>
#include <errno.h>
#include <limits.h>
#include <asm/ioctls.h>
#include <time.h>
#include <pthread.h>
#include <stropts.h>
```

```c
#include <fcntl. h>
#include <sys/select. h>
#include"inc/ping.h"
#include"inc/devicelib.h"

/*主函数*/
int main(void)
{
    printf("开启3G电源\n");
    //模块上电
    g3_pwrup();
    printf("获取3G信号强度\n");
    //获取3G信号强度
    int nCsq=g3_getcsq();
    if (nCsq==-1){
        g3_pwrdown();
        printf("3G获取信号强度失败\n");
        return 1;
    }
    printf("3G信号强度%d\n",nCsq);
    printf("3G连接测试\n");
    //开始3G连接测试
    if(0! = g3_PPPStart()){
        //返回非0，3G连接测试失败
        //停止3G连接测试
        g3_PPPStop();
        //模块下电
        g3_pwrdown();
        printf("3G连接测试失败\n");
        return 1;
    }
    printf("3G连接测试成功\n");
    printf("PING测试\n");
    int i;

    int i;
    //进行6次PING测试
    for (i=0: i<=5; i++){
        float delay;
        // ping STR_PING_ ADDRESS(8.8.8.8)成功返回0
        if (Ping (STR_PING_ADDRESS, 1000, &delay) ==0) {
            printf("第%d次PING:  %0.2f ms\n", i, delay);
            i=1 ;
            break ;
        }else{
            printf("第%d次PING: FAIL\n", i);
        }
    }
    //如果i等于6，说明PING测试失败
    if (i==6) {
        g3_PPPStop ();
        93_pwrdown();
        printf ( PING测试失败\ n");
        return 1 ;
    }
    g3_PPPStop();
    g3_pwrdown();
    printf("PING测试成功\ n");
    printf("3G所有测试成功\ n");
    return 0;
}
```

（2）4G模块（以4G_demo. c程序为例）

```c
/*============================================================
#程序功能：执行程序，4G模块会依次进行信号强度、连接测试和PING测试，
#PING测试通过之后，则可以拨号上网。
=============================================================*/
/*库函数*/
# include < stdio.h >
# include < stdlib.h >
```

```c
# include < uni std.h
#include <sys/types. h>
#include <sys/stat.h>
#include <termios.h>
#include <errno. h>
#include <limits. h>
#include <asm/ioctls. h>
# include < time.h>
#include < pthread.h >
# include < strops.h>
#include <fcntl. h>
#include <sys/select. h>
##include "inc/ping. h"
#include "inc/devicelib.h"

/*主函数*/
int main(void)
{
    printf("开启4G电源\n");
    //模块上电
    g4_pwrup();
    printf("获取4G信号强度\n");
    //获取4G信号强度
    int nCsa=g4_getcsq();
    if (nCsq==-1)  {
        g4_pwrdown ();
        printf("4G获取信号强度失败\ n");
        return 1;
    }
    printf("4G信号强度%d\n", nCsq);
    printf("4G连接测试\ n");
    //开始4G连接测试
    if (0 !=g4_PPPStart()) {
        //返回非0, 4G连接测试失败
        //停止4G连接测试
        g4_PPPStop() ;
        g4_pwrdown();
        printf("4G连接测试失败\n");
        return 1;
    }
    printf("4G连接测试成功\n");
    printf("PING测试\n");

    int i;
    /进行6次ping测试
    for (i=0; i<=5; i++)  {
        float delay;
        if (Ping(STR_PING_ADDRESS, 1000,&delay) ==0)  {
            printf("第%d次PING: %0.2f ms\n", i, delay);
            i=1;
            break;
        }else{
            printf("第%d次PING: FAIL\n", i);
        }
    }
    //如果i等于6, 说明PING测试失败
    if (i==6)  {
        g4_PPPStop ();
        g4_pwrdown ();
        printf("PING测试失败\n");
        return 1;
    }
    g4_PPPStop ();
    g4_pwrdown();
    printf("PING测试成功\ n");
    printf("4G所有测试成功\n");
    return 0;
}
```

任务五　　条码识读模块应用

一、实验目的

1）了解条码识读模块的基本知识。

2）掌握条码识读模块的编程方法。

二、实验原理

1. 条码识读的基本原理

条码识读设备指的是用来读取条码信息的设备。要将按照一定规则编译出来的条码转换成有意义的信息，需要经历扫描和识别两个过程。

（1）扫描原理

条码的扫描需要扫描器，扫描器利用自身光源照射条码，再利用光电转换器接收反射的光线，将反射光线的明暗转换成数字信号。不论是采取何种规则印制的条码，都由静区、起始字符、数据字符与终止字符组成。

静区：静区也叫空白区，分为左空白区和右空白区，左空白区是让扫描设备做好扫描准备，右空白区是保证扫描设备正确识别条码的结束标记。

起始字符：指的是第一位字符，具有特殊结构，当扫描器读取到该字符时，便开始正式读取代码了。

数据字符：指的是条码的主要内容。

校验字符：指的是检验读取到的数据是否正确。不同编码规则可能会有不同的校验规则。

终止字符：指的是最后一位字符，一样具有特殊结构，用于告知代码扫描完毕。

（2）识别原理

当条码扫描器光源发出的光在条形码上反射后，反射光照射到条码扫描器内部的光电转换器上，光电转换器根据强弱不同的反射光信号，转换成相应的电信号。电信号输出到条码扫描器的放大电路增强信号之后，再送到整形电路将模拟信号转换成数字信号。然后译码器通过测量脉冲数字电信号0、1的数目来判别条和空的数目。通过测量0、1信号持续的时间来判别条和空的宽度。此时所得到的数据仍然是杂乱无章的，要知道条码所包含的信息，则需根据对应的编码规则（例如，EAN-8码），将条形符号转换成相应的数字、字符信息。最后，由计算机系统进行数据处理与管理，物品的详细信息便可以被识别了。

2. 条码识读系统的组成

（1）概述

从系统结构和功能上讲，条码识读系统是由扫描系统、信号整形和译码系统三部分组成，如图11-31所示。

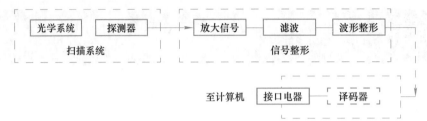

图11-31　条码识读系统

扫描系统由光学系统及探测器即光电转换器件组成，它完成对条码符号的光学扫描，并通过光电探测器，将条码条空图案的光信号转换成为电信号。

信号整形由信号放大、滤波和波形整形组成，它的功能在于将条码的光电扫描信号处理成为标准电位的矩形波信号，其高低电平的宽度和条码符号的条空尺寸相对应。扫描信号如图11-32所示。

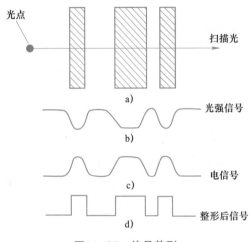

图11-32　信号整形

译码系统一般由嵌入式微处理器组成，它的功能就是对条码的矩形波信号进行译码，其结果通过接口电路输出到条码应用系统中的数据终端。

（2）通信接口

条码识读器的通信接口主要有键盘接口和串行接口。这里主要介绍键盘接口方式。

串口方式：串行通信是计算机与条码识读器之间的一种常用的通信方式。扫描条码得到的数据由串口输入，需要驱动或直接读取串口数据，需要外接电源。接收设备一次只传送一个数据位，因而比并行数据传送要慢。串行数据传送方式如图11-33所示。

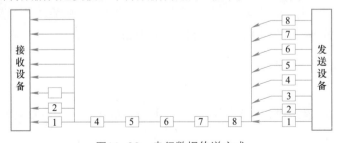

图11-33　串行数据传送方式

3. 条码识读器的分类

现在绝大部分条码识读器都将扫描器和译码器集成为一体。人们根据不同的用途和需要设计了各种类型的扫描器。下面按条码识读器的扫描方式、操作方式、识读码制能力和扫描方向对各类条码识读器进行分类。

（1）从扫描方式来分类

条码识读设备从扫描方式上可分为接触式和非接触式两种条码扫描器。接触式识读设备包括光笔与卡槽式条码扫描器；非接触式识读设备包括CCD扫描器和激光扫描器。

（2）从操作方式来分类

条码识读设备从操作方式上可分为手持式和固定式两种条码扫描器。手持式条码扫描器适用于条码尺寸多样、识读场合复杂或条码形状不规整的应用场合。在这类扫描器中有光笔、激光枪、手持式全向扫描器、手持式CCD扫描器和手持式图像扫描器。

固定式扫描器扫描识读不用人手把持，适用于省力、人工劳动强度大（如超市的扫描结算台）或无人操作的自动识别应用。固定式扫描器有卡槽式扫描器、固定式单线、单方向多线式（栅栏式）扫描器、固定式全向扫描器和固定式CCD扫描器。

（3）按识读码制的能力来分类

条码识读设备从原理上可分为光笔、图像控制器（CCD）、激光和拍摄四类条码扫描器。光笔只能识读一维条码。激光条码扫描器只能识读行排式二维码（如PDF417码）和一维码。图像式条码识读器可以识读常用的一维条码，还能识读行排式和矩阵式的二维条码。

（4）从扫描方向来分类

条码扫描设备从扫描方向上可分为单向和全向条码扫描器。其中全向条码扫描器又分为平台式和悬挂式。

常见的条码识读设备主要有CCD扫描器、激光手持式扫描器和全向激光扫描器三种。

4. 条码识读系统的基本概念

1）首读率（First Read Rate）是指首次读出条码符号的数量与识读条码符号总数量的比值。

2）误码率（Misread Rate）是指错误识别次数与识别总次数的比值。

3）拒识率（Non-read Rate）是指不能识别的条码符号数量与条码符号总数量的比值。

4）分辨率是指扫描器在识读条码符号时，能够分辨出的条（空）宽度的最小值。它与扫描器的扫描光点（扫描系统的光信号的采集点）尺寸有着密切的关系。扫描光点尺寸的大小则是由扫描器光学系统的聚焦能力决定，聚焦能力越强，所形成的光点尺寸越小，则扫描器的分辨率越高。

5）扫描景深是指扫描时，扫描器与被扫描的条码符号之间可保持一定距离范围，通常用DOF表示。扫描景深是非接触式条码扫描器的一个重要参数，在一定程度上，扫描识读距离的范围和条码符号的最窄元素宽度X以及条码其他的质量参数有关。X值大，条码印刷的误差小，条码符号条空反差大。一般来讲，扫描景深适用于具体应用中的条码符号尺寸和该尺寸下的标准条码符号。制造厂商一般针对不同的条码识读距离和条码符号密度开发出不同的扫描器。

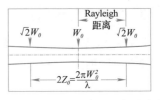

图11-34 激光光束的直径的变化

在激光扫描中使用的激光会受到衍射作用的影响，激光光束的直径的变化遵循以下公式，如图11-34所示。

式中 W_0——激光束"腰"的尺寸；

Z_0——Rayleigh距离，它是激光束直径为 $\sqrt{2}$ 倍的 W_0 直径位置到 W_0 位置的距离。Z_0 和 W_0 的关系见图11-34中所列的公式。

如果使用氦氖激光器，激光的波长为632nm，假设 $W_0=0.19$mm，$\sqrt{2}$ 倍 W_0 为0.268mm，和放大系数为0.8EAN-13商品条码的最小单元的尺寸（0.264mm）基本相等，如果将该值作为光点的尺寸限制，那么，景深就为 $2Z_0$。经上面公式计算，$2Z_0$ 约为36cm。

非激光扫描的扫描系统，其景深受光学系统景深的限制。如果扫描距离偏离于系统的聚焦平面，条码的成像图像就会变得模糊，模糊的程度用的弥散斑直径表述，其计算公式如下：

$$1/L1-1/L2=2Z/(FD)$$

式中 $L1$——最小物距；

$\quad\ L2$——最大物距；

$\quad\ Z$——弥散斑直径；

$\quad\ F$——光学系统焦距；

$\quad\ D$——光学出瞳直径。

图像弥散会降低确定条码符号条空边界的准确性，影响条码符号条空信号的反差。弥散斑直径应该远小于条码最小单元的尺寸。

5. 条码识读模块概述

本模块使用IOTC-0370-16N作为条码解码芯片，采用串口通信方式，固定式、激光条码扫描器，能识读一维码。

6. 条码识读模块与核心板接线（颜色相同的连接在一起，见图11-35）

条码识读模块

JP1

		RX	TX		

核心板

JP3

TXD1	RTS1	RTS0	TXD0	TXD2	GND
RXD1	CTS1	CTS0	RXD0	RXD2	GND

图11-35 条码识读模块与核心板接线

三、实验步骤

1. 硬件连接

图11-36所示是条码识读模块的硬件连接图。

2. 实验操作演示

1）在虚拟机中创建文件夹scan，里面包含scan_demo.c、tools.c、tools.h和Makefile文件，并且创建inc和lib文件夹。

2）使用命令make进行编译，生成scan_demo文件。

3）把文件夹scan（里面必须包含2）中生成的scan_demo文件）下载到开发板中，也可以使用U盘将文件夹scan下载到开发板。

4）用串口线连接实验箱和计算机，打开SecureCRT5.5软件，单击"Connect"按钮，输入登录名：root，登录开发板。进入/mnt/udisk目录，将文件夹scan下载到开发板的/data目录。

图11-36　硬件连接

5）在/data目录下使用命令chmod+x scan_demo 赋予权限，然后使用命令./scan_demo执行应用程序。运行时当看到"识读头打开成功"后按条码识读模块板上的白色按键，会出现红色指示灯并将需要扫描的条码放置在前，听到"滴"一声则扫描成功，会提示检测到二维码。读到的条形码为6931552204827，如图11-37所示。

图11-37　识读结果

3. 程序流程图

图11-38所示是条码识读模块的程序流程图。

图11-38　条码模块程序流程图

4. 部分代码分析（以scan_demo.c程序为例）

```
/*==========================================
#程序功能：按下扫描按键，将条码对准条码扫描器，
#则会打印出字符串，"识读头打开成功""检测到二维码"，
#并且将扫描到的条码打印出来。
==========================================*/
/*库函数*/
#include <stdio.h>
#include <stdlib.h>
#include <unistd.h>
#include <sys/types.h>
#include <sys/stat.h>
#include <fcntl.h>
#include <termios.h>
#include <errno.h>
#include <limits.h>
#include <asm/ioctls.h>
#include <time.h>
#include <pthread.h>
```

```
/*主函数*/
int main(void)
{
    char buf [1024]={0};
    int nRet;
    scan_ close();//关闭条形码模块
    if(−1==scan open()){
        printf("识读头打开失败\n");
    }else{
        printf("识读头打开成功\n");
        /*进入死循环，不断读取识读头。
        *如果返回大于0，则读到条码，并把条码的值保存在buf里面。
        */
        while(1){
            nRet=scan_read(buf, sizeof(buf) );
            if (nRet > 0) {
                printf("检测到二维码\n");
                printf("%s\n",buf);
            }
        }
    }
    return true;
}
```

任务六　液晶模块应用

一、实验目的

1）了解液晶模块的基本知识。

2）掌握液晶模块的编程方法。

二、实验原理

1. 液晶模块的定义

液晶模块由液晶显示屏（LCD）、LED背光板、PCB板和铁框组成。模块主要分为屏和背光灯组件，两部分虽然被组装在一起，但工作的时候是相互独立的，即电路不相关。电力终端和仪器仪表等的显示部件就是液晶模块。

2. 液晶显示屏（LCD）的简介

液晶显示屏（LCD）是用于数字型钟表和许多便携式计算机的一种显示器。目前科技信息产品都朝着轻、薄、短、小的方向发展，在便于携带与搬运的前提之下，传统的显示方式如CRT映像管显示器及LED显示板等，皆受制于体积过大或耗电量大等因素，无法达到使用者的实际需求。而液晶显示技术的发展正好切合目前信息产品的发展潮流，无论是直角显示、低耗电量、体积小，还是零辐射等优点，都能让使用者享受最佳的视觉效果。

3. 液晶显示屏（LCD）的分类

液晶显示屏依驱动方式来分类可分为静态驱动（Static）、单纯矩阵驱动（Simple Matrix）以及主动矩阵驱动（Active Matrix）三种。还可分为被动矩阵型和主动矩阵型两种。其中，被动矩阵型又可分为扭转式向列型（Twisted Nematic，TN）、超扭转式向列型

（Super Twisted Nematic，STN）及其他被动矩阵驱动液晶显示屏；主动矩阵型大致可分为薄膜式晶体管型（Thin Film Transistor，TFT）及二端子二极管型（Metal Insulator Metal，MIM）二种类型。

4. 液晶显示屏（LCD）的工作原理

1）TN型液晶显示屏的显像原理是将液晶材料置于两片贴附光轴垂直偏光板的透明导电玻璃间，液晶分子会依配向膜的细沟槽方向依序旋转排列，如果电场未形成，则光会顺利地从偏光板射入，按液晶分子旋转光的行进方向，然后从另一边射出。如果在两片导电玻璃通电之后，两片玻璃间会形成电场，进而影响其间液晶分子的排列，使其分子棒进行扭转，光线便无法穿透，进而遮住光源。这样所得到光暗对比的现象，叫作扭转式向列场效应，简称TNFE（Twisted Nematic Field Effect）。

2）STN型的显示原理也和TN型液晶显示屏类似，不同的是TN扭转式向列场效应的液晶分子是将入射光旋转90°，而STN超扭转式向列场效应是将入射光旋转180°～270°。要在这里说明的是，单纯的TN液晶显示器本身只有明暗两种情形（或称黑白），并没有办法做到色彩的变化。而STN液晶显示器牵涉液晶材料的关系，以及光线的干涉现象，因此显示的色调都以淡绿色与橘色为主。但如果在传统单色STN液晶显示器加上一彩色滤光片（Color Filter），并将单色显示矩阵之任一像素（Pixel）分成三个子像素（Sub-pixel），分别透过彩色滤光片显示红、绿、蓝三原色，再经由三原色按比例调和，也可以显示出全彩模式的色彩。另外，TN型的液晶显示器如果显示屏幕做的越大，其屏幕对比度就会越差，不过借由STN的改良技术，则可以弥补对比度不足的情况。

3）TFT型的液晶显示器较为复杂，首先液晶显示器必须先利用背光源，也就是荧光灯管投射出光源，这些光源会先经过一个偏光板然后再经过液晶，这时液晶分子的排列方式改变了穿透液晶的光线角度。然后这些光线接下来还必须经过前方的彩色的滤光膜与另一块偏光板。因此只要改变刺激液晶的电压值就可以控制最后出现的光线强度与色彩，进而能在液晶面板上变化出有不同深浅的颜色组合了。

5. 液晶模块的技术参数

（1）对比度

LCD制造时选用的控制IC、滤光片和定向膜等配件，与面板的对比度有关，对一般用户而言，对比度能够达到350:1就足够了，但在专业领域这样的对比度度还不能满足用户的需求。相对CRT显示器轻易达到500:1甚至更高的对比度而言，只有高档液晶显示器才能达到这样如此程度。市场上三星、华硕和LG等一线品牌的LCD显示器均可以达到1000:1对比度这一级别，但是由于对比度很难通过仪器准确测量，所以挑的时候还是要自己亲自去看才行。

（2）亮度

LCD是一种介于固态与液态之间的物质，本身是不能发光的，需借助要外界的光源才行。因此，灯管数目关系着液晶显示器亮度。最早的液晶显示器只有上下两个灯管，发展到现在，普及型的最低也是四灯管，高端的是六灯管。四灯管设计分为三种摆放形式：一种是四个边各有一个灯管，但缺点是中间会出现黑影，解决的方法就是由上到下四个灯管平行排列的方式，最后一种是"U"形的摆放形式，其实是两灯变相产生的两根灯管。六灯管设计实际使用的是三根灯管，厂商将三根灯管都弯成"U"形，然后平行放置，以达到六根灯管的效果。

（3）响应时间

响应时间指的是液晶显示器对于输入信号的反应速度，也就是液晶由暗转亮或由亮转暗的反应时间（亮度从10%→90%或者90%→10%所需要的时间），通常是以毫秒（ms）为单位。要说清这一点我们还要从人眼对动态图像的感知谈起。人眼存在"视觉残留"的现象，高速运动的画面在人脑中会形成短暂的印象。动画片和电影等一直到现在最新的游戏正是应用了视觉残留的原理，让一系列渐变的图像在人眼前快速连续显示，便形成动态的影像。人能够接受的画面显示速度一般为每秒24张，这也是电影每秒24帧播放速度的由来，如果显示速度低于这一标准，人就会明显感到画面的停顿和不适。按照这一指标计算，每张画面显示的时间需要小于40ms。这样，对于液晶显示器来说，响应时间40ms就成了一道坎，高于40ms的显示器便会出现明显的画面闪烁现象，让人感觉眼花。要是想让图像画面达到不闪的效果，则就最好要达到每秒60帧的速度。

（4）可视角度

LCD的视角度是一个不易解决的问题，当背部光源通过偏极片、液晶和取向层之后，输出的光线便具有了方向性。也就是说大多数光都是从屏幕中垂直射出来的，所以从某一个较大的角度观看液晶显示器时，便不能看到原本的颜色，甚至只能看到全白或全黑。为了解决这个问题，制造厂商们也着手开发广角技术，到目前为止有三种比较流行的技术，分别是：TN+FILM、IPS（In Plane Switching)和MVA（Multi-domain Vertical Alignment）。

6. 液晶模块与核心板接线（颜色相同的连接在一起，见图11-39）

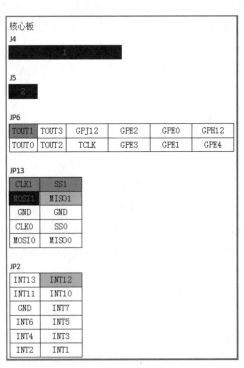

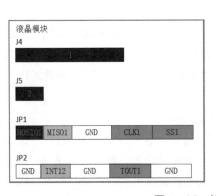

图11-39　液晶模块与核心板接线

三、实验步骤

1. 硬件连接（见图11-40）

2. 实验操作演示

1）在虚拟机中创建文件夹lcd_display，里面包含lcd_display.c和Makefile文件。

2）使用命令make进行编译，生成lcd_display文件和lcd_display.o文件。

3）把文件夹lcd_display（里面必须包含2）中生成的lcd_display文件）下载到开发板中，可以使用u盘将文件夹lcd_display下载到开发板中。

4）用串口线连接实验箱和计算机，打开SecureCRT5.5软件，单击"Connect"按钮，输入登录名：root，登录开发板。进入/mnt/udisk目录，将文件夹lcd_display下载到开发板的/data目录。

5）在/data目录下使用命令./lcd_display执行应用程序。如图11-41所示，液晶屏幕会显示出新大陆的Logo图案。

同时，SecureCRT 5.5软件终端会打印出字符串mmap success，如图11-42所示。

图11-40　硬件连接　　　　图11-41　屏幕显示　　　　图11-42　终端打印

3. 程序流程图

图11-43所示是液晶模块显示程序的流程图。

图11-43　液晶显示模块程序流程图

4. 部分代码分析（以lcd_display.c程序为例）

```
/*==================================================
#程序功能：执行应用程序，液晶屏幕会显示出新大陆的Logo图案，
#同时，SecureCRT终端软件会打印出字符串mmap success。
==================================================*/
/*库函数*/
#include <stdio.h>
#include <stdlib.h>
#include <unistd.h>
#include <fcntl. h>
#include <string.h>
#include <sys/mman. h>

/*主函数*/
int main(void)
{
    int fb;
    unsigned char *fb mem;
    //打开设备，返回设备描述符
    fb=open("/dev/fb0",o_RDWR);a
    //返回-1说明打开失败
    if(-1==fb) {
        printf("open /dev/fb0 false:%d\n",fb);
    }else{
        //将fb0设备描述符空间映射到fb_mem
        //PORT_READ:以可读方式
        //PORT_WRITE:以可写方式
        //MAP_SHARED:与其他所有映射这个对象的进程共享映射空间
        fb_mem=mmap (NULL, NEWLAB_FB_SIZE ,PROT_READ | PROT_WRITE, MAP_ SHARED,
        fb, 0);
```

任务七 　　IC/SAM卡模块应用

一、实验目的

1）了解 IC/SAM卡模块的基本知识。

2）掌握IC/SAM卡基本操作的编程方法。

二、实验原理

1. IC/SAM卡背景知识

IC卡（Integrated Circuit Card，集成电路卡）也称智能卡（Smart Card）、智慧卡（Intelligent card）、微电路卡（Microcircuit card）或微芯片卡等。

IC卡由于其固有的信息安全、便于携带、相对完善的标准化等优点，在身份认证、银行、电信、公共交通和车场管理等领域正得到越来越多的应用，例如，二代身份证、银行的电子钱包、电信的手机SIM卡、公共交通的公交卡、地铁卡、用于收取停车费的停车卡等，都在人们日常生活中扮演着非常重要角色。

SAM（Secure access module）是一种能够提供必要的安全机制以防止外界对终端所储存或处理的安全数据进行非法攻击的硬件加密模块。用于存放密钥和加密算法，可完成交易中的相互认证、密码验证和加密、解密运算，一般用作身份标志。

SAM卡一般安装在智能卡终端设备上，作为智能卡终端的安全管控，实现终端与卡片之间的合法性认证，可广泛用于城市一卡通、企业一卡通、身份识别、安全控制和小额消费等应用领域。

2. IC/SAM卡工作原理

IC卡工作原理是：射频读写器向IC卡发出一组固定频率的电磁波，卡片内有一个LC串联谐振电路，其频率与读写器发射的频率相同，这样在电磁波激励下，LC谐振电路产生共振，从而使电容内有了电荷；在这个电容的另一端，接有一个单向导通的电子泵，将电容内的电荷送到另一个电容内存储，当所积累的电荷达到2V时，此电容可作为电源为其他电路提供工作电压，将卡内数据发射出去或接收读写器的数据。

SAM工作原理是：在发卡时将主密钥存入SAM卡中，然后由SAM卡中的主密钥，对用户卡的特征字节（如，应用序列号）加密生成子密钥，将子密钥写入用户卡中。由于应用序列号的唯一性，使每张用户卡内的子密钥都不同。密钥一旦注入卡中，则不会在卡外出现。在使用时，由SAM卡的主密钥生成的子密钥存放在RAM区中，用于加密或解密数据。

3. IC卡的分类和技术参数

（1）IC卡的分类详见表11-3和表11-4

表11-3　IC卡按结构分

结构	描述
存储器卡	其内嵌芯片相当于普通串行EEPROM存储器，这类卡信息存储方便，使用简单，价格便宜，很多场合可替代磁卡，但由于其本身不具备信息保密功能，因此，只能用于保密性要求不高的应用场合
逻辑加密卡	加密存储器卡内嵌芯片在存储区外增加了控制逻辑单元，在访问存储区之前需要核对密码，只有密码正确，才能进行存取操作，这类信息保密性较好，使用与普通存储器卡相类似
超级智能卡	卡上有MPU、存储器和键盘、液晶显示器
CPU卡	CPU卡内嵌芯片相当于一个特殊类型的单片机，内部除了带有控制器、存储器和时序控制逻辑单元等外，还带有算法单元和操作系统。由于CPU卡有存储容量大、处理能力强和信息存储安全等特性。广泛应用于信息安全性要求特别高的场合

表11-4　IC卡按界面分

界面	描述
接触式IC卡	该类卡是通过IC卡读写设备的触点与IC卡的触点接触后进行数据的读写。国际标准ISO 7816对此类卡的机械特性和电气特性等进行了严格的规定
非接触式IC卡	该类卡与IC卡设备无电路接触，而是通过非接触式的读写技术进行读写（例如，光或无线技术）。其内嵌芯片除了CPU、逻辑单元和存储单元外，增加了射频收发电路。国际标准ISO 10536系列阐述了对非接触式IC卡的规定。该类卡一般用在使用频繁、信息量相对较少或可靠性要求较高的场合
双界面卡	具有接触和非接触两种通信界面的卡片，一般非接触部分处理电子钱包的消费，而接触部分处理圈存等安全性要求较高的交易

（2）非接触式IC卡技术参数参考表11-5。

表11-5　非接触式IC卡技术参数

技术指标	参数
外形尺寸	ISO标准卡85.6mm×54mm×0.80mm/厚卡/异形卡
存储容量	8Kbit，16个分区，每分区两组密码
工作频率	13.56MHz
通信速率	106kBaud

（续）

技术指标	参数
读写距离	2.5～10cm
读写时间	1～2ms
工作温度	−20～85℃
擦写寿命	>100 000次
数据保存	>10年
封装材料	PVC、ABS、PET、PETG、0.13mm铜线
封装工艺	超声波自动植线/自动碰焊
执行标准	ISO 14443、ISO 10536
功能	支持一卡多用
典型应用	银行、电信和公共交通等

4. SAM卡的分类和技术参数

1）SAM卡是一个统称，SAM卡可以与一张标准尺寸的IC卡同样大小，符合ISO/IEC 7810里面ID-000标准封装，与手机SIM卡封装形式一致；也可以是一个DIP8封装，双列直插8引脚或者SOP8/16封装，表面贴装16引脚。

2）SAM卡技术参数参考表11-6。

表11-6　SAM卡技术参数

产品特点	符合ISO/IEC 7816-1/2/3/4 符合中国金融IC卡试点PSAM卡应用规范硬件DES/3DES协处理器 支持PPS协商，可进行多种速率选择 可配置38 400bit/s上电
定购型号	TF-CS10G8P
	TF-CS1006P
容量	6KB
	40KB
通信速率	9 600～38 400bit/s
	9 600～115 200bit/s
数据保持	>10年
工作环境	−25～85℃
	−40～85℃

5. IC/SAM卡模块概述

本模块使用的是接触式、加密IC卡，SAM卡符合ISO/IEC 7810里面ID-000标准封装，与手机SIM卡封装形式一致。

6. IC/SAM卡模块与核心板线路连接图。

图11-44所示是卡模块与核心板线路连接图。

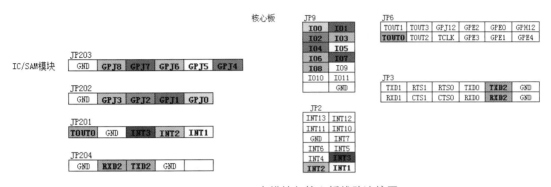

图11-44 IC/SAM卡模块与核心板线路连接图

三、实验步骤

1. 实验操作演示

（1）程序的编译与下载

本次实验代码位于/opt/newlab/App/2.4.7_ic目录下，在宿主机的窗口中切换到root用户下，并进入/opt/newlab/App/2.4.7_ic目录下，如图11-45所示。

```
su@su-VirtualBox:~$ sudo su
[sudo] password for su:
root@su-VirtualBox:/home/su# cd /opt/newlab/App/2.4.7_ic/
```

图11-45 进入目录

在当前目录下输入make clean，然后输入make即可生成可执行文件，其中的ic_demo就是要下载到开发板的可执行文件，将ic_demo下载到开发板中，下载方式可以是FTP网络下载的方式，也可以使用串口，若使用串口的方式，须保证板中有rz可执行文件，这样才能执行rz命令。将ic_demo可执行文件下载到开发板上之后，通过在文件所在目录中输入chmod 777 ic_demo就可以赋予ic_demo可执行的权限，就可以做相应的实验了。

（2）程序的执行

初始化IC卡，对于一个空的IC卡来说，需要进行信息的写入，执行IC卡程序，输入IC卡密码，然后键入3进行卡的初始化，如图11-46所示。

进行IC卡的充值，按<Enter>键，然后输入1，充入100元，如图11-47所示。

```
[root@NEWLAB /tmp]# ./ic_demo
ATR:3b6c00025361863807ec496729655c63
CARD NUM:07ec496729655c63
input the password(six words) :123456

0 - show IC BUS PAY CARD INFO
1 - charge IC BUS PAY CARD
2 - pay money
3 - init IC BUS PAY CARD
4 - change IC BUS PAY CARD passwd
q - quit

choose:3
input the password(six words) :123456
init card ok

input any key to continue....
```

```
0 - show IC BUS PAY CARD INFO
1 - charge IC BUS PAY CARD
2 - pay money
3 - init IC BUS PAY CARD
4 - change IC BUS PAY CARD passwd
q - quit

choose:1
input the charge value:100
charge ok

input any key to continue....
```

图11-46 卡的初始化　　　　　　图11-47 充值100元

对IC卡中充入的金额进行消费，按<Enter>键，然后输入2，输入101，可见所充入的金额不足以抵用支出，如图11-48所示。

对IC卡中充入的金额进行消费，按<Enter>键，然后输入2，输入99，如图11-49所示。

查看当前用户信息，按<Enter>键，然后输入0，其中balance为所剩余额，如图11-50所示。

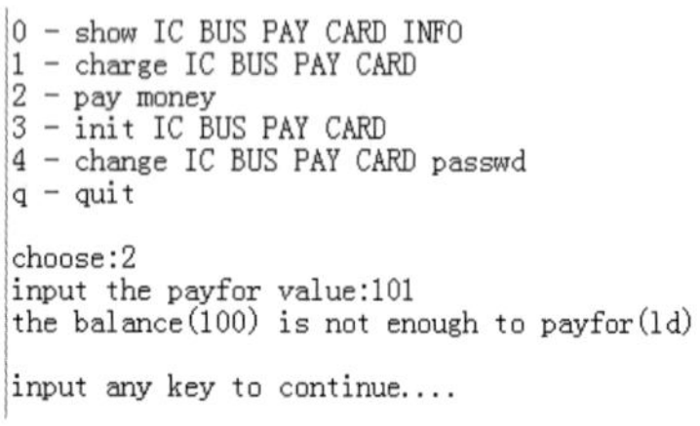

```
0 - show IC BUS PAY CARD INFO
1 - charge IC BUS PAY CARD
2 - pay money
3 - init IC BUS PAY CARD
4 - change IC BUS PAY CARD passwd
q - quit

choose:2
input the payfor value:101
the balance(100) is not enough to payfor(1d)

input any key to continue....
```

图11-48 金额超出

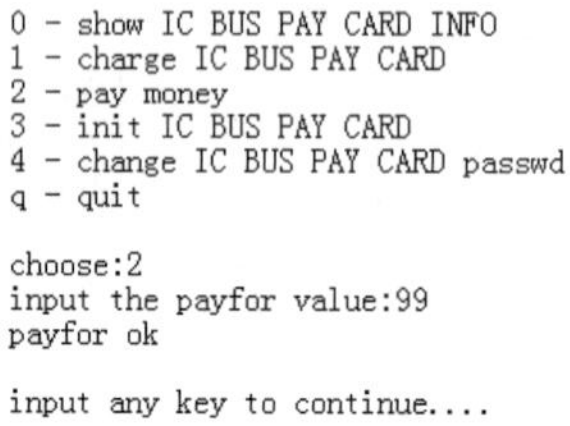

```
0 - show IC BUS PAY CARD INFO
1 - charge IC BUS PAY CARD
2 - pay money
3 - init IC BUS PAY CARD
4 - change IC BUS PAY CARD passwd
q - quit

choose:2
input the payfor value:99
payfor ok

input any key to continue....
```

图11-49 正常消费

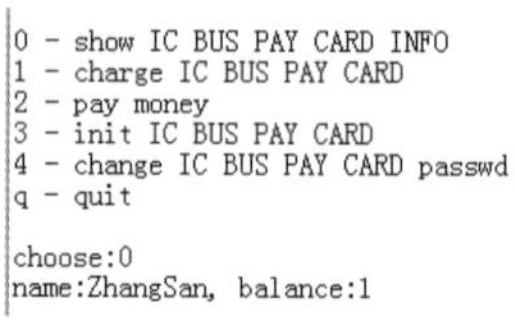

```
0 - show IC BUS PAY CARD INFO
1 - charge IC BUS PAY CARD
2 - pay money
3 - init IC BUS PAY CARD
4 - change IC BUS PAY CARD passwd
q - quit

choose:0
name:ZhangSan, balance:1
```

图11-50 查看当前用户信息

修改IC卡的密码，按<Enter>键，然后输入4，例如修改为111111，可输入111111，如图11-51所示。

退出应用程序，按<Enter>键，然后输入q，如图11-52所示。

当想再一次进入IC卡中进行操作时，这时就需要新的密码了，如图11-53所示。

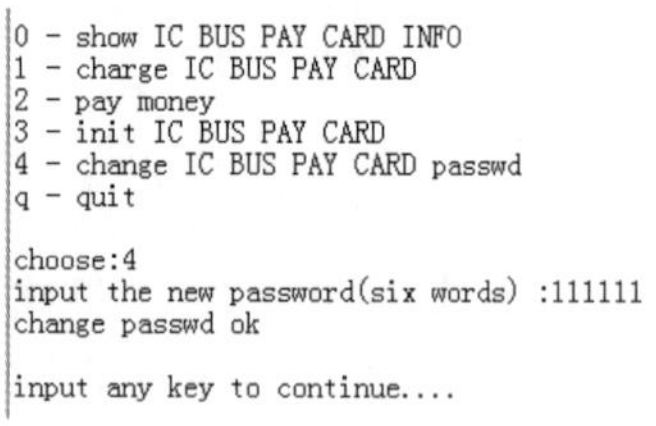

```
0 - show IC BUS PAY CARD INFO
1 - charge IC BUS PAY CARD
2 - pay money
3 - init IC BUS PAY CARD
4 - change IC BUS PAY CARD passwd
q - quit

choose:4
input the new password(six words) :111111
change passwd ok

input any key to continue....
```

图11-51 修改IC卡的密码

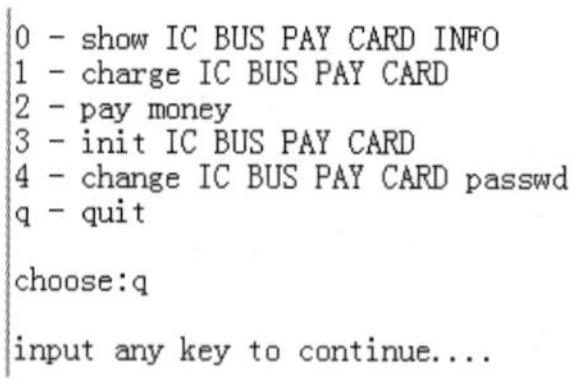

```
0 - show IC BUS PAY CARD INFO
1 - charge IC BUS PAY CARD
2 - pay money
3 - init IC BUS PAY CARD
4 - change IC BUS PAY CARD passwd
q - quit

choose:q

input any key to continue....
```

图11-52 退出应用程序

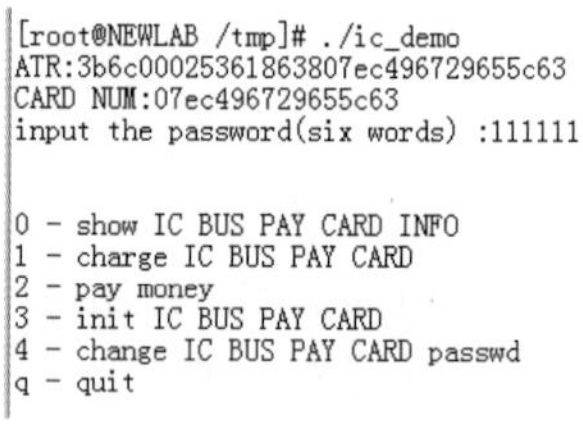

```
[root@NEWLAB /tmp]# ./ic_demo
ATR:3b6c00025361863807ec496729655c63
CARD NUM:07ec496729655c63
input the password(six words) :111111

0 - show IC BUS PAY CARD INFO
1 - charge IC BUS PAY CARD
2 - pay money
3 - init IC BUS PAY CARD
4 - change IC BUS PAY CARD passwd
q - quit
```

图11-53 重新进入

2. 程序流程图

图11-54所示是IC卡模块程序流程图。

图11-54 IC卡程序流程图

3. 部分代码分析

```
void show_menu(void)//菜单显示函数
{
    printf("\n\n");
    printf("0 - show IC BUS PAY CARD INFO\n"); //显示公交卡上的个人账户信息
    printf("1 - charge IC BUS PAY CARD \n");    //进行公交卡充值
    printf("2 - pay money\n"); //进行公交卡充值
    printf("3 - init IC BUS PAY CARD\n"); //初始化公交卡，设置默认账户信息（用户名和余额）
    printf("4 - change IC BUS PAY CARD passwd\n"); //更改公交卡密码
    printf("q - quit\n");                        //退出
    printf("\n");
}
```

```
//读取复位应答信息
printf("ATR:");
    for(i = 0; i < atr_len; i++)
        printf("%02x", ATR[i]);
    printf("\n");

//输出IC卡号
printf("CARD NUM:");
for(i = 8; i < atr_len; i++)
    printf("%02x", ATR[i]);
printf("\n");

//重新初始化IC卡，将IC卡内容清空
if(argc == 2 && (strcmp(argv[1], "init") == 0)){
    //clear
    clear_ic_card_fs(ic_fd);
    printf("init ok\n");
    return 0;
}

//根据IC卡的ATR,判断IC卡是否被初始化，如果未初始化，进行初始化IC卡的文件系统
if((ATR[5] & 0xf0) != 0x60){
    init_newlab_ic_card_fs(ic_fd);
}

//进行PIN认证，默认密码是"123456"
memset(passwd, 0, sizeof(passwd));
printf("input the password(six words) :");
scanf("%s", passwd);getchar();
if(!is_PIN_ok(ic_fd, passwd)){
    printf("passwd error\n");
    return 0;
}

//以下程序，将IC模拟为公交卡进行使用
while(quit != 1){
    system("clear");
    show_menu();
    printf("choose:");
    scanf("%c", &choose);
    if(choose == '\r' || choose == '\n')
        continue;
    getchar();

    switch(choose){
        case '0':
            memset((void*)&bus_pay, 0, sizeof(bus_pay));
            //从IC卡上获取个人账户信息
            ret = get_bus_pay_card_info(ic_fd, &bus_pay, passwd);
            if(ret == 0)
                printf("name:%s, balance:%ld\n", bus_pay.user, bus_pay.balance);
            else
                printf("show IC BUS PAY CARD INFO error\n");
            break;
        case '1':
            printf("input the charge value:");
            scanf("%ld", &charge_val);getchar();

            memset((void*)&bus_pay, 0, sizeof(bus_pay));
            //从IC卡上获取个人账户信息
            ret = get_bus_pay_card_info(ic_fd, &bus_pay, passwd);
            if(ret != 0){
                printf("get_bus_pay_card_info error when\n");
                break;
            }
            //更改IC卡上余额信息
            charge_val += bus_pay.balance;
            ret = charge_bus_pay_card(ic_fd, charge_val, passwd);
            if(ret != 0)
                printf("charge error\n");
```

```
                else
                    printf("charge ok\n");
                break;
        case '2':

                printf("input the payfor value:");
                scanf("%ld", &payfor_val);getchar();

                memset((void*)&bus_pay, 0, sizeof(bus_pay));
                //从IC卡上获取个人账户信息
                ret = get_bus_pay_card_info(ic_fd, &bus_pay, passwd);
                if(ret != 0){
                    printf("get_bus_pay_card_info error when\n");
                    break;
                }

                //余额不足
        if(bus_pay.balance < payfor_val){
        printf("the balance(%ld) is not enough to payfor(ld)\n", bus_pay.balance, payfor_val);
                    break;
                }

                charge_val = bus_pay.balance – payfor_val;
                //更改IC卡上余额信息
                ret = charge_bus_pay_card(ic_fd, charge_val, passwd);
                if(ret != 0)
                    printf("payfor error\n");
                else
                    printf("payfor ok\n");
                break;
        case '3':
                memset((void*)&bus_pay, 0, sizeof(bus_pay));
                bus_pay.balance = 0;
                sprintf(bus_pay.user, "ZhangSan");

                memset(passwd, 0, sizeof(passwd));
                printf("input the password(six words) :");
                scanf("%s", passwd);getchar();

                //初始化IC卡，名字为：ZhangSan，余额为:0 和密码
                ret = init_bus_pay_card(ic_fd, &bus_pay, passwd);
                if(ret != 0)
                    printf("init card error\n");
                else
                    printf("init card ok\n");
                break;
        case '4':
                memset(new_passwd, 0, sizeof(new_passwd));
                printf("input the new password(six words) :");
                scanf("%s", new_passwd);getchar();
                //设置IC新卡密码
                if(change_user_passwd(ic_fd, passwd, new_passwd) == 0){
                    printf("change passwd ok\n");
                }else{
                    printf("change passwd error\n");
                }
                break;
        case 'q':
                //退出
                quit = 1;
                break;
        default:
                break;

    }
```

任务八　　Wi-Fi模块应用

一、实验目的

1）了解Wi-Fi模块的基本知识。

2）掌握Wi-Fi模块的使用方法。

二、实验原理

1. Wi-Fi背景知识

Wi-Fi（英文名称Wireless-Fidelity）是一种允许电子设备连接到一个无线局域网（WLAN）的技术，Wi-Fi是WLAN的重要组成部分。Wi-Fi是一个无线网络通信技术的品牌，由Wi-Fi联盟所持有，目的是改善基于IEEE 802.11标准的无线网路产品之间的互通性。有人把使用IEEE 802.11系列协议的局域网称为无线保真，甚至把Wi-Fi等同于无线网络。

Wi-Fi通常使用2.4GHz UHF或5GHz SHF ISM 射频频段。连接到无线局域网通常是有密码保护的；但也是开放的，这样就允许任何在WLAN范围内的设备可以连接上。

2. Wi-Fi的主要特性

下面分别从带宽、信号、功耗和安全方面分析Wi-Fi的主要特性。表11-7列举了以下特性。

表11-7　Wi-Fi的主要特性

特性	说明
更宽的带宽	802.11n标准将数据速率提高了一个等级，可以适应不同的功能和设备，所有11n无线收发装置支持两个空间数据流，发送和接收数据可以使用两个或三个天线组合
更强的射频信号	新的802.11n物理层技术将使Wi-Fi功能更强大，在给定范围内数据传输速率更高，传输距离更长
更低的功耗	嵌入式Wi-Fi无线数据通信厂商首脑会议宣布的802.11a无线通信以各种插件形式提供，让设备使用不拥挤的5GHz波段，Gainspan Corporation提供的802.11b/g无线设备带有一个IP软件堆栈，电力消耗非常低
存在安全隐患	公共场所的免费Wi-Fi热点有可能就是钓鱼陷阱，而家里的路由器也可能被恶意攻击者轻松攻破。网民在毫不知情的情况下，就可能面临个人敏感信息遭盗取，访问钓鱼网站，甚至造成直接的经济损失

3. Wi-Fi的应用领域

由于无线网络的频段在世界范围内是无须任何电信运营执照的，因此WLAN无线设备提供了一个世界范围内可以使用的、费用极其低廉且数据带宽极高的无线空中接口。用户可以在Wi-Fi覆盖区域内快速浏览网页，随时随地接听或拨打网络电话。Wi-Fi在国内的覆盖范围越来越广泛，在网络媒体、掌上设备、日常休闲、客运列车甚至公共厕所都有Wi-Fi接口。

4. Wi-Fi的基本构成

Wi-Fi联接点网络成员和结构站点（Station）。

基本服务单元（Basic Service Set，BSS）是网络最基本的服务单元。最简单的服务单元可以只由两个站点组成。站点可以动态地联结（Associate）到基本服务单元中。

分配系统（Distribution System，DS）：分配系统用于连接不同的基本服务单元。分配系统使用的媒介（Medium）逻辑上和基本服务单元使用的媒介是分开的，尽管它们物理上可能会是同一个媒介，例如同一个无线频段。

接入点（Access Point, AP）：接入点既有普通站点的身份，又有接入到分配系统的功能。

扩展服务单元（Extended Service Set，ESS）由分配系统和基本服务单元组合而成。这种组合是逻辑上，并非物理上的--不同的基本服务单元物有可能在地理位置相去甚远。分配系统也可以使用各种各样的技术。

关口（Portal）也是一个逻辑成分。用于将无线局域网和有线局域网或其他网络联系起来。

IEEE 802.11协议只负责在站点使用的无线的媒介上的寻址（Addressing）。分配系统和其他局域网的寻址不属无线局域网的范围。IEEE 802.11协议没有具体定义分配系统，只是定义了分配系统应该提供的服务（Service）。整个无线局域网定义了九种服务，其中，五种服务属于分配系统的任务，分别为联接（Association）、结束联接（Disassociation）、分配（Distribution）、集成（Integration）和再联接（Reassociation）；四种服务属于站点的任务，分别为鉴权（Authentication）、结束鉴权（Deauthentication）、隐私（Privacy）和MAC服务数据单元传输（MSDU Delivery）。

5. Wi-Fi模块的概述

Wi-Fi模块又名串口Wi-Fi模块，属于物联网传输层，它的功能是将串口或TTL电平转为符合Wi-Fi无线网络通信标准的嵌入式模块，内置无线网络协议IEEE 802.11b.g.n协议栈以及TCP/IP协议栈。传统的硬件设备嵌入Wi-Fi模块可以直接利用Wi-Fi联入互联网，是实现无线智能家居和M2M等物联网应用的重要组成部分。

本实验箱使用的Wi-Fi模块主芯片为AR6302，模块外接Pin脚数为19Pin，通信接口为SDIO，符合IEEE 802.11b/g/n标准，最大数据传输速率为150Mbit/s 1T1R，供电电压范围为3.14~3.46V，工作温度范围为-10~70℃，存储温度范围为-40~0℃，PCB板为采用4层布线、FR4材料和沉金工艺。芯片如图11-55所示。

图11-55 Wi-Fi模块主芯片

6. Wi-Fi模块的主要功能

Wi-Fi模块包括两种类型的拓扑形式：基础网（Infra）和自组网（Adhoc）。

基于AP（无线接入点）组建的基础无线网络也称为基础网，是由AP创建，众多STA站点加入所组成的无线网络，这种类型的网络的特点是AP是整个网络的中心，网络中所有的通信都通过AP来转发完成。

基于自组网的无线网络也称为自组网，是由两个及以上STA站点自己组成，网络中不存在AP，这种类型的网络是一种松散的结构，网络中所有的STA站点都可以直接通信。

安全机制：本模块支持多种无线网络加密方式，能充分保证用户数据的安全传输，包括：WEP64/WEP128/ TKIP/CCMP（AES）WEP/WPA-PSK/WPA2-PSK。

快速联网：本模块支持通过指定信道号的方式来进行快速联网。在通常的无线联网过程中，会首先对当前的所有信道自动进行一次扫描，来搜索准备连接的目的AP创建的（或Adhoc）网络。本模块提供了设置工作信道的参数，在已知目的网络所在信道的条件下，可以直接指定模块的工作信道，从而达到加快联网速度的目的。

地址绑定：本模块支持在联网过程中绑定目的网络BSSID地址的功能。根据802.11协议规定，不同的无线网络可以具有相同的网络名称，但是必须对应一个唯一的BSSID地址。非法入侵者可以通过建立具有相同网络名称的无线网络的方法，使得网络中的STA站点连接到非法的AP上，从而造成网络的泄密。通过BSSID地址绑定的方式，可以防止STA站点接入到非法的网络，从而提高无线网络的安全性。

无线漫游：本模块支持基于802.11协议的无线漫游功能。无线漫游指的是为了扩大一个无线网络的覆盖范围，由多个AP共同创建一个具有相同的网络名称的无线网络，每个AP用来覆盖不同的区域，接入到网络的STA站点可以根据所处位置来选择信号最强的AP接入，而且随着STA的移动自动在不同的AP之间切换。

7. Wi-Fi模块与核心板线路连接图

图11-56中相同颜色部分进行连接。

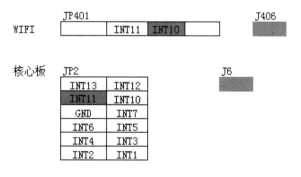

图11-56　Wi-Fi模块与核心板线路连接图

三、实验步骤

1. 硬件连接

图11-57是Wi-Fi模块硬件连接图。

图11-57　硬件连接

2. 实验操作演示

（1）程序的编译与下载

本实验实验的代码位于/opt/newlab/App/2.4.8_Wi-Fi目录下，在宿主机的窗口中，切换到root用户下，并进入/opt/newlab/App/2.4.8_Wi-Fi目录下，如图11-58所示。

```
su@su-VirtualBox:~$ sudo su
root@su-VirtualBox:/home/su# cd /opt/newlab/App/2.4.8_wifi/
root@su-VirtualBox:/opt/newlab/App/2.4.8_wifi#
```

图11-58　程序的编译与下载

在当前目录下，编译程序代码之前可先执行一次make clean命令，如图11-59所示。

```
root@su-VirtualBox:/opt/newlab/App/2.4.8_wifi# make clean
rm -f wifi_demo *.o
root@su-VirtualBox:/opt/newlab/App/2.4.8_wifi# ls
file_interface.c  gpio.c  Makefile  ping.h    shell_interface.c  wifi.c
file_interface.h  gpio.h  ping.c    public.h  shell_interface.h  wifi.h
root@su-VirtualBox:/opt/newlab/App/2.4.8_wifi# make
rm -f wifi_demo *.o
arm-linux-gcc -D__LINUX__ -Wall -g -O2 -c wifi.c -o wifi.o
arm-linux-gcc -D__LINUX__ -Wall -g -O2 -c file_interface.c -o file_interface.o
arm-linux-gcc -D__LINUX__ -Wall -g -O2 -c shell_interface.c -o shell_interface.o
arm-linux-gcc -D__LINUX__ -Wall -g -O2 -c ping.c -o ping.o
arm-linux-gcc -D__LINUX__ -Wall -g -O2 -c gpio.c -o gpio.o
arm-linux-gcc -D__LINUX__ -Wall -g -O2 -o wifi_demo wifi.o file_interface.o shel
l_interface.o ping.o gpio.o
arm-linux-strip wifi_demo
root@su-VirtualBox:/opt/newlab/App/2.4.8_wifi# ls
file_interface.c  gpio.h    ping.h      shell_interface.h  wifi.h
file_interface.h  gpio.o    ping.o      shell_interface.o  wifi.o
file_interface.o  Makefile  public.h    wifi.c
gpio.c            ping.c    shell_interface.c  wifi_demo
root@su-VirtualBox:/opt/newlab/App/2.4.8_wifi#
```

图11-59　make clean

其中的Wi-Fi_demo就是要下载到开发板中的可执行文件，将Wi-Fi_demo下载到开发板中，下载方式可以是FTP网络下载的方式，也可以通过串口传输，若使用串口传输的方式，须保证板中有rz可执行文件，这样才能执行rz命令。将Wi-Fi_demo可执行文件下载到开发板上之后，通过在文件所在目录中输入chmod　777　Wi-Fi_demo就可以赋予Wi-Fi_demo可执行的权限，就可以做相应的实验了。

（2）程序的执行

本实验要完成连接的功能需要外界释放一个热点，现在所用的热点名称"newlab"，密码为"12345678"，首先，先进入到/lib/modules目录下，然后加载Wi-Fi驱动（注意：本实验所使用的内核为旧内核），如图11-60所示。

驱动加载完之后，然后执行相应的Wi-Fi_demo，就可以实现Wi-Fi的连接，如图11-61所示。

注意：如果第一次没有成功的话可以重复运行几次直道连接成功。

```
[root@NEWLAB /]# cd /lib/modules/
[root@NEWLAB modules]# ls
ar6000.ko*  dhd.ko*
[root@NEWLAB modules]# insmod ar6000.ko
 $$$$ wifi power on ####
mmc0: queuing unknown CIS tuple 0x01 (3 bytes)
mmc0: queuing unknown CIS tuple 0x1a (5 bytes)
mmc0: queuing unknown CIS tuple 0x1b (8 bytes)
mmc0: queuing unknown CIS tuple 0x14 (0 bytes)
mmc0: queuing unknown CIS tuple 0x80 (1 bytes)
mmc0: queuing unknown CIS tuple 0x81 (1 bytes)
mmc0: queuing unknown CIS tuple 0x82 (1 bytes)
mmc0: new high speed SDIO card at address 0001
```

图11-60　加载Wi-Fi驱动

```
[root@NEWLAB /tmp]# ./wifi_demo
wlan0: (WE) : Wireless Event too big (33)
udhcpc (v1.20.1) started
channel hint set to 2412
WMM params
AC 0, ACM 0, AIFSN 3, CWmin 4, CWmax 10, TXOPlimit 0
AC 1, ACM 0, AIFSN 7, CWmin 4, CWmax 10, TXOPlimit 0
AC 2, ACM 0, AIFSN 2, CWmin 3, CWmax 4, TXOPlimit 94
AC 3, ACM 0, AIFSN 2, CWmin 2, CWmax 3, TXOPlimit 47
Sending discover...
Sending discover...
Sending select for 192.168.43.14...
Lease of 192.168.43.14 obtained, lease time 3600
deleting routers
route: SIOCDELRT: No such process
adding dns 192.168.43.1
36 byte from 8.8.8.8: icmp_seq=1 ttl=53 rtt=187.000 ms
第02次PING: 187.00 ms
[root@NEWLAB /tmp]#
```

图11-61　执行相应的Wi-Fi_demo

3. 程序流程图

程序流程见图11-62。

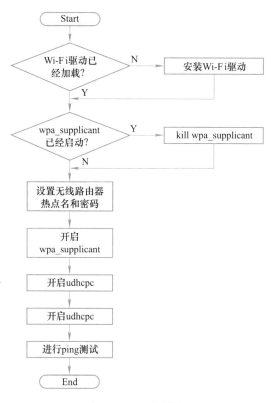

图11-62　流程图

4. 部分代码分析（以Wi-Fi.c为例）

wpa_supplicant介绍：

wpa_supplicant本是开源项目源码，被谷歌修改后加入Android移动平台，它主要是用来支持WEP、WPA/WPA2和WAPI无线加密认证协议的，而实际上的工作内容是通过socket（不管是wpa_supplicant与上层还是wpa_supplicant与驱动都采用socket通信）与驱动交互上报数据给用户，而用户可以通过socket发送命令给wpa_supplicant调动驱动来对Wi-Fi芯片操作。简单地说，wpa_supplicant就是Wi-Fi驱动和用户的中转站外加对协议和加密认证的支持。

```
//启动wpa_supplicant,并设置要连接的无线路由器用户（"newlab"）密码（"123456"）
    ret = start_Wi-Fi_wpa_supplicat("newlab", "12345678");
    if(ret == -1){
        printf("setup_Wi-Fi error\n");
        return -1;
    }

    sleep(5);

    //进行ping测试，如果ping通了，表示网络连接正常，Wi-Fi可以正常工作了
    for (i = 0; i < 5; i++) {
        float delay;
        //ping 8.8.8.8，是google的DNS，可以用来判断是否连接到互联网了
        if (Ping(STR_PING_ADDRESS,10000,&delay) == 0) {
            printf("第%d次PING：%0.2f ms\n",i,delay);
            break;
        }else{
            printf("第%d次PING：FAIL\n",i);
        }
    }
    if (i == 6) {
        printf("PING测试失败\n");
    }
```

任务九　　蓝牙模块应用

一、实验目的

1）了解蓝牙模块的基本知识。

2）掌握蓝牙模块的使用方法。

二、实验原理

1. 蓝牙背景知识

蓝牙（Bluetooth）是一种无线技术标准，可实现固定设备、移动设备和楼宇个人域网之间的短距离数据交换（使用2.4～2.485GHz的ISM波段的UHF无线电波）。蓝牙可连接多个设备，克服了数据同步的难题。蓝牙广泛应用于各种电话系统、无线电缆、无线公文包、各类数字电子设备和电子商务等领域，能在包括移动电话、PDA、无线耳机、笔记本式计算机

和相关外设等众多设备之间进行无线信息交换。

蓝牙由蓝牙技术联盟（Bluetooth Special Interest Group，BSIG）管理。IEEE（电气和电子工程师协会）将蓝牙技术列为IEEE 802.15.1，但如今已不再维持该标准。制造商的设备必须符合蓝牙技术联盟的标准才能以"蓝牙设备"的名义进入市场。蓝牙技术拥有一套专利网络，可发放给符合标准的设备。

目前市场中的相关蓝牙产品：蓝牙耳机、蓝牙手机、蓝牙适配器、蓝牙GPS、蓝牙车载、蓝牙MP3、蓝牙鼠标、蓝牙键盘、蓝牙音响、蓝牙笔、蓝牙眼镜、蓝牙手表、蓝牙发射器、蓝牙电话和蓝牙头盔等。

2. 蓝牙的优点

蓝牙技术最显著的优点就是防辐射、环保、无"线"自由、防盗和使用方便。蓝牙技术使得现代一些轻易携带的移动通信设备和计算机设备，不必借助电缆就能联网，并且能够实现无线上因特网，其实际应用范围还可以拓展到各种家电产品、消费电子产品和汽车等信息家电，组成一个巨大的无线通信网络。

3. 蓝牙通信的主从关系

蓝牙技术规定每一对设备进行蓝牙通信时，必须一个为主角色，另一为从角色，才能进行通信。通信时，必须由主端进行查找并发起配对，配对成功后，双方即可收发数据。理论上，一个蓝牙主端设备，可同时与7个蓝牙从端设备进行通信。

一个具备蓝牙通信功能的设备，可以在两个角色间切换，平时工作在从模式，等待其他主设备来连接，需要时转换为主模式，向其他设备发起呼叫。

一个蓝牙设备以主模式发起呼叫时需要知道对方的蓝牙地址、配对密码等信息，配对完成后，可直接发起呼叫。

4. 蓝牙的呼叫过程

蓝牙主端设备发起呼叫，首先是查找，找出周围处于可被查找的蓝牙设备，此时从端设备需要处于可被查找状态，如，蓝牙耳机需要按键操作才能进入可被查找状态。

主端设备找到从端蓝牙设备后，与从端蓝牙设备进行配对，此时需要输入从端设备的PIN码，如，一般蓝牙耳机默认为1234或0000，立体声蓝牙耳机默认为：8888，也有设备不需要输入PIN码。

配对完成后，从端蓝牙设备会记录主端设备的信任信息，此时主端即可向从端设备发起呼叫，根据应用不同，可能是ACL数据链路呼叫或SCO语音链路呼叫。已配对的设备在下次呼叫时不再需要重新配对。已配对的设备，作为从端的蓝牙设备也可以发起建链请求，但做数据通信的蓝牙设备一般不发起呼叫。

链路建立成功后，主从两端即可进行双向的数据或语音通信。在通信状态下，主端和从端设备都可以发起断链，断开蓝牙链路。

5. 蓝牙数据传输应用

蓝牙数据传输应用中，一对一串口数据通信是最常见的应用之一，蓝牙设备在出厂前即提前设好两个蓝牙设备之间的配对信息，主端预存有从端设备的PIN码和地址等，两端设备加电即自动建链，透明串口传输，无须外围电路干预。

一对一串口数据通信中，从端设备可以设为两种类型，一是静默状态，即只能与指定的主端通信，不被别的蓝牙设备查找；二是开发状态，既可被指定主端查找，也可以被别的蓝牙设备查找建链。

6. 蓝牙的功率射程和数据吞吐量

蓝牙是一个标准的无线通信协议，基于设备低成本的收发器芯片，传输距离近、低功耗。由于设备使用无线电（广播）通信系统，它们并非是以实际可见的线相连，然而准光学无线路径必须是可行的。射程范围取决于类别和功率，但是有效射程范围在实际应用中会各有差异，见表11-8。

表11-8　有效射程范围

类别	最大功率容量		射程范围/m
	功率/mW	功率/dBm	
1	100	20	～100
2	2.5	4	～10
3	1	0	～1

两个敏感度和发射功率都较高的1类设备相连接，射程可远高于一般水平100m，取决于应用所需要的吞吐量，见表11-9。有些设备在开放的环境中的射程能够高达1km甚至更远。

表11-9　蓝牙的数据吞吐量

版本	数据传输速率/（Mbit/s）	最大应用吞吐量
1.2	1	>80 kbit/s
2.0+EDR	3	>80 kbit/s
3.0+HS	24	请参考3.0+HS
4.0	24	请参考4.0 LE

蓝牙核心规范规定了最小射程，但是技术上的射程是由应用决定，且是无限的。制造商可根据实际的应用调整射程。

7. 蓝牙协议栈

蓝牙协议规范的目的是允许遵循规范的应用能够进行相互间操作。BSIG规范的完整蓝牙协议栈如图11-63所示。

从图中可看出，蓝牙核心协议由基带，链路管理，逻辑链路控制与适应协议和服务搜索协议等四部分组成。

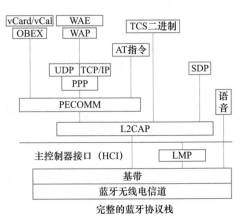

图11-63　蓝牙协议栈

1）基带协议确保各个蓝牙设备之间的射频连接，以形成微微网络。

2）链路管理协议（LMP）负责蓝牙各设备间连接的建立和设置。LMP通过连接的发起，交换和核实身份验证和加密，通过协商确定基带数据分组大小，还控制无线设备的节能模式和工作周期，以及微微网络内设备单元的连接状态。

3）逻辑链路控制和适配协议（L2CAP）是基带的上层协议，可以认为L2CAP与LMP并行工作。L2CAP与LMP的区别在于当业务数据不经过LMP时，L2CAP为上层提供服务。

4）服务搜索协议（SDP），可以查询到设备信息和服务类型，从而在蓝牙设备间建立相应的连接。

8. 蓝牙模块的概述

蓝牙模块是指集成蓝牙功能的芯片基本电路集合，用于无线网络通信，大致可分为数据传输模块和远程控制模块等。本模块使用的芯片为CC2541、2.4GHz蓝牙芯片。

蓝牙芯片CC2541的器件特性见表11-10。

表11-10　蓝牙芯片CC2541的器件特性

特性	说明
射频	2.4GHz符合低能耗规范和私有的RF片载系统，支持250kbit/s、500kbit/s、1Mbit/s和2Mbit/s的数据速率出色的链路预算，不使用外部前段而支持长距离应用；出色的接收器灵敏度（1Mbit/s时为 −94dBm）、可选择性和阻挡性能
布局	极少的外部组件且与CC2540引脚兼容（当不使用USB或者I^2C时）
低功率	工作模式RX低至：17.9mA 工作模式TX（0dBm）：18.2mA 功率模式1（4μs唤醒）：270μs 功率模式2（睡眠定时器打开）：1μs 功率模式3（外部中断）：0.5μs 宽泛的电源电压范围（2～3.6V）

蓝牙模块实现蓝牙信号的收发，模块主要特性有：具有片内数字无线处理器DRP（DigitalRadioProcessor）、数控振荡器、片内射频收发开关切换、内置ARM7嵌入式处理器等。接收信号时，收发开关置为收状态，射频信号从天线接收后，经过蓝牙收发器直接传输到基带信号处理器。基带信号处理包括下变频和采样，采用零中频结构。数字信号存储在RAM（容量为32KB）中，供ARM7处理器调用和处理，ARM7将处理后的数据从编码接口输出到其他设备，信号发是信号收的逆过程，此外，还包括时钟和电源管理模块以及多个通用I/O口，供不同的外设使用。

9. 蓝牙模块与核心板线路连接图（见图11-64）

流控制RTS1和CTS1不需要连接。

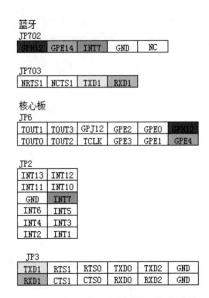

图11-64　蓝牙模块与核心板线路连接图

三、实验步骤

1. 实验操作演示

（1）程序的编译与下载

本次实验的代码位于/opt/newlab/App/2.4.9_bt目录下，切换到root用户下，并进入/opt/newlab/App/2.4.9目录下，如图11-65所示。

```
su@su-VirtualBox:~$ sudo su
[sudo] password for su:
root@su-VirtualBox:/home/su# cd /opt/newlab/App/2.4.9_bt/
root@su-VirtualBox:/opt/newlab/App/2.4.9_bt#
root@su-VirtualBox:/opt/newlab/App/2.4.9_bt#
```

图11-65　程序的编译与下载

在当前目录下，编译程序代码之前，可先执行一次make clean命令，如图11-66所示。

```
root@su-VirtualBox:/opt/newlab/App/2.4.9_bt# make clean
rm -f bt_demo *.o
root@su-VirtualBox:/opt/newlab/App/2.4.9_bt# ls
bt_demo.c        file_interface.c  shell_interface.c  tools.h
bt_interface.c   file_interface.h  shell_interface.h
bt_interface.h   Makefile          tools.c
root@su-VirtualBox:/opt/newlab/App/2.4.9_bt# make
rm -f bt_demo *.o
arm-linux-gcc     -c -o bt_demo.o bt_demo.c
arm-linux-gcc     -c -o bt_interface.o bt_interface.c
arm-linux-gcc     -c -o shell_interface.o shell_interface.c
arm-linux-gcc     -c -o file_interface.o file_interface.c
arm-linux-gcc  -o bt_demo bt_demo.o bt_interface.o shell_interface.
o file_interface.o
arm-linux-strip bt_demo
root@su-VirtualBox:/opt/newlab/App/2.4.9_bt# ls
bt_demo          bt_interface.o    shell_interface.c
bt_demo.c        file_interface.c  shell_interface.h
bt_demo.o        file_interface.h  shell_interface.o
bt_interface.c   file_interface.o  tools.c
bt_interface.h   Makefile          tools.h
root@su-VirtualBox:/opt/newlab/App/2.4.9_bt#
```

图11-66　make clean

其中的bt_demo就是要下载到开发板的可执行文件，将bt_demo下载到开发板中，下载方式可以是FTP网络下载的方式，也可以采用串口，若通过串口传输，须保证板中有rz可执行文件，这样才能执行rz命令。将bt_demo可执行文件下载到开发板上之后，通过在文件所在目录输入chmod 777 bt_demo就可以赋予bt_demo可执行的权限,然后就可以做相应的实验了。

(2)程序的执行

首先,进行蓝牙的配对,运行脚本,在命令窗口中输入/usr/sbin/bttest1.sh start,如图11-67所示。

注意:PHONE_MEMORY为内置存储路径,EXTERNAL_MEMORY为SD卡存储。

```
[root@NEWLAB /tmp]# /usr/sbin/bttest1.sh start
### open bt ###
Loading PSKEY_BDADDR ... done
Loading PSKEY_ANA_FREQ ... done
Loading PSKEY_UART_BAUDRATE ... done
Loading PSKEY_ANA_FTRIM ... done
Loading PSKEY_PCM_CONFIG32 ... done
Loading PSKEY_FIXED_PIN ... done
Starting system message bus: unix:path=/var/run/dbus/system_bus_socket,g
uid=abc95608fbe2ad371313d77b00000d02
dbus.
[root@NEWLAB /tmp]#
```

图11-67　蓝牙配对1

打开手机蓝牙(暂不支持苹果手机),搜索到名为"BlueZ",单击连接,输入配对码(1234)进行配对,如图11-68所示。

图11-68　蓝牙配对2

为了避免不必要的错误关闭脚本(关闭脚本放置在匹配完之后操作),如图11-69所示。

```
[root@NEWLAB /tmp]# /usr/sbin/bttest1.sh stop
### close bt ###
```

图11-69　关闭脚本

本实验需要建立一些文件进行测试，例如，建立一个newlab文件，其内容填充为"test_newlab"，如图11-70所示。

```
[root@NEWLAB /tmp]# echo test_newlab > newlab
[root@NEWLAB /tmp]# cat newlab
test_newlab
```

图11-70　建立一个newlab文件

同时，可在手机端也新建一个abc文件，并填充一些文本内容（abc文件创建在Bluetooth目录下）。

注意：建立测试文件步骤如下：

1）在安卓设备内存设备目录中建立一个文件夹（名字自取，例如，Bluetooth），如图11-71所示。

图11-71　建立一个文件夹

2）将软件 BlueFTP.apk 安装在安卓端设备上，安装完之后会在安卓端设备桌面自动生成安装的软件，名称为Bluetooth File。

3）打开该软件，如图11-72所示。

4）单击右上角的"MENU"按钮，然后单击"更多"按钮，在弹出的界面中单击"设置"按钮，如图11-73所示。

5）在界面中选择"文件系统"→"主页文件夹"命令找到新建文件夹（Bluetooth）的目录，如图11-74所示。

6）单击"返回"按钮，选择"共享服务（FTP）"→"共享文件夹"命令，找到新建文件夹（Bluetooth）目录，如图11-75所示。

图11-72　打开软件

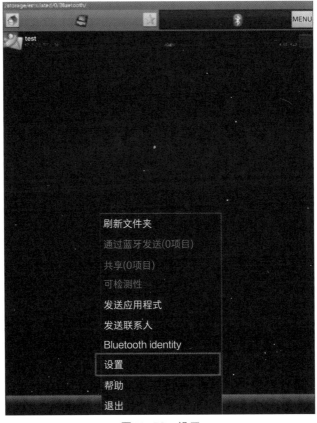

图11-73　设置

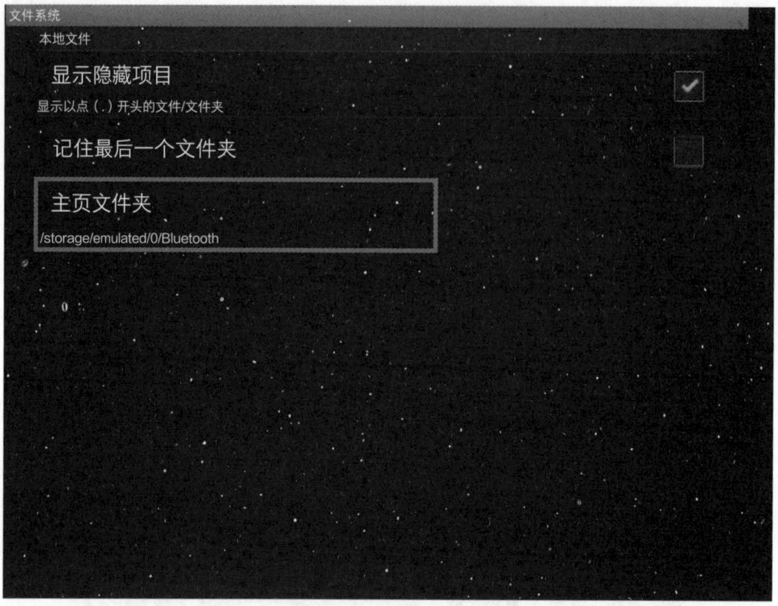

图11-74　主页文件夹

图11-75　共享文件夹

7）操作完成之后打开该软件，并在CRT软件中运行。

bt_demo程序参数格式：./bt_demo　bluetooth_name（手机的蓝牙名）file1（开发板发送给手机的文件，）file2（手机要发送给开发板的文件）。其中file1为开发板要输出的文件，file2为手机端的文件。

如图11-76所示，spring为手机蓝牙名，newlab为开发板发送给手机的文件，abc为手机要发送给开发板的文件。

```
[root@NEWLAB /tmp]# ./bt_demo spring newlab abc
start bluez .....
### open bt ###
Loading PSKEY_BDADDR ... done
Loading PSKEY_ANA_FREQ ... done
Loading PSKEY_UART_BAUDRATE ... done
Loading PSKEY_ANA_FTRIM ... done
Loading PSKEY_PCM_CONFIG32 ... done
Loading PSKEY_FIXED_PIN ... done
Starting system message bus: unix:path=/var/run/dbus/system_bus_socke
dbus.
```

图11-76　演示

在程序执行过程中，窗口所打印出的log信息，如图11-77和图11-78所示。

```
start bluez OK
start scan....
spring address:74:23:44:BA:7E:D4
start search ftp service....
read:Class 0x1106
read:Searching for 0x1106 on 74:23:44:BA:7E:D4 ...
read:Service Name: OBEX File Transfer
read:Service RecHandle: 0x1000d
read:Service Class ID List:
read:    "OBEX File Transfer" (0x1106)
read:Protocol Descriptor List:
read:    "L2CAP" (0x0100)
read:    "RFCOMM" (0x0003)
read:        Channel: 20
spring ftp service channel:20
start search ftp service root files....
Connecting..\done
Tried to connect for 47ms
Receiving "(null)"...|done
Disconnecting../done
search end
spring have folder:PHONE_MEMORY         查询到手机端文件位置
spring have folder:EXTERNAL_MEMORY
start send file:newlab via ftp
Connecting..\done
Tried to connect for 39ms
Sending "PHONE_MEMORY"...|done
Sending "newlab".../done
Disconnecting..-done
send file OK
```

```
start send file:abc via ftp
Connecting..\done
Tried to connect for 29ms
Sending "PHONE_MEMORY"...|done
Receiving "abc".../done
Disconnecting..-done    abc文件接收完成
receive file OK
### close bt ###
```

图11-77　查询手机端文件位置　　　　图11-78　abc文件接收完成

注意：有些设备不支持蓝牙FTP，程序运行时如图11-79所示，建议更换安卓设备。

```
[root@NEWLAB /tmp]# ./bt_demo xiaomi newlab abc
start bluez .....
### open bt ###
Loading PSKEY_BDADDR ... done
Loading PSKEY_ANA_FREQ ... done
Loading PSKEY_UART_BAUDRATE ... done
Loading PSKEY_ANA_FTRIM ... done
Loading PSKEY_PCM_CONFIG32 ... done
Loading PSKEY_FIXED_PIN ... done
Starting system message bus: unix:path=/var/run/dbus/system_bus_socket,guid=25abc91e04b08be7f8cd266200000ebf
dbus.
start bluez OK
start scan....
xiaomi address:64:09:80:91:BF:9D
start search ftp service....
read:Class 0x1106
read:Searching for 0x1106 on 64:09:80:91:BF:9D ...
search end
xiaomi not support ftp service
### close bt ###
stop bluez OK
[root@NEWLAB /tmp]# ▊
```

图11-79　设备不支持蓝牙FTP

运行完程序，查看开发板接收到的文件及其文件内容，如图11-80所示。

```
[root@NEWLAB /tmp]# ls
abc             ldconfig/       neatserver.ok   ngui=           utmp
bt_demo*        messages        neatserver.pid  resolv.conf     wifi_dem
                                                                o*
ifstate         neatserver      newlab          sdp=            wlan0=
[root@NEWLAB /tmp]# cat abc
test_newlab
[root@NEWLAB /tmp]#
```

图11-80　查看开发板接收到的文件

2. 程序流程图（见图11-81）

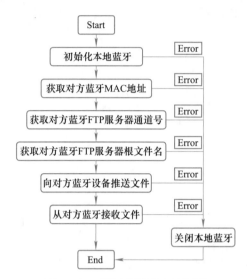

图11-81 蓝牙模块程序流程图

3. 部分代码分析（以bt_demo.c为例）

```c
/* 输入参数错误时提示，参数1：对方蓝牙名称，参数2：要发送的文件名，参数3：接收的文件名 */
if(argc != 4){
    printf("Usage: ./bt_demo bluetooth send_file receive_file\n");
    printf("Exsample: ./bt_demo spring 123 123\n");
    return -1;
}

memset(bt_name, 0, sizeof(bt_name));
memset(send_file, 0, sizeof(send_file));
memset(receive_file, 0, sizeof(receive_file));
memcpy(bt_name, argv[1], strlen(argv[1]));
memcpy(send_file, argv[2], strlen(argv[2]));
memcpy(receive_file, argv[3], strlen(argv[3]));

printf("start bluez .....\n");
//初始化并开启本地蓝牙
ret = start_bluez();
if(ret !=0) {
    printf("start_bluez error\n");
    goto exit;
}
printf("start bluez OK\n");

//get address
memset(bt_addr, 0, sizeof(bt_addr));
//通过对方蓝牙的名字获取对方蓝牙MAC地址
ret = scan_bt_addr_by_name(bt_name, bt_addr);
if(ret == -1){
    printf("not find %s\n", bt_name);
    goto exit;
}
```

```
        printf("%s address:%s\n", bt_name, bt_addr);

        //get channel
        //通过对方蓝牙的MAC地址，获取对方蓝牙FTP服务器的通道号
        ret = search_bt_ftp_server_channel(bt_addr);
        if(ret == -1){
            printf("%s not support ftp service\n", bt_name);
            goto exit;
        }
        printf("%s ftp service channel:%d\n", bt_name, ret);
        channel = ret;

        //get folder
        memset((void*)folder, 0, sizeof(folder));
        //获取对方蓝牙FTP服务器的根文件名
        ret = get_bt_ftp_server_root_folder_name(bt_addr, channel, folder);
        if(ret == -1){
            printf("get_bt_ftp_server_root_folder_name error\n");
            goto exit;
        }
        if(ret > 0){
            for(i = 0; i < ret; i++)
            printf("%s have folder:%s\n", bt_name, folder[i].folder_name);
        }
        sleep(1);

        //send file
        //向对方蓝牙设备推送文件，文件名为send_file
        ret = bt_send_file_by_ftp(bt_addr, channel, folder[0].folder_name, send_file);
        if(ret == -1){
            printf("bt_send_file_by_ftp error\n");
            goto exit;
        }
        printf("send file OK\n");
        sleep(1);

        //receive file
        //从对方蓝牙设备接收文件，文件名为receive_file
        ret = bt_receive_file_by_ftp(bt_addr, channel, folder[0].folder_name, receive_file);
        if(ret == -1){
            printf("bt_receive_file_by_ftp error\n");
            goto exit;
        }
        printf("receive file OK\n");
        sleep(1);
exit:
        //关闭本地蓝牙
        ret = stop_bluez();
        if(ret !=0) {
            printf("stop_bluez error\n");
            return -1;
        }
        printf("stop bluez OK\n");

        return 0;
}
```